게임체인저

게임체인저

World of Weapons and Science

섬앤섬
SOMENSUM PUBLISHING COMPANY

추천의 글

박원훈
전 한국과학기술원(KIST) 원장

《무기여 잘 있거라(A Farwell to Arms)》는 노벨문학상 수상작가인 헤밍웨이의 소설 제목이다. 더 이상은 이 세상에 전쟁이 없기를 바라는 마음에서 부친 제목으로 본다. 그러나 전쟁은 이후에도 지구 어디에선가 끊임없이 이어져 오고 있다. 반만년에 걸친 인류사의 기록은 전쟁사로 점철되어 있다고 해도 과언이 아니다. 말 타고 활 쏘던 유목민족, 기동력으로 유라시아 대륙의 농경사회를 지배해 온 대륙세력이 해양을 누비며 신천지를 개척하는 해양세력에 주도권을 넘겨준 후 오늘에 이르기까지 전쟁은 끊이지 않고 있다.

자본주의와 공산주의 두 이념으로 갈라져 싸웠던 지난 세기의 냉전에 뒤이어 현재 진행 중인 러시아의 우크라이나 침공전쟁이 좋은 예이다. 여기에 보태어 최근 동아시아에서 대만해협과 한반도에서 전개되는 준전시 상황은 21세기 첨단무기의 힘자랑 무대가 되고 있다.

북한의 핵무기 개발과 남침 위협, 이에 대응하는 한미일 3국의 군사훈련이 TV로 연일 보도될 때마다 우리는 신무기체계의 신비스러운 모습을 보며 공포와 함께 묘하게 매료되기도 한다. 순항미사일, 핵잠수함, 이지스함, 스텔스 폭격기, 핵탄두 같은 이름이 나열될 때마다 밀리터리 마니아(military mania = 2M)가 아니어도 빠져들게 된다. 그것은 전쟁을 승리로 이끄는 게임체인저(game changer)가 곧 무기임을 잘 인식하고 있기 때문이다.

그런데 우리는 국가안보에 불가결한 첨단무기에 대하여 얼마나 알고 있을까? 한 나라의 평화를 보장하는 것은 국방력이고, 국방력은 무기체계의 우월성에서 비롯되는데 K-2 전차, KF-21 전투기 같은 국산무기가 일부 수출된다고 해서 K-pop인 양 자만해서는 안 된다. 방위산업에서도 진정한 선진국이 되기 위해서는 관련자 모두가 무기 과학기술의 이해력을 갖추는 것이 교양이자 의무이며 중요한 선결과제인 까닭이다.

때를 맞추어 김종수 박사가 '무기와 과학의 이중주'라고도 할 수 있는 대중교양서로서 《게임체인저》를 저술, 출간하여 얼마나 다행인지 모르겠다. 인류사는 전쟁으로 점철되어 왔고, 그 전쟁을 승리로 이끄는 게임체인저가 가공할 신무기라면, 인문학자보다는 과학도의 관점에서 역사를 분석하고 미래를 내다보는 것이 더 정확하고 실용적일 수밖에 없다. 김종수 박사와 연구생활을 같이 하면서 그의 과학도로서의 자질과 능력을 잘 알고 있다. 김종수 박사의 올곧은 분석과 예리한 평가, 수식어를 멀리하는 직설적 화법으로 저술된 《게임체인저》는 우리의 옷깃을 다시 가다듬게 한다.

이 책《게임체인저》는 무기과학기술 개발의 기본 틀과 역사적 이면을 아르키메데스, 튜링, 페르미 같은 유명 과학자는 물론 다빈치, 링컨 같은 불멸의 역사 인물을 예로 들어 흥미롭고 쉽게 설명함으로써 일반 독자의 이해를 돕고 있다. 그리고 2M, TP(technological pornography) 같은 단어를 등장시킨 것은 MZ세대는 물론 이 분야 전문가들의 관심을 심화시킬 것이 분명하다.

구체적인 내용으로서 육해공 3군으로 구분되는 육군의 전차, 해군의 전함, 공군의 전투기 그리고 3군에 공통되는 포탄/화포와 미사일의 개발사와 국가별 성능 비교, 또 바람직한 미래 개발전략을 명료하게 펼쳐 보이고 있어, 일반 2M은 물론 3군의 사관학교생 및 그 졸업생인 3군 장교들 그리고 대한민국의 자랑으로 성장하고 있는 방위산업 종사자들의 필독서로 추천한다.

특히 우리의 경우, 조선 세종조 무렵의 강력했던 국방력이 임진왜란, 병자호란을 거치며 쇠퇴하다가 결국엔 나라까지 잃고 말았고, 뒤이은 8.15 광복과 6.25 한국전쟁의 아픈 역사를 회고하면 이제라도 깨우쳐야 할 것들이 적지 않다. 국방력은 과학에 기초한다는 엄연한 진실을 무시하고 과학기술에 대한 최소한의 예의도 상식도 지키지 못하는 위정자들의 잘못을 날카롭게 지적한 것은 김종수 박사가 이 책을 집필한 동기라고 믿는다. 정치계 인사와 정치지망생의 필독서로도 추천한다.

끝으로 추천의 글을 쓰는 영광을 얻은 본인은 에너지와 환경을 연구해온 과학자로서 국방과학기술자는 아니다. 국가과학기술자문회의 위원으로서 김영삼 정부가 '민군겸용기술개발'을 국가연구개발사업으로 실현하는 데 일조했으며, 국방과학연구소(ADD) 이사로 봉직시 국방과학자들의 노고를 이해하는 과정에서 무기과학에 접촉할 기회가 있었을 뿐이다. 김종수 박사가 지은 《게임체인저》는 나의 애독서로서 내 서가의 중앙을 장식할 것이다.

2022년 11월 15일

차 례

추천의 글 ·5

프롤로그 —과학기술에 대한 예의와 상식 ·11

1장. 현대 이전의 군사기술과 무기의 역사

아르키메데스의 원리 ·27
고대 과학기술의 최고봉 아르키메데스와 '유레카' 에피소드의 진실 / 왕관(Corona)이 아니라 '용골(Korone)'이다 / 핵심은 물밑의 보이지 않는 곳에 있다

고대 최강의 군대 로마군단 ·37
로마군단의 본질은 기동성이다 / 역사상 최강의 엔지니어링 집단 / 로마의 발사무기

중세, 과학기술의 암흑시대 ·45
중국 과학기술의 이른 개화와 몰락 / 로마를 멸망시킨 훈족, 그들은 누구인가?

다마스쿠스강은 정말 슈퍼스틸이었을까? ·54
우츠강은 어떻게 만들어졌는가?

애증의 레오나르도 다빈치 ·60
다빈치의 드로잉 / 무기설계자와 엔지니어로서 레오나르도 다빈치 / 다빈치가 몰랐던 비행기가 뜨는 원리

기사의 시대가 끝나고 해군의 시대가 열리다 ·70
대항해 시대 / 영국의 대양 제패는 바이킹의 덕인가? / 동력선의 시대

15세기 군사 강국 조선은 왜 몰락했나? ·82
조선의 치명적 약점 / 몰락의 시작 / 후진국의 나락으로 떨어지는 조선

2장. 지옥의 서곡, 현대전의 탄생

총력전의 아버지, 링컨 ·95
총력전의 탄생, 남북전쟁 / 링컨의 유산, 군산복합체 / 링컨의 흑역사, 핑커톤 전미탐정사무소

총기의 나라, 미국 ·107
총기는 미국의 정체성을 상징한다 / 미국이 이룩한 총기의 혁신 / 미국의 고질병, 총기의 범람

프랑스의 기술 혁신 ·121
미니에 탄 / 무연화약 / 1897식 75mm 야포 / 르노 FT-17 경전차

프리츠 하버의 등장 ·130
19세기 식량위기의 본질은 질소 격차 / 'Mad Scientist'의 원형, 프리츠 하버는 누구인가? / 대량살상무기의 등장

정보전 시대의 서막 ·141
컴퓨터 시대의 선구자, 앨런 튜링 / 코드 브레이킹 / 튜링의 우울한 퇴장 / 앨런 튜링의 자살을 어떻게 볼 것인가? / 블렛츨리 파크의 또 다른 정보전의 선구자, 고든 웰치먼

수학이 가장 강력한 무기가 되는 시대 ·155
20세기의 또 다른 설계자, 존 폰 노이만 / 복잡계와 시스템 이론 / 정보부를 위해서 일하는 간판 없는 수재들

3장. 무기의 기본은 화력이다

폭탄의 기초 ·169
폭발의 물리학의 등장 / 고폭약과 저폭약 / 폭탄이 위력을 발휘하는 메커니즘 / 화력의 끝판왕, 핵폭탄 / 페르미는 트리니티 폭발의 위력을 손으로 계산했을까? / 박정희의 핵폭탄개발계획은 얼마나 진행됐을까? / MOAB vs FOAB

화포의 기초 ·201

화포의 물리학 / 곡사포의 사거리를 결정하는 인자들 / 포탄의 사거리와 항력 / 장사정포의 허상 / 제럴드 불과 슈퍼건 / 미국의 화포 말아먹기 신공 / 포병 화력의 미래 / 로켓의 영역 / 로켓의 핵심 성능인자 / 로켓 개발은 누구나 할 수 있나? / 대륙간탄도미사일과 전략핵잠수함

4장. 테크노로지컬 포르노그라피

전차의 미래 · 251
전차, 전격전 그리고 각성제 / 전차의 완성, T-34 / 전차의 화력, 주포의 미래 / 모순 관계 / 4세대 전차란 무엇인가? / K-2 전차의 미래

스텔스는 만능이 아니다 · 286
비극의 서막 / 단기적 학습 효과 / 잊혀 가는 교훈 / 생태계의 파괴자, F-35 / F-35는 과연 세기의 망작인가? / Less is More, KF-21 보라매 / 6세대 전투기가 무엇인지는 아직 아무도 모른다 / 보잉이 보잉을 하다! / 극초음속 미사일은 과연 실체가 있는 무기체계일까?

화력의 집행자, 전투함 · 345
미 해군 주포 개발의 잔혹사 / 임무가 없는 줌왈트급 구축함 / 화력이 없는 연안전투함 / 이착륙이 어려운 포드급 항공모함 / 대한민국 해군 앞에 놓여 있는 4가지 과제

에필로그 ─누구를 위한 군대, 누구를 위한 군사기술인가? · 379

감사의 글 · 393

프롤로그

과학기술에 대한
예의와 상식

역사 이래 군사기술을 개발하는 것은 과학자들에게 주어진 가장 중요한 임무 가운데에서도 첫째였다. 심지어 현대과학의 창시자이자 역사상 최고의 과학적 천재라고 일컬어지는 아이작 뉴턴도 군사기술에 대한 연구를 수행한 바가 있다. 그가 시도한 군사기술은 다름 아닌 포탄이 날아가는 궤적을 예측하기 위해서 꼭 필요한 포탄의 공기저항을 계산하는 것이었다. 그래서 뉴턴은 그가 발견했던 운동의 법칙과 미적분을 동원해서 포탄의 항력에 대한 계산을 시도했지만, 불행하게도 틀린 결과를 얻었다. 태양의 주변을 도는 행성의 운동을 아주 정확하게 계산해냈던 뉴턴에게도 포탄의 운동은 결코 쉬운 과학적 문제가 아니었다. 결과가 틀렸기 때문에, 포탄의 항력을 계산하고자 했던 뉴턴의 시도는 물리학 또는 유체역학 교과서에 소개조차 되지 않는다.[1]

---

1 뉴턴의 포탄의 항력 계산은 한 동안 잊혀졌다가, 극초음속 비행체의 항력과 매우 유사하다는 점이 발견돼서 최근에 극적으로 부활했다. 그래서 극초음속 유체역학에서 가르치는 첫번째 주제가 뉴턴 근사라고 부르는 항력계산법이다.

과학기술에서 군사기술은 숙명과도 같은 존재처럼 불가분의 관계가 존재한다. 고대 과학기술의 최고봉이라는 아르키메데스도 군사 공학자였으며, 현대과학의 양대 산맥이라고 할 수 있는 상대성이론의 알베르트 아이슈타인과 양자역학의 닐스 보어 모두 평화주의자였음에도 불구하고 궁극의 무기라고 할 수 있는 원자탄의 개발을 지지할 수밖에 없었다. 힘을 바탕으로 하는 생존경쟁을 펼치는 인류는 어떤 종류의 과학기술적 우위든 종국에는 군사적 우위로 전환하고자 한다. 아무리 순수한 기초과학 연구라고 하더라도, 세상에 등장했던 모든 의미 있는 과학기술의 연구 결과는 필요하다면 언제든지 군사기술로 전환되고 이용될 수 있다. 그런 가능성이 상존하기 때문에 엄청난 인적 물적 자원이 필요한 기초연구에 많은 나라들이 투자를 하는 것이다. 그런 연구결과로 게임 체인저(Game Changer)를 만들어낼 수 있다는 기대감을 가지고.

고대의 진나라와 로마는 과학기술적 역량을 군사기술을 넘어서 사회적 시스템으로 발전시키는 데 성공한 대표적인 케이스이다. 덕분에 동서양 각각에서 최강의 제국을 건설하는 데 성공했다. 이들 진나라와 로마의 성공 배경에는 황제 자신이 공학적 문제를 해결할 수 있는 능력이 출중했다는 점도 자리잡고 있다. 진시황은 문자와 도량형으로서 시작해서 수레와 무기까지 표준화를 도입해 산업적 생산체계를 구축했다. 덕분에 다른 제후국을 능가하는 생산능력을 바탕으로 전국시대를 통일하고 중원에 최초의 통일제국을 건설했다.[2] 그리고 (1,500년 동안 유지됐던) 로마 제국의 기초를 닦았던 가이우스 율리우스 카이사르도 갈리아 원정에서 공학적 업적에 바탕한 군사적 승리를 여러 차례 거둔 인물이다. 중국과

---

2   물론 진나라는 진시황 사후 바로 몰락했지만, 바로 이어서 등장한 한나라는 진시황이 세운 물적 토대 위에 들어선 통일제국이었다는 점을 간과해서는 안 된다.

로마의 고대 국가가 제국이 될 수 있었던 것은 과학기술이라는 물적 토대가 건실했기 때문이다.

이처럼 과학기술과 거기에서 파생된 군사기술은 한 나라의 흥망성쇠를 결정하는 핵심 역량 이다. 그래서 군사기술은 (주변 나라보다 최소한 한 발자국이라도 앞서 나가기 위해서) 첨단 과학기술의 가장 중요한 수요자였다. 첨단 과학기술의 결정체인 무기체계는 화력, 기동력 그리고 방어력이라는 공통적인 지향점을 추구한다. 더 큰 화력을 얻기 위해서는 운동 또는 화학 에너지를 집중시킬 줄 알아야 한다. 기동성을 위해서는 빠르고 민첩한 운동능력이 요구된다. 그리고 방어력을 위해서는 강하면서 유연한 매우 상반된 물리적 성질을 가진 재료까지 필요하다. 그리고 무기라면 무엇보다도 필요할 때마다 제대로 작동될 수 있는 공학적 완성도, 즉 신뢰성까지 갖추어야 한다. 이 모든 조건을 만족시킬 수 있는 무기체계를 만드는 것은 과학기술적으로 결코 쉬운 과제가 아니다. 그렇기 때문에 군사기술은 언제나 첨단 과학기술의 테스트 베드(Test Bed)였다.

그러나 군사기술만으로 군사력이 완성되는 것은 아니다. 국력 가운데 가장 중요한 부분의 하나인 군사력을 완성하기 위해서는 과학기술, 산업 그리고 전략의 삼위일체가 필요하다. "군사력의 완성에 성공하는가 실패하는가"에 따라서 국가와 국민의 존망이 갈릴 수 있다. 그렇기 때문에 국가와 국민을 위해서 크게 성공한 군사기술은 역사적 게임체인저로 등극할 수 있었다. 그리고 게임체인저를 만들어내기 위해서는 (진나라와 로마가 보여준 것과 같은) 과학기술과 제도의 혁신이 동반돼야 한다.

필자는 기계공학을 전공한 공학박사이다. 엔지니어링이라는 것이 등장하던 시기부터 기계공학은 군사기술을 개발하는 역할에 특화된 공학이었다. 고대 전장에 등장했던 공성전을 위한 무기들이 당대 기계공학의

프롤로그 —과학기술에 대한 예의와 상식   **15**

산물이었다. 하지만 필자가 대학을 다니던 1980년대 초반에는 국내의 어느 대학도 수천 년의 역사적 전통을 가지고 있던 기계공학의 정수를 제대로 강의할 수 있는 교수진을 갖추고 있지 못했다.[3] 당시의 대학이란 시험성적대로 줄 세워진 대학교 이름이 들어간 졸업장 발행처에 불과했다.

1980년대 말, 필자는 국비유학으로 미국에서 박사학위를 받을 수 있는 기회를 얻었다. 박사학위의 전공분야는 기계공학의 여러 전공과목 가운데에서도 군사기술과 가장 밀접한 연소공학이었다. 무기체계를 움직이는 엔진, 로켓이나 제트엔진 같은 추진체 그리고 포탄을 발사하고 터트리는 화약과 폭발물 모두 연소공학이라는 공학적 지식을 요구한다. 그래서 미국 유학시절에는 미국 토종 로켓의 본가에 해당하는 연구팀에서 미공군의 연구지원조직인 AFOSR(Air Force Office of Scientific Research)의 로켓분야 연구과제를 수행했다.

특히 1980년대는 과학기술 연구의 전환기였다. 이전에는 수학이 가장 중요한 연구의 도구였다면, 1980년대부터는 컴퓨터가 연구 도구의 주력으로 올라서기 시작한 시기였다. 그렇지만 필자는 물리학과 응용수학의 역할이 중요했던 1940~60년대 항공우주공학 황금기의 연구 방식을 따르던 이론적 열유체공학을 전공했다. 고등 수학을 이용한 고전적인 이론 연구가 일면 구식이라고 할 수 있지만 다른 한편 군사기술에 대한 확고한 기초와 포괄적 이해력을 준다는 장점도 있다. 덕분에 (군사기술의 황금기라고 할 수 있는) 제2차 세계대전과 냉전시기에 등장했던 고전적인 무기 체계와 항공우주 병기에 대해서 남다른 깊은 과학적 이해를 얻을 수 있었다.

---

3 연구 역량은 둘째치고 대부분의 핵심 과목에 대한 강의역량조차도 부족했던 것이 다른 대학도 아닌 국내 최고의 국립대학이라는 서울대학교의 1980년대 상황이었다.

국비유학에는 3년이라는 의무복무가 뒤따른다. 1990년 중반 귀국했을 때, 한국의 연구계와 산업계의 상황은 1980년대와 완전 딴판이었다. 양적 성장을 지지하기 위해서 결과를 빨리 만들어낼 수 있는 전산유체역학(Computational Fluid Dynamics)이 모든 분야를 점령했다. 즉, 기초이론은 제쳐두고 결과 중심적 연구만이 생존할 수 있던 시기였기 때문에, 원천기술의 개발을 건너 뛰고 바로 상업화 단계로 진입하는 '중간진입 전략'이 철강, 조선, 자동차, 전자, 반도체, 원자력, 화학, 생명 등 모든 분야에 적용되고 있었다. 중간진입 전략이 리스크가 매우 큰 국가 산업화 전략이었음에도 불구하고 결과적으로 경제와 과학기술의 양적 성장에는 확실하게 기여했다. 중간진입 전략은 단지 산업분야에만 국한되지 않았다. 심지어 문화(산업)에도 적용됐다. K-Pop, K-드라마, K-시네마 등도 모두 중간진입 전략을 통해서 전 지구적인 상업적 성공을 거둔 문화상품이다. 그리고 최근에는 K-방산이라는 중간진입 성공신화의 새로운 주인공까지 탄생했다.

2020년대 들어와서 K-방산의 성장세는 전 세계를 놀라게 하고 있다. 전 세계에서 가장 짭짤한 무기시장인 중동에 (기술적 난이도가 매우 높은) 탄도미사일방어시스템을 수출했으며, 전통의 군사강국 독일과 프랑스의 뒷마당이라고 할 수 있는 폴란드에 전차, 자주곡사포 및 전투기로 구성된 핵심 화력무기체계를 수출하는 데도 성공했다. 하지만, 이런 밝은 면의 뒤에는 어두운 그림자도 있다는 점을 간과해서는 안 된다.

군사기술의 개발은 과학기술자에게만 주어진 과제가 아니다. 정치권, 관료, 자본 및 미디어도 한 나라의 중요 구성집단으로서 군사기술의 개발과정에 상당한 지분과 책임을 갖고 있다. 그러한 사실을 100% 인정하더라도, 현재 K-방산의 무게중심은 확실하게 과학기술자에서 정치, 관료,

자본 및 언론 매체로 이동하고 있다. 이것이 좋은 것인지 나쁜 것인지는 확실하게 답하기 어렵지만, 서로 합이 맞지 않는 사공처럼 행동한다면 결과가 좋을 수는 없다. 이러한 무게중심의 이동이 어쩔 수 없는 추세라고 해도, 과학기술에 대한 최소한 예의를 가지고 기술개발에 접근해야 모두가 원하는 방향으로 나아갈 수 있다.

중간진입 전략으로 성장한 K-방산이 과학기술자들만의 노력으로 성장한 것은 아니다. 하지만, 기술개발 종사자들이 시스템의 소모품처럼 취급받을 만큼 기여가 미미했던 것도 절대 아니다. 최소한 공신록의 1등 공신에 이름 올릴 자격은 충분하다. K-방산의 미래 성장 전략을 설정하는 과정에서 과학기술인들이 지속적으로 소외되는 것은 (사농공상이라는 유교의 봉건적 계급관이 반영된) 일종의 과학기술에 대한 경시라고밖에 달리 보기 어렵다. 군사기술을 다루는 매체와 사회관계망(즉, SNS)의 과학기술에 대한 관점도 여기에서 크게 벗어나지 않았다. "때리는 시어미보다 말리는 시누이가 더 밉다"는 속담처럼, 말로는 위해주는 척 하지만, 내심으로는 무기체계의 과학기술적 원리에 대해서 알고자 하는 의지조차 없는 (그리고 과학기술에 대한 무지를 대수롭지 않게 생각하는) 미디어 참가자들의 과학 경시도 정치와 관료 집단의 과학 경시에 못지않다.

과학을 경시했다가 크게 그르친 국가 정책이 바로 에너지 환경 정책이다. (뉴턴의 중력의 법칙보다 훨씬 강고한) 열역학 제1법칙과 제2법칙조차 이해하지 못하는 관료 집단, 정치권, 환경운동 단체 및 자칭 투자 전문가들이 만들어낸 신재생에너지 정책 때문에 지금도 매년 조 단위의 돈이 태양광발전, 풍력발전 그리고 이름만 신재생에너지인 잡다한 발전 사업의 보조금으로 들어가고 있다. 하지만 (정치적 프로파간다 이외에) 어떠한 가시적 성과도 거두지 못하고 오히려 산림과 농경지를 파괴하는 부작용만 양산하고 있다. 상황이 이럴진대, 과학적으로 무지에 가까운 정치 및 관료 집단이 (국가의 존망에 관련된) 군사기술에는 손을 대지 않을 것이라고 생각하는 것은 너무나 순진한 착각이다. 이미 KF-21은 지난 몇 달 사이에 여러 차례 악의적으로 만들어진 가짜 뉴스에 시달리고 있다. 물론 가짜 뉴스의 배후에 공기업의 민영화로 한몫을 챙기겠다는 정치, 관료, 재벌 집단이 개입됐다는 음모론까지 피어나고 있다. 거기에 더해서, 정치권은 권력을 쟁취할 수만 있다면 군사기밀을 노출시키는 사실상의 이적행위조차 거리낌 없이 저지르고 있다. 그렇지만 가짜뉴스와 기밀노출 행위 가운데 어느 것도 처벌의 대상에 오른 적이 없었다. 이처럼 정치, 관료, 언론 집단들이 만행을 반복하는 배경에는 마음 속 깊이 내재된 과학기술과 민주주의에 대한 경시가 뿌리 깊게 자리잡고 있다. 고시 합격을 과거 급제로 착각하고 있는 (그래서 조선시대 관료들의 계급적 우월의식을 고스란히 간직하고 있는) 집단들이 K-방산을 자신들의 디너 테이블에 올리려고 호시탐탐 기회를 엿보고 있으니 말이다.

이익집단에게 장악 당한 군수산업의 문제점은 우리만이 겪고 있는 문제는 아니다. 미국에서 군산복합체라는 극강의 이익집단이 등장한 것은 무려 160년 전인 남북전쟁 때였다. 그러니 미국민의 세금으로 운영되는 군수산업의 부패 또한 오랜 시간만큼 남다를 수밖에 없다. 군수산업 역사상 가장 어처구니 없는 무기체계 개발 프로그램을 하나 들라고 한다면, 필자는 주저없이 한 척의 건조에 거의 10조 원이 들어갔던 미해군의 줌왈트급 구축함 프로그램을 들겠다. 국산 세종대왕급 이지스 구축함 건조비의 거의 10배의 가격표가 붙었음에도 불구하고, 줌왈트급 구축함은 화력체계와 전투체계조차 없어서 전투임무를 수행할 수 없는 깡통 구축함으로 탄생했다. 그러나 줌왈트급 구축함의 참사는 사업관리 주체가 고등학교 물리학 수준의 과학적 상식을 가지고 합리적으로 판단하기만 했더라도 기획단계에서 충분히 걸러낼 수 있던 일이다. 과학적 상식과 직업 윤리를 망각한 군부, 산업계 및 정치권으로 구성된 부패의 삼자 동맹이 없었다면 결코 세상에 나올 수 없었던 망작이 줌왈트급 구축함 프로그램이다.

우리 경제 시스템이 앞으로도 국민들에게 안정적인 경제활동 환경과 양질의 일자리를 제공하기 위해서는 방위산업의 양적 질적 성장이 꼭 필요하다. 그런 필요성을 누구나 공감하기 때문에 밀리터리 관련 사회관계망 채널들도 우후죽순으로 생겨나고 있다. 그렇지만 사회관계망 참가자들의 많은 수가 군사기술에 대한 지대한 사회적 관심을 만족시켜줄 수 있을 정도로 과학기술에 대한 이해 수준이 충분히 깊지 않은 것도 현실이다. 그래서 밀리터리 정보 유통 공간의 대부분이 몇몇 기회주의자들의 정치적 경제적 이익을 위해서 확산된 왜곡된 정보로 채워지고 있다. 하지만 진정한 밀리터리 마니아라면 과학기술적 상식으로, 왜곡된 정보로 채워진 정보의 공간을 (마치 인터넷 과학 수사대가 황우석의 가짜 줄기세포를 파해졌던 것처럼) 정화해서 국군과 K-방산이 올바른 길로 나아갈 수 있게 도와야 한다. 그래야만 밀리터리 미디어 활동이라는 것이 힘과 기술에 대한 단순 호기심의 배설 행위가 아니라 국가안보와 방위산업 및 경제 환경의 개선이라는 순기능도 있는 컨텐츠 생산활동으로 정착될 수 있다.

우리의 K-방산도 언제까지 (잘 팔리기는 하지만 음악성에서는 별 볼일 없는 K-Pop처럼) 상품성만 강조된 무기를 팔 수는 없지 않은가? 중간진입 때문에 원천기술을 연구하지 않았고 실패의 경험을 축적할 기회조차 없었기 때문에 기술 혁신을 선도하지 못했다. 이제는 우리도 실패를 무롭쓰고 창의적 기술을 개발해서 게임체인저가 될 수 있는 혁신적인 명품 무기체계를 만들기 위해서 노력에 노력을 더해야 한다. 그래서 주변에 우글거리는 '깡패국가'들에게 휘둘리지 않는 새로운 시대의 문을 열어야 한다. 그러나 이러한 노력은 현장의 과학기술자들 혼자서 할 수 있는 것이 아니다. "아이를 하나 키우기 위해서는 마을 전체가 필요하다(It Takes a Village to Raise a Child)"라는 오랜 속담이 있다. K-방산이라는 아이가 성장해서 게임체인저를 만들어내는 단계까지 성장하기 위해서는 밀리터리 마니아들의 지속적인 감시와 건전한 비판이 꼭 필요하다. 물론 감시와 비판의 대상이 군사기술 개발자에 국한돼서는 안된다. 당연히 가짜뉴스와 기밀노출마저 서슴지 않는 정치적 경제적 이권에 집착하는 집단까지 포함돼야 한다. 매의 눈으로 감시하면서 건전한 비판을 할 수 있기 위한 첫번째 필요조건은 당연히 과학기술에 대한 이해이다.

비록 필자가 군사공학과 밀접하게 연관된 연소공학을 전공했지만, 국내에 들어와서는 주로 에너지 및 환경과 관련된 연구를 수행했다. 그럼에도 연소 및 폭발에 대한 전문성 때문에 국방과학연구소, 항공우주연구원 같은 군사기술 및 항공우주기술 분야에서 일하는 사람들과 단속적이나마 교류하고 있었다. 따라서 군사기술의 현업에 종사하지 않아도, 좋은 배경지식을 가진 관찰자로서 군사기술의 발전을 보다 객관적으로 바라볼 수 있는 장점이 있다. 다음 장부터 전개될 내용은 군사기술 문제와 관련해서, 전문적 소양이 깊은 관찰자라고 할 수 있는 필자가 생각해왔던 것을 아주 간단한 과학기술적 설명을 덧붙여 독자들이 이해하기 쉽게 풀어낸 내용이다.

이 책은 군사기술에 대한 고전적인 연구배경을 가지고 있는 필자가 군사기술의 기본에 대한 이야기를 과학기술에 대한 지식이 일천한 독자들과 공유하는 방식으로 쓴 글이라고 볼 수 있다. 그래서 기회가 날 때마다 과학기술의 기초에 대한 이야기를 하겠지만, 소화불량에 걸릴 정도로 시시콜콜하게 물리학과 수학 이야기를 하지는 않으려고 한다. 그럼에도 독자들은 최소한 중고등학교에서 배웠던 과학 지식 정도는 다시 꺼낼 필요가 있다. 그 정도 수준의 과학적 기초 지식을 필요할 때 제대로 활용할 줄 아는 것은 4차 산업혁명 운운하는 과학기술 시대의 독자로서 최소한의 예의가 아닐까 싶다.

이 책에 소개되는 에피소드의 다수는 이미 널리 알려진 이야기이다. 하지만 과학의 창을 통해서 들여다볼 경우, 실상은 세상에 알려진 것과 다를 수 있다. 무기와 관련된 역사적으로 유명한 에피소드와 작동 원리를 기초 과학기술의 관점에서 재조명하는 방식으로 쓴 책이기 때문에, 이 책은 일반 교양독자들은 물론 대학교 저학년 공학도들에게도 적지 않은 도움이 될 것이라고 기대하고 있다. 독자들은 과학적으로 문제를 들여다보는 과정을 반복적으로 경험하면서 군사기술에 대한 과학기술적 안목을 넓힐 수 있을 것이다. **핵심은 기술적 문제에 대한 단순 지식이 아니라 주어진 문제를 과학기술적으로 타당하게 바라보고 그에 기반해서 합리적으로 판단을 내리는 과정이다.**

먼저 군사기술의 발전에 대한 역사적 에피소드로 이 글을 시작할 예정이다. 물론 역사적 내용도 있지만 역사시대에 벌어진 군사기술의 혁신적인 발전에 대한 이야기가 주를 이룬다. 그리고 다음에는 기초적인 과학적 설명을 덧붙인 핵심적인 무기체계에 대한 이야기를 하고자 한다. 무기체계가 가지고 있는 기초과학적 내용을 이해하고 나면, 현재 많은 나라들이 추진하고 있는 무기체계의 개발과정에 대한 과학기술적 판단 역량이 조금이나마 좋아질 것으로 기대한다. 독자들이 이 책의 내용에 공감을 할지 안 할지는 내가 결정할 문제가 아니지만, 최소한 읽기에 지루하지 않은 글이었으면 한다.

현재 국방과학연구소(Agency for Defense Development, 이하 ADD)에서 수행하고 있는 무기체계의 개발에 대해서는 정부에서 이미 공개한 것 밖의 내용은 가급적이면 언급하지 않을 예정이다. 무기체계의 개발이라는 것은 꽉 짜인 로드맵에 따라 진행되는 것이다. 내가 뭔가를 더 안다고 생각해서 훈수를 두는 행위가 오히려 프로젝트 진행에 방해가 될 수 있다는 것을 연구개발 현장에서 근무한 경험으로 잘 알고 있기 때문이다.

1장

현대 이전의 군사기술과 무기의 역사

동서고금을 막론하고 아주 오래전에 벌어진 사건에 대한 이야기는 후대로 전해지는 과정에서 왜곡을 피할 수가 없다. 어떤 때는 이야기를 전하는 사람들이 자신을 멋있게 포장하기 위해서 윤색을 하는 경우도 있지만, 대부분은 권력의 이데올로기를 강화하기 위해서 사건의 진상을 적극적으로 왜곡하는 경우이다. 인류 역사에서 가장 오래된 전쟁 기록이라고 알려진 히타이트와 이집트의 카데시 전투에 대해서, 이집트의 파라오 람세스 2세는 실제로는 패전에 가까운 결과를 자신이 마치 커다란 승리를 거둔 것처럼 그가 지은 건축물의 부조에 아로새겨 놨다.

시대를 막론하고 기술적으로 최첨단을 달려왔던 군사기술은 그런 왜곡에 취약할 수밖에 없다. 이야기를 전했던 사람들 대부분이 과학기술적 지식이 깊지 못했기 때문이다. 그러나 그런 왜곡된 역사적 에피소드가 지금까지 전해온다 하더라도 과학적 상식을 바탕으로 들여다본다면, 진실의 전부는 아닐지라도 진실의 파편 정도를 찾는 것은 충분히 가능하다.

여기에서는 고대의 이야기꾼들이 왜곡했을 것이라고 생각해왔던 몇몇 에피소드들을 소개하면서, 독자들이 가볍고 산뜻하게 출발할 수 있도록 하고자 한다.

아르키메데스의 원리

고대의 과학자들에게 투잡(Two Job)은 기본이고 심지어 쓰리잡, 포잡도 흔했다. 즉, 당시의 과학자들은 수학, 물리학, 천문학은 필수였으며, 철학자의 역할도 해야 했다. 왕과 같은 고용주가 원하면 엔지니어의 역할을 수행하면서 공공건설사업과 군사기술개발을 직접 지휘해야 했다. 이렇게 다재다능해야만 했던 고대의 과학자들 가운데 가장 성공한 인물로 시라쿠사(Syracusa)의 아르키메데스(Archimedes, BC 287~212)가 자주 언급된다. 그러나 아르키메데스의 수많은 과학기술적 업적 가운데 지금도 사람들이 사용하고 있는 나선형 펌프를 제외하고는 대부분의 업적의 원형이 역사적으로 심하게 왜곡되고 윤색되어서 제대로 이해되지 않고 있다고 봐야 할 것이다.

아르키메데스의 시절, 지중해의 전략적 요충지라고 할 수 있는 시라쿠사는 로마, 카르타고, 이집트 그리고 그리스계 도시국가의 틈새에서 생존하기 위해서 여러 차례의 전쟁을 겪어야 했다. 따라서 시라쿠사의 왕은 아르키메데스에게 시라쿠사를 지킬 수 있는 여러 가지 수성무기들을 개발하라고 지시했다. 그래서 개발되었다고 알려진 무기 또는 군사기술의 대표적인 사례로서 반짝이는 청동방패를 포물선으로 배치해서 멀리서 다가오는 로마 전함에 초점을 맞춰 전함의 돛을 태웠다는 이야기와 도르래, 지렛대 그리고 갈고리를 이용해서 해안 성벽에 접근한 로마 군선을 들어서 내쳤다는 이야기가 아직도 전해진다.

고대 과학기술의 최고봉 아르키메데스와 '유레카' 에피소드의 진실

물론 저런 무기들이 전쟁에서 활용되었을 가능성은 충분히 있지만 아마 효과적인 무기는 아니었을 것이다. 격렬하고 혼란스러운 전장에서 아주 먼 거리에 있는 초점에 빛을 집중시킨다거나 커다란 갈고리로 군함을 엮는다는 것은 여간 어려운 작업이 아니기 때문이다. 적군이 이런 무기의 존재를 몰랐을 때 처음 한두 번은 통할 수 있어도 경험 많은 지휘관이라면 그에 대한 대비책도 쉽게 마련할 수 있다. 단 포물선으로 배치된 청동방패의 전설에는 유클리드 기하학을 뛰어넘는 원뿔곡선에 대한 이해가 있었다는 점이 반영되어 있고, 도르래와 지렛대를 이용해 수성 장비를 개발했다는 전설에서는 힘의 전달을 제대로 이해하고 있었다는 점이 담겨 있다. 이런 점에서 아르키메데스는 이전의 발명가들과 차원이 다른 과학적 이해도를 갖춘 천재적 무기 설계자였음이 확실하다. 그러나 후대의 호사가들이 그의 공학적 업적을 제대로 이해하지 못해서, 그가 시라쿠사라는 지중해 한가운데 있는 그리스계 도시국가의 한때 잘 나가던 발명가 정도로 격하된 것이 아닌가 안타까울 따름이다.

아르키메데스의 과학적 역량 가운데 가장 왜곡되고 평가절하된 것이 '유레카(Eureka)' 사건의 기원으로 알려진 부력의 발견에 대한 일화이다. 아르키메데스가 부력의 원리를 발견하게 된 계기에 대한 이야기는

다음과 같다. 어느 날 시라쿠사의 왕이자 아르키메데스의 고용주였던 히에로 2세가 장인에게 순금으로 된 왕관을 만들게 했다. 그러나 왕은 왕관이 과연 순금으로 만들어진 것인지 의심을 품었으며, 결국 왕은 아르키메데스에게 순금 왕관의 진위여부를 파악하는 문제를 내렸다는 것이다. 왕이 던져준 문제에 골몰하면서 목욕탕에 들어간 그는 욕조 속에 몸을 넣자 넘쳐 흐르는 물을 보고 번뜩이는 아이디어가 떠올라 옷도 입지 않은 채 "에우레카! 에우레카!"를 외치며 맨몸으로 거리를 뛰쳐나갔다. 왕궁에 도착한 아르키메데스는 왕관과 똑같은 무게의 순금 견본을 준비해 각각을 물에 담가서 넘쳐 흐르는 물의 양을 비교했다. 실험 결과 왕관을 넣었을 때 더 많은 양의 물이 넘쳐흘렀고, 이 사실로 순금보다 비중이 낮은 은이 왕관에 섞여 있다는 사실을 밝혀냈다는 것이 우리가 알고 있는 유레카 에피소드의 골자이다.

  그러나 위의 일화는 사실 부력의 발견과는 아무런 상관이 없고, 단지 측정 대상물이 물을 밀어낸 배제용적을 이용해서 비중을 측정하는 방법을 발견한 것에 지나지 않는다. 물론 비중을 측정하는 방법을 발견한 것 자체도 상당한 수준의 발견임에 틀림이 없지만, 부력의 원리를 발견한 것과는 비교할 수 없는 과학적 수준의 간극이 존재한다. 부력이 발생하는 원리를 밝히기 위해서는 욕조에서 넘쳐흐르는 물의 양을 측정하는 것 이상의 물리학과 수학에 대한 이해가 필요하다. 현대 수학을 이용하더라도 미적분까지 동원해야만 과학적 원리에 대한 정확한 설명이 가능한 물리적 현상이 바로 부력의 원리이다.

부력의 원리를 수학적으로 설명하기 이전에, 수학 특히 미적분을 두려워하는 독자들을 위해서 결론을 먼저 말하자면 다음과 같다. 부력 측정의 원리에는 (1) 대상이 되는 물체의 전체 표면에 대한 압력의 면적적분이 필요하고, (2) 그렇게 얻어진 면적적분을 체적적분으로 전환해야 하는 그린의 정리(Green's Theorem)라는 아주 높은 수준의 미적분도 필요하다는 것이다. 비중의 측정과는 비교가 되지 않는 (대학교의 이공계학과에서 배우는 해석학 수준의) 고급 수학이 동원돼야만 부력의 측정 원리를 밝힐 수 있다. 그렇기 때문에 수학이 익숙하지 않은 독자들은 그림에 제시된 결과 수식만 확인하고 바로 다음 문단으로 넘어가도 좋다.

부력의 원리가 지금도 가장 잘 적용되는 분야가 도크(Dock)에서 넘

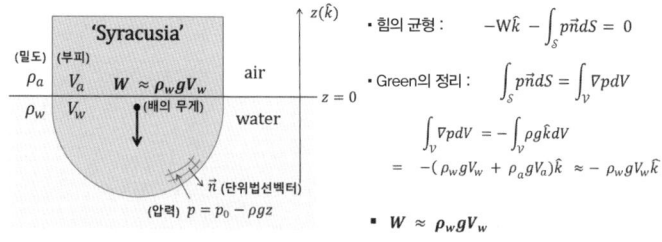

부력의 원리 : 압력의 표면적분을 체적적분으로 전환하는 그린의 정리를 적용할 경우, 배의 표면에 작용하는 압력과 무게의 평형 관계를 얻을 수 있으며, 압력의 합이 바로 부력이다.

치는 물의 체적으로 배의 무게를 측정하는 방법이다. 부력의 원리를 미적분이 확립된 현대 과학의 관점에서 배 무게 측정법을 참조해서 설명하고자 한다.(구체적인 물리량의 기호도 그림에 첨부되어 있다)

먼저 물속에 일부가 잠겨 있는 무게가 W인 배 '시라큐시아(Syracusia)'를 생각해보자. 그러면 물체의 표면의 안쪽으로 향한 법선방향으로는 물속 깊이에 비례하는 압력이 작용할 것이다. '시라큐시아'가 물에 가만히 떠 있기 위해서는 무게 W에 의한 힘과 표면 전체에 작용하는 압력의 합이 균형을 이뤄야 한다. 이를 수식으로 표현한 것이 그림에 있는 힘의 균형을 나타낸 식이고, '그린의 정리'[1]를 이용하면, 힘의 균형식에 들어 있는 압력의 표면적분을 압력구배의 체적적분으로 변환할 수 있다. 이와 같은 과정을 통해서 '시라큐시아'의 무게 W를 아래와 같이 구할 수 있다.

$$W \approx \rho_w g V_w \tag{1}$$

즉, 배의 무게 W는 배가 밀어낸 물의 무게와 같다는 것을 알 수 있다. 위의 식이 바로 부력이 발생하는 원리인 '아르키메데스의 원리'를 표현한 식이다.

지금도 질량을 아주 정밀하게 측정하기 위해서는 측정 장소마다 아주 조금씩 다른 중력가속도와 더불어 공기에 의해서 발생하는 부력($\rho_a g V_a$)까지 정밀하게 보정해줘야 한다. 하지만 배와 같이 덩치가 큰 물체에 대해서는 물의 배제용적으로 발생하는 부력만 고려해서 배의 무

---

[1] 2차원의 면적적분을 3차원의 체적적분으로 변환하는 것을 그린의 정리(Green's Theorem)이라고 하며, 1차원의 선적분을 2차원의 면적적분으로 변환하는 것을 스톡스의 정리(Stokes' Theorem)라고 한다. 그리고 그린의 정리와 스톡스의 정리 모두 n차원의 적분을 (n+1)차원의 적분으로 $\int_\Omega d\omega = \int_{\partial\Omega} \omega$와 같이 변환시키는 스톡스의 일반정리 (Generalized Stokes' Theorem)의 특수 경우라고 할 수 있다. 참고로 여기에 나오는 Stokes는 클레이연구소 밀레니엄 문제의 하나인 Navier-Stokes 방정식의 Stokes와 동일한 인물이다.

게를 계산하더라도 거의 0.1% 수준의 오차를 가지는 정확도로 측정할 수 있다.

부력의 발견을 설명하는 아르키메데스의 원리에 대한 (미적분에 기초한) 현대적 해석을 통해서 바라보면, 왕관과 관련된 에피소드에는 (1) 압력의 원리, (2) 적분의 원리 및 (3) 표면적분을 체적적분으로 변환하는 원리와 같은 3가지의 핵심적인 물리학과 수학의 원리가 실종됐다는 점을 알 수 있다. 따라서 아르키메데스가 욕조에서 착안해냈던 부력의 원리는 왕관에 대한 에피소드와는 전혀 다른 사연이 있어야만 한다.

왕관(Corona)이 아니라 '용골(Korone)'이다

역사적 전설과 과학적 원리 사이의 간극을 메꿔주는 '유레카(Eureka)' 사건에 대한 새로운 해석이 유튜브의 'TED-Ed'에 몇 년 전에 제안되었다.[2] TED-Ed에 실린 새로운 해석은 아르키메데스 당시의 시라쿠사의 왕인 히에로 2세의 명령으로 그때까지 지중해에서 사용되었던 배의 크기보다 약 50배가 넘는 새로운 배인 시라큐시아(Syracusia)를 건조하고 이집트로 항해하는 일을 아르키메데스가 감독하면서 생긴 에피소드라는 것이다. 지금까지 없었던 규모의 큰 배일 뿐만 아니라 이집트의 파라오에게 줄 엄청난 선물과 온갖 호화로운 시설을 포함하고 있었기 때문에 배가 뜰 수 있는지조차 알 수 없었다. 따라서 배의 무게가 부력에 의

---

2 TED-Ed는 아르키메데스의 원리에 대한 두가지의 해석을 유튜브에 올린 바가 있다. 용골(Korone)설에 기초한 새로운 해석에 관한 유튜브 동영상(https://www.youtube.com/watch?v=0v86Yk14rf8)인 "The real story behind Archimedes' Eureka!")을 공개하기 2년 전에 기존의 왕관(Corona)설에 기반한 전통적 해석의 유튜브 동영상(https://www.youtube.com/watch?v=iij58xD5fDI) "How taking a bath led to Archimedes' principle"를 유튜브의 TED-Ed 채널에 게재한 바 있다.

시라큐시아

해서 뜰 수 있는지를 판단하기 위한 방법을 고안하는 과정에서 욕조에서 넘치는 물처럼 배가 밀어내는 물의 무게가 배의 무게와 같다는 부력의 원리를 알아내게 됐다는 것이다. 특히 당시 배의 용골을 가리키는 말이 왕관을 가리키는 Corona와 아주 유사한 Korone였기 때문에 훗날 과학적 원리에 정통하지 않았던 호사가들이 왕관과 연관된 이야기로 왜곡했을 것이라고 주장하는데, 이와 같은 주장이 과학적으로 훨씬 더 설득력이 있어 보인다.

시라큐시아라는 그때까지 없던 엄청난 크기의 배를 건조하는 과정에서 발생한 에피소드가 부력이라는 아르키메데스의 원리가 발견된 진짜 뒷이야기라면, 아르키메데스는 당대의 수준을 훨씬 뛰어넘는 과학적 실력의 소유자이다. 아르키메데스 이전의 시대를 대표하는 그리스의 과학적 성과는 세상의 모든 것이 정수의 조합 즉 유리수로 이루어졌다는 정수론적 개념과 유클리드 기하학이라고 할 수 있다. 그러나 정수론과 유클리드 기하학으로는 부력의 원리를 죽었다 깨어나도 설명할 수 없다. 따라서 아르키메데스는 당대의 수학적 한계를 초월한 과학적 수준에 도달했었다고 봐야 한다.

핵심은 물밑의 보이지 않는 곳에 있다

아르키메데스는 먼저 압력이 작용하는 원리를 확실하게 알고 있었다. 즉, 물속에 있는 물체의 단위면적(ΔS_i)에 작용하는 압력(P)은 그 단위면적 위에 존재하는 물기둥의 무게($\rho gh_i \Delta S_i$)와 같다는 정수력학(靜水力學, Hydrostatic)의 원리와 더불어 압력은 압력이 작용하는 점의 모든 방향으로 같다는 등방성(等方性, Isotropy)[3]까지 알고 있었다. 또한 배의 표면의 단위면적에 작용하는 압력이 단위면적 위의 수직으로 존재하는 물기둥의 무게와 같다는 것에서부터 아르키메데스가 간단한 단위도형(즉, 수직기둥)을 더해서 총합을 구하는 (구분구적법에 바탕을 두는) 적분의 기본원리 및 표면적분을 체적적분으로 전환하는 그린의 정리까지 사실상 이해하고 있었다는 것을 (정수력학과 구분구적법을 설명하는) 앞의 그림을 통해서 확인할 수 있다.

그뿐만이 아니라 배의 구조에서 가장 핵심이 되는 것이 당시에는 Korone라고 부르던 용골의 구조라는 것을 알아냈다는 점이다. 아주 튼튼하고 무거운 용골이 있어야만, 배의 무게 중심을 낮춰서 바람과 파도에 배가 흔들리더라도 충분한 복원력을 유지할 수 있다는 역학적 안정성의 원리도 충분히 이해하고 있었다고 보인다. 위와 같은 추측에 근거

---

[3] 압력의 등방성은 훗날 아이작 뉴턴이 발견한 운동의 법칙 가운데 작용과 반작용의 법칙과 직접적으로 호환될 수 있는 힘의 성질이다.

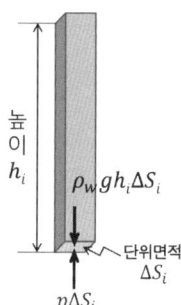

물기둥에 작용하는 정수력(Hydrostatic Force)과 구분구적법을 이용한 부력의 계산

한다면, 운동의 법칙과 적분의 원리를 이미 파악하고 있던 아르키메데스는 갈릴레오 갈릴레이(Gallileio Gallilei, 1564~1642)와 아이작 뉴턴(Isaac Newton, 1643~1727)이 등장하기 이전 시대 최고의 과학자 위치에 있었다고 봐도 무방하다.

아르키메데는 그를 알아보지 못한 로마 병사의 칼에 찔려 죽었다. 그럼에도 아르키메데스의 과학적 업적의 정수를 계승하고 발전시켜서 자기들만의 독창적인 문명을 일으킨 사람들이 바로 로마인이다.

로마 문명의 상징과도 같은 수도교(Aqueduct)와 콜로세움의 아치, 판테온의 돔은 현대 과학기술에서도 매우 높은 수준의 기술력을 요하는 구조물이다. 그러나 이들 로마의 공학적 업적은 아르키메데스가 발견한 부력과 구분구적법의 원리가 확대 적용되었기 때문에 현재의 우리가 알고 있는 경이로운 공학적 성과로 발전되었을 것이다. 사실 로마가 남긴 공학적 유물의 원형은 대부분 지중해 어딘가에서 먼저 탄생한 것들이다. 그러나 로마가 그것들을 계승 발전시키면서 그 전보다 더 크고, 더 아름답고, 더 실용적이며 안정적으로 성능을 재현할 수 있는 공학적 기술로

스페인 세고비아에 있는 고대 로마의 수도교(수로)

완성했다. 즉, 압력을 작용시키는 구조물의 무게를 적분으로 계산할 수 있는 방법이 확립되지 못했다면 2000년 가까이 튼튼하게 서 있는 로마의 유적을 지금 우리가 바라볼 수는 없었을 것이라고 나는 생각한다. 로마의 정제된 공학적 업적은 그들이 아르키메데스가 이룩한 과학적 성과의 정수를 완전하게 소화해서 자신들의 것으로 만들었기 때문에 가능했다.

고대 최강의 군대
로마군단

로마와 중국 모두 약 2000년 이전에 대제국을 건설했다. 따라서 로마와 중국의 군사력도 그들이 알고 있던 당시 세계에서 최강의 군사력이었다고 봐야 한다. 이런 로마와 중국의 군사력을 비교한다면 과연 누가 더 강했을까? 나는 동서를 가리지 않고 로마군단을 고대 세계 최강의 군대라고 평가한다. 중국의 최대 강점은 단연 많은 사람 수이다. 따라서 기술의 개발에서 양적 이점을 최대한 누릴 수 있었다. 당연히 수많은 시행착오를 거치는 과정에서 훌륭한 기술적 발견을 할 수 있는 기회도 많았으며, 그런 기술을 산업적으로 확대 재생산해서 양적 경쟁력도 확보할 수 있었다.

그러나 고대 중국의 기술은 엄밀히 말하면 우연이란 확률의 산물이지, 과학적 원리에서 출발해 의도한 대로 설계하고 제작해서 현실 세계에 적용한 정통 과학기술의 산물은 아니다. 반면 로마의 군대는 과학적 원리에 기반한 엔지니어링 능력으로 성장한 군대이다. 따라서 미처 경험하지 못했던 상황에 대한 적응력도 로마군단이 뛰어났을 뿐만 아니라 결과물을 안정적으로 재현할 수도 있었다. 덕분에 로마제국은 짧게는 500년 이상, 동로마제국까지 포함한다면 1000년 이상 제국의 위상을 유지할 수 있었다.

로마군단의 본질은 기동성이다

로마군단의 본질적 강점은 기동성에 있다. 로마가 등장하던 시기 지중해의 패권은 그리스군이 장악하고 있었다. 그들은 길이가 6m를 넘는 사리사(Sarisa)라는 장창으로 무장한 보병들로 구성된 팔랑크스(Phalanx)라는 방진(方陣) 대형을 기본 전술로 사용했다. 팔랑크스는 매우 강력한 보병전술이었음에도 불구하고, 기동력이 나쁘다는 결정적 단점이 있었다. 반면 글라디우스라는 작고 가벼운 단검으로 무장한 로마 군대는 그리스 군대보다 훨씬 빠르게 기동할 수 있었다. 따라서 로마가 그리스의 지중해 제해권에 도전해왔을 때, 그리스 군대는 로마 군대에게 결정적 패배를 안길 수 없었다. 결국 전쟁의 양상이 지구전으로 바뀌면서 기동력에서 뒤떨어진 그리스 군대가 먼저 지칠 수밖에 없었고 결국 로마 군대에게 밀리게 되었다. 그렇게 지중해 지역이 하나씩 둘씩 로마의 손아귀에 넘어가기 시작했다. 그러나 로마군단이 오로지 기동력에만 의존했다면 결코 지중해와 서부 유럽 전체를 제패했던 팍스 로마나(Pax Romana)를 이룩할

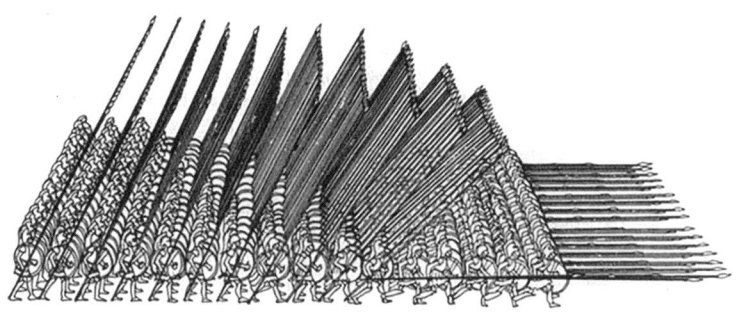

고대 그리스 알렉산더 대왕의 256인 마케도니아 팔랑스(Phalanx) 방진(方陣) 대형(좌)과 글라디우스로 경무장한 로마 보병의 방패 대형(우)

수는 없었을 것이다.

기동력에서 앞서는 로마군단이라고 해서 항상 힘을 발휘할 수 있는 것은 아니다. 핵심은 로마군단의 기동력을 유지할 수 있는 병참 능력이다. 제국의 수도에서 군사력이 필요한 적재적소에 군단을 신속하게 파견하고 작전을 수행할 수 있는 인적 물적 자원의 지원 시스템을 갖추지 못한다면, 제국을 유지하는 것은 불가능하다.

단기적 기동력만 고려한다면, 전격전이라는 기동 전술을 개발한 나치 독일군도 남부럽지 않았다. 하지만 나치 독일군이 소련으로 쳐들어갔을 때 병참이 따라주지 못했다. 결국 1941년 겨울이 다가오자 모스크바의 문턱에서 진격을 멈췄고, 다음해 겨울 스탈린그라드에서 결정적 패배를 당한 이후에는 오직 후퇴밖에 없었다. 서양 역사 최고의 정복 군주였던 알렉산드로스 대왕(Alexander the Great, BC 356~323)의 군대도 동방원정을 지탱할 수 있는 병참 능력이 없었다. 그래서 정복지에 현지화하면서 파미르 고원을 넘어 인도까지 진군했지만, 결국 알렉산드로스 대왕과 같

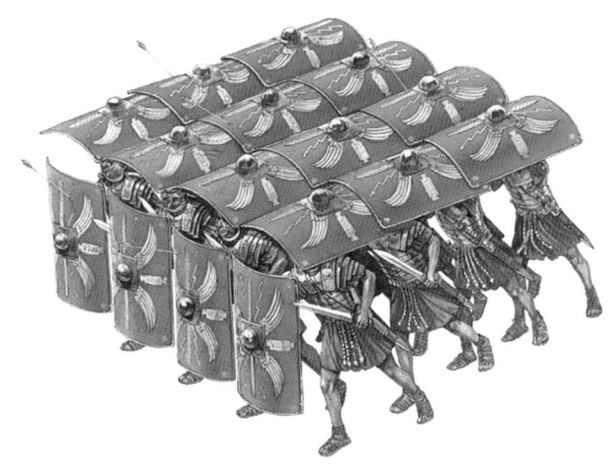

이 원정에 나섰던 군대는 끝내 고향 땅으로 돌아오지 못했다. 그리고 알렉산드로스 대왕이 죽은 이후 제국은 네 조각으로 분할됐다.

알렉산드로스 대왕이 정복한 제국은 그의 사후 바로 분할됐지만, 로마제국은 로마라는 제국 행정의 중심을 통해서 500년 이상 유지됐다. 로마의 지속가능한 대제국의 원천은 로마군단의 기동력을 지속시켜줄 수 있는 병참 시스템이었다. 여기에서 병참이란 단지 군단에게 인적 물적 자원을 공급하는 것에 국한되지 않고 제국을 운영하는 사회 인프라 시스템까지 포함해야 한다. 식량과 무기의 생산, 도로와 해운의 물류 네트워크, 수로와 도시의 건설 그리고 이 모든 것을 유기적으로 관리할 수 있는 행정까지 사회 인프라의 모든 구성요소를 시스템으로 구성하는 것을 가능케 해준 로마의 엔지니어링 역량이 있었기 때문에 군단의 기동력이 유지됐고 이를 통해서 제국의 물리적 통치가 가능했다.

역사상 최강의 엔지니어링 집단

로마는 그리스와 같은 위대한 과학적 철학적 발견자는 아니었다. 그들이 완성한 공학적 업적의 원형도 그리스의 어느 섬에서 먼저 등장한 것들이 대부분이다. 그러나 로마는 그리스가 남긴 과학기술적 원형을 가지고 엔지니어링을 통해서 완성된 결과물을 남긴 공학적 천재들이라고 할 수 있다. 로마의 그러한 공학적 업적을 구현했던 주체가 바로 로마군단이다. 로마군단 자체가 군대임과 동시에 하나의 엔지니어링 집단이었다.

로마시대의 엔지니어링은 지금과 같이 기계공학, 토목공학, 재료공학, 화학공학, 전기전자공학, 컴퓨터공학으로 구분되지 않고 그냥 공학 하나였다. 따라서 기계공학, 토목공학 및 재료공학을 모두 아우르는 일을 엔

로마 황제 칼리굴라 시기에 건조해 운항했다는 네미 호수의 거대한 유람선 발굴 현장

지니어들이 도맡아서 처리했다. 로마군단의 첫번째 임무는 로마의 작은 인구로 지중해와 서유럽 곳곳에 세워진 속주를 지배할 수 있도록 신속 대응이 가능한 교통수단을 확보하는 것이었다. 따라서 아르키메데스가 구현했던 조선기술에서 상당한 발전을 이룩해야만 했다. 우리는 로마의 발전된 조선기술을 콜로세움에서 행해졌다는 모의 해전과 로마의 3대황제였던 폭군 칼리굴라가 네미 호수에서 파티를 벌이기 위해서 건조했다는 길이 70m, 폭 20m를 넘는 두 척의 유람선에서 쉽게 엿볼 수 있다. 호수에 띄웠던 유람선의 규모가 그 정도였으니, 지중해를 오가던 군함과 상선의 규모와 항해 능력은 그 시대 이전 사람들의 상상을 초월했을 것이다. 또한 영토 내의 곳곳에 군대를 신속하게 파견하기 위해서 지금의

고대 로마군의 공성용 발사무기 발리스타

고속도로와 같은 거의 직선의 표준화된 도로망들을 건설했다. 속주를 다스리기 위한 군대의 요새와 행정기관을 위해서 공공건물, 도로, 수로, 공연장, 검투장, 성벽 등 모든 필수요소를 완벽하게 갖춘 도시들도 로마군단이 건설했다. 현재의 서유럽의 거의 모든 주요 도시들이 로마군단이 건설한 요새에서 출발했다는 점에서 로마군단의 엔지니어링 능력을 가늠할 수 있다.

로마의 발사무기

로마의 조선기술과 토목기술이 로마군단의 신속한 전개와 속주의 안정적 통치를 가능하게 해준 원동력이라고 한다면, 로마의 무기기술은 로마군단의 가장 핵심적인 강점인 기동력을 희생하지 않고 화력을 강화하는 실전적인 방향으로 발전했다. 로마군단의 화력을 책임지는 표준발사

고대 로마군의 공성용 투석 병기 오나게르

장치는 커다란 창을 발사할 수 있는 발리스타(Ballista)와 돌과 불덩이를 발사할 수 있는 오나게르(Onager)[4]였다. 영화 '글래디에이터(2000년)'는 로마군단이 발리스타와 오나게르를 이용한 원거리 화력 공격으로 전투를 시작하는 것을 잘 보여주고 있다.

로마군대라고 트레뷰세(Trebuchet) 같이 크고 웅장한 공성무기를 사용할 줄 모르는 것은 아니었다. 오히려 그보다 더 무지막지한 방식으로 공성전을 수행한 경우도 많았다. 대표적인 사례가 제1차 유대전쟁에서 유대인 열심당원들이 최후까지 저항했던 마사다 전투이다. 마사다 전투에서 실바 장군이 이끄는 로마군단은 400m가 넘는 절벽요새에 접근

---

4 Onager는 아시아지역에 서식하는 야생당나귀를 일컫는 말이다. 야생당나귀가 뒷발질을 하는 것처럼 찬다는 의미에서 오나르게라는 이름이 붙여졌지만, 진짜 당나귀처럼 작고 다부진 무기가 되었다. Onager와 유사한 (또는 동일한) 무기로 망고넬(Mangonel)이 있다. 망고넬도 비틀림에너지를 이용한 빌사무기인데, 사람 마다 Onager와 Mangonel이 동일한 무기인지 아니면 다른 무기인지에 대한 의견이 갈린다. 일설에는 두 무기가 발사체를 바구니에 담아서 날리는 것(Mangonel)과 슬링에 매달아서 날리는 것(Onager)의 차이가 있다고 한다. 그렇다면 우리가 Onager라고 알고 있는 무기의 진짜 이름은 오히려 Mangonel이 돼야 한다.

할 수 있는 램프를 건설하면서 성벽을 깰 수 있는 공성타워를 전진시키는 방법으로 요새를 정복했으며, 2000년 전에 건설된 공성 램프는 아직도 원형이 온전하게 남아 있다.

로마군대의 표준 발사무기였던 발리스타와 오나게르는 에너지 밀도가 높은 컴팩트한 무기여서 특히 이동에 편리했다. 이들 발사무기는 섬유, 힘줄, 머리카락과 같은 인장강도가 높은 실들을 촘촘하게 엮은 여러 가닥의 로프를 비틀어서 추진에너지를 저장했다. 특히 지렛대와 회전 톱니바퀴의 힘을 빌려 비틀림의 강도를 정확하게 조절할 수 있었기 때문에 비교적 정확하면서도 자유자재로 발사거리를 조절할 수 있었으며, 운용 인력도 요즘의 분대 규모를 넘지 않았다.

기동력이 좋은 로마군단은 이동에 편리하게 소형화된 표준 화기로 무장한 채 표준화된 도로와 해상교통로를 따라서 신속하게 전개될 수 있어서 언제나 싸울 시기와 장소를 먼저 정할 수 있는 절대적인 전략적 이점을 가지고 있었다. 따라서 그들은 로마의 지배영역 안에서는 항상 군사적 우위를 유지할 수 있는 시스템을 갖추고 있었다. 이런 로마군단의 특성은 로마가 당한 유명한 패전의 대부분이 브리타니아 섬과 라인 강 동쪽 지역의 자신들이 확실하게 점령하지 못한 지역에서 현지인들의 매복에 당한 전투였다는 점에서도 다시 확인할 수 있다. 로마의 전성시대가 끝나고 1,500년이 넘는 시간이 흘렀지만 과학적 기초가 탄탄한 엔지니어링을 통해 시스템화에 성공한 기동력 중심의 로마 군사전략은 아직도 유효한 것을 넘어서 중시되고 있다. 앞으로 대한민국 국군이 추구해야 할 군사전략도 결코 이와 다르지 않다.

중세,
과학기술의 암흑시대

야만족(Barbarian)이라고 멸시받던 게르만족의 로마 약탈로 5세기 말에 서로마제국이 멸망하면서 유럽대륙에 중세시대가 열렸다. 아주 잘게 쪼개진 지역마다 힘센 자들이 봉건영주로 행세하면서 로마제국 멸망으로 생긴 정치적 진공이 메워졌다. 하지만 무기만 청동기에서 철기로 대체 됐을 따름이지, 로마가 건설했던 사회적 시스템과 물리적 인프라는 로마제국 이전의 더럽고 엉성한 것으로 후퇴하기 시작했다.

우리는 유럽의 중세시대를 암흑시대(Dark Age)라고 한다. 암흑시대라고 부른 실상은 북방의 야만족이 세상을 지배했기 때문이 아니라 이미 (예수의 철학을 저버리고) 지배 이데올로기로 변질된 기독교의 사제들이 로마가 이룩한 모든 학문적 유산을 수도원의 창고에 처박았기 때문이다. 과학은 수도원 깊숙이 종적을 감췄고, 기술은 봉건영주에 종속된 장인들의 손끝에서 간신히 명맥만 유지할 수 있었다. 따라서 전쟁의 양상은 과학기술과 경제력의 충돌이 아니라 지역 강자들이 벌이는 단순 폭력의 경쟁으로 퇴보했다. 물론 이런 전쟁도 중세적 냄새가 물씬 풍기는 판타지 게임을 즐기는 사람에게는 나름 흥미가 있을지 모르겠지만,

과학기술을 업으로 삼는 필자에게는 관심을 갖고 들여다 볼 것이 별반 없다.

중국 과학기술의 이른 개화와 몰락

고대 서양문명의 정점을 찍은 것이 로마제국이었다면, 고대 동양문명의 정점을 찍은 것은 춘추전국시대를 통일한 진(秦)나라이다. 로마가 카르타고와 지중해의 제해권을 놓고 싸웠던 기원전 3세기 중후반 시기에, 중국에서는 500년간 지속된 춘추전국시대가 막을 내리며 과학기술문명이 정점을 찍고 있었다.

봉건국가였던 주(周)나라가 견융(犬戎)이라는 외적의 침략으로 껍데기만 남게 되자[5], 사방의 봉건제후들이 중원의 패자가 되겠다고 500년간 지속된 전쟁판을 벌였다. 끊임없이 벌어지는 전란에 인민의 고통은 극에 달했지만, 아이러니하게도 중국문명이 철학과 과학기술에서 가장 꽃 피웠던 시기는 바로 이 춘추전국시대였다. 주나라를 중심으로 하는 봉건 질서가 무너지고 군웅할거의 혼란기가 오면서 온갖 종류의 생각들이 나타나서 시험될 수 있는 기회의 장이 열린 것이다. 그래서 이 시기를 제자백가(諸子百家)의 시대라고 한다.

왕의 정치적 의지를 법을 통해서 관철시키자는 법가(法家)에서부터 왕권에 기대서 호족과 사대부의 기득권을 가부장적 이념으로 극대화하고자 했던 유가(儒家), 그리고 무위를 주장하면서 자연과의 조화를 추구했던 극단적인 형이상학적 사상이었던 도가(道家)까지 정말 다양한 사상

---

[5] 외적을 '개 같은 오랑캐'라는 의미의 犬戎이라고 부른 것에서 중국 역사서의 자기중심적 왜곡의 정도를 충분히 짐작할 수 있다. 우리가 중국 및 로마 중심의 고대 역사를 곧이곧대로 받아들여서는 안 되는 까닭이다.

들이 등장했지만, 그중에서도 단연 눈에 띄는 사상은 묵가의 사상이다.

중국 전국시대 초기에, 훗날 묵자(墨子)라고 부르는 묵적(墨翟, BC 480~390)이란 사상가가 등장했다. 제자백가라고 부를 만큼 춘추전국시대에 등장한 수많은 사상가들 가운데 묵자가 유독 두드러진 이유는 시대를 거의 2,000년 이상 앞서서 과학적 사회주의로 해석될 수 있는 사상을 펼쳤기 때문이다. 묵가 사상의 핵심인 겸애(兼愛)는 일종의 평등사상으로 해석될 수 있으며, 노동과 생산의 관계에 대해서도 말했다. 단지 형이상학적 주장에만 머물지 않고, 카메라의 원리를 밝힐 정도로 과학에 대한 이해도 깊었다. 또한 백성들을 전란의 도탄에서 구하기 위해서 전쟁을 함부로 벌이지 못하도록, 묵가의 사람들은 방어술에 대해서 집중적으로 연구했다. 그들의 방어술이 하도 뛰어나서 후대의 사람들은 묵가의 병법을 묵공(墨功)이라고 불렀다. 말로만 평화와 공정을 외치는 요즘 사람들과는 비교할 수 없는 튼튼한 과학기술적 기초를 갖췄던 묵가의 실천적 사상이 전국시대의 한 복판에서 등장했던 것이다.

로마가 제국으로 발돋움하기 위한 첫발을 떼던 기원전 3세기 후반, 훗날 시황제하고 부르게 되는 진(秦)의 6대 왕 영정(嬴政 : BC 259~210)은 중원을 통일한다. 이때가 고대 중국의 과학기술문명이 정점을 찍은 시기이다. 그의 무자비했던 통치와 별개로 진시황제는 강력한 제국을 만드는 데에는 탁월한 능력을 선보였다. 제국을 연 진시황제의 최고의 무기는 단연 표준화이다. 무기에서부터 수레, 도량형 그리고 문자까지 전국시대 나라마다 제각각이었던 모든 것을 표준화했다. 표준화 덕분에 배가된 생산력이 바로 시황제가 전국시대 중국을 통일할 수 있었던 물적 토대를 깔았다.

당시 진나라의 압도적으로 탁월한 생산능력을 우리는 병마용갱(兵馬

병마용 갱에서 발굴된 청동 마차. 말과 마차 및 마부에 대한 청동조각의 사실성이 매우 뛰어나다.

俑坑)에서 지금도 찾아볼 수 있다. 수천 기에 달하는 극사실적인 병마용 가운데 똑 같은 것이 하나도 없다고 한다. 표준화에 따른 일괄생산체계를 구축했지만 각각의 제품마다 고유성이 부여될 수 있는 유연생산체계까지 구축하는 데 성공했다.[6] 현대의 산업 문명도 유연생산체계를 20세기의 끄트머리에나 성공적으로 정착시켰다는 점에서 당시 진나라가 구현했던 산업적 생산 시스템의 수준을 짐작해볼 수 있다.

단지 생산시스템만 발전한 것이 아니라 과학에서도 상당한 수준에 도달했다. 삼국시대 위나라의 유휘(劉徽)의 263년 주석본을 정본으로 치는 구장산술(九章算術)은 진나라에서 작성된 것을 모은 것이라고 한다. 이름 그대로 아홉 개의 장으로 구성된 수학책인 구장산술에는 1차연립방정식, 2차방정식에 대한 해법뿐만 아니라 피타고라스 정리에 해당하는 구고(句股)와 원주율에 대한 내용까지 포함하고 있다. 원주율과 피타고라스 정리까지 이해했다는 것은 모든 각도에 대응하는 직각삼각형 각변의 길이를 구할 수 있다는 것과 같기 때문에, 진나라 시기 중국에서는 삼각함수의

---

6 일찍이 그리스도 극사실적 조각품을 만들기는 했지만, 대량생산에는 가깝게 간 적이 없었다.

계산이 충분히 가능했음을 의미한다. 이를 통해서 매우 정교한 천문 관측을 수행했다는 것도 쉽게 유추할 수 있다. 구장산술이 처음 작성되던 기원전 3세기경, 음수가 중국에서 처음 등장했다. 즉 고대 서양 과학의 특이점이라고 할 수 있는 아르키메데스가 이룩한 과학적 업적을 제외한 거의 모든 것을 진나라에서도 완벽하게 이해하고 현장에 적용했을 정도로 중국의 과학문명은 그리스 로마에 결코 뒤지지 않았다.

어찌 보면, 고대 중국 과학의 발전은 진시황제 시기까지였다. 시황제가 죽고 다시 분열된 중국을 초한 쟁패를 통해서 유씨(劉氏)의 한(漢)나라가 통일했다. 한의 황실에게는 과학기술의 발전보다는 황권과 국가의 안정이 더 급했다. 그래서 기회주의적 지배 이데올로기인 유교를 국가통치이념으로 받아들였다. 왕권에 기댄 호족의 기득권 강화에 최적화된 유교가 사회의 안정에 일시적으로 기여했을지는 몰라도 절대왕정과 봉건제의 한계가 함께 등장하는 치명적 단점도 어찌할 수 없었다.

이같은 유교의 이념적 한계가 가장 극명하게 드러난 것이 사마천의 《사기(史記)》이다. 전한(前漢)의 사학자 사마천(司馬遷)의 《사기》는 중국의 오랜 역사에서도 손에 꼽히는 불후의 명작이다. 그러나 사기에서도 사마천의 생각을 가장 잘 읽을 수 있다는 열전을 볼 때마다 유교의 기회주의적 위선의 냄새를 지울 수 없다. 물론 사마천이 위선으로 가득찬 대부분의 유교 사대부들보다는 훨씬 깨어 있는 생각을 가지고 있었음에도, 유교의 고리타분한 명분론과 중국인의 고질병이라고 할 수 있는 배타적 중화사상의 면면을 그의 사기 열전 곳곳에서 찾아 볼 수 있기 때문이다. 사기 열전의 시작을 백이(伯夷)와 숙제(叔齊)의 이야기인 백이열전에서 시작한 것과 중국 역사상 현명하기로 손꼽히는 전략가들 가운데에서도 거의 최고라고 할 수 있는 (중원의 남쪽 끝에 붙어있던) 월나라의 책사였던 범려(范蠡)를 열전에서 빠트렸다는 점에서 사마천과 유교의 관념적이고 기회주의적인 세계관의 한계를 극명하게 느낄 수 있다.

한나라의 등장 이후로 지금까지 중국역사에서 과학기술은 투명인간 취급을 받거나 뒷방으로 밀려난 신세였다. 중국에서는 중세적 암흑시대가 유럽보다 거의 600, 700년 앞서 찾아온 것이다. 물론 이후 도자기와 화약의 발명이라는 굵직한 기술적 발전이 있었지만 그것은 절대적인 양적 우위에 기반한 확률적 산물이지 과학적 이성의 산물이라고 할 수는 없다. 진나라가 망한 이후에도 2000년 동안 당, 송, 원, 명, 청이라는 나름 압도적 생산력을 가진 통일제국이 차례로 들어섰지만, 대항해 시대 이후 과학혁명으로 성장한 유럽과 맞닥뜨린 아편전쟁에서 영국의 증기 추진 전함의 함포 몇 발을 맞고 무너지면서 중화 세계의 영화가 질적 발전이 아니라 양적 성장의 허상에 불과했다는 것이 만천하에 드러났다.

로마가 멸망하고 기독교라는 유일신 종교에 의해 암흑시대로 빨려 들어간 유럽과 진나라가 무너지고 유교라는 가부장적 지배 이데올로기의 이념적 독재가 있었던 동아시아 문명의 정체 사이에는 과학기술을 등한시하는 문명의 필연적 몰락이라는 공통점이 있다. 우연이라는 확률의 산물로 근근이 유지됐던 중세시대는 그래서 과학기술적으로는 흥미롭지 못할 뿐만 아니라 비참하기까지 하다.

로마를 멸망시킨 훈족, 그들은 누구인가?

서로마제국은 410년 알라리크 1세(Alaric I, 370~410)가 이끄는 서고트족이 로마를 함락한 후 약탈한 사건과 455년 가이세리크(Gaiseric, 389~477)가 이끄는 반달족이 2주에 걸쳐서 로마를 약탈한 사건이 결정

타가 돼서, 재기불능 상태에 빠진 채 476년 멸망하고 말았다.

서양에서 야만인이라고 부르는 게르만족의 로마 약탈이 서로마 멸망의 직접적인 계기가 되기는 했지만, 로마제국의 동쪽 경계에서 멀리 떨어져서 살던 게르만족들이 라인강을 건너 로마의 영토로 침입해 들어올 수밖에 없었던 원인은 4세기 말부터 동쪽에서 밀려들어오던 훈족(Hun)이라는 기마유목민족이 있었기 때문이다. 아틸라(Atilla, 406~453)의 시기에 극성했던 훈족은 동로마와 서로마를 여러 차례 군사적으

410년, 로마를 약탈하는 야만인들(J. Sylvestre 1890년 작)

로 압박하기는 했지만 매번 제국의 문턱에서 주저앉았다. 하지만 훈족에게 쫓겨 로마의 영역으로 들어온 많은 게르만 계열의 부족들 가운데 서고트족과 반달족은 로마를 약탈하기도 했으며, 그들이 로마 영토 안에서 정착한 지역이 얼추 현재 유럽의 민족적 분포의 근간이 됐다. 그런 면에서 로마제국 이후 유럽의 기본 틀을 만든 주체는 동방의 초원지대에서 왔다가 홀연히 사라진 훈족이다.

우리가 훈족에게 관심을 갖는 것은 그들이 5세기 세계사에 미친 영향 못지 않게 우리와 역사 문화적 근연성(近緣性)이 많기 때문이다. 만주에서 동유럽까지 펼쳐진 초원지대에 단 하나의 민족 집단만 있었던 것이 아니기

고구려 무용총의 수렵도와 신라의 기마인물형 토기, 가야의 철제 갑옷

때문에 훈족을 흉노 또는 우리 민족과 동일시 할 근거는 없지만 훈족, 흉노 및 우리 민족과 연관성을 보이는 유물은 지금도 일부가 남아 있다. 말에 신고 다녔다는 청동 솥인 동복(銅鍑), 두개변형의 일종인 편두(偏頭), 등자(橙子)와 복합궁을 사용하는 기마궁술, 찰갑식의 갑옷 등은 고구려, 신라 및 가야 지역의 발굴 유물과 거의 일치한다. 5세기 유물로 추측되는 무용총의 수렵도에 그려진 등자가 있는 말을 타고 복합궁을 이용해서 사슴과 호랑이를 사냥하는 모습은 당시 훈족 전사의 모습과 거의 비슷했을 것이며, 신라와 가야의 기마형 인물토기도 당시 유목민족의 기마무사 모습과 크게 다르지 않았을 것이다. 아마 훈족의 전사들도 우리 조상들처럼 직도(直刀)인 환두대도[7]를 썼을 것이라 예상해도 크게 틀리지 않을 것이다.

기마병에 최적화된 위와 같은 무기의 구성은 고구려, 백제, 신라 및 가야까지 (북방 유목민족의 영향권에 속했던) 우리 조상들의 활동 무대에

---

7 환두대도의 칼자루에 있는 고리가 기마병이 칼을 떨어뜨리지 않기 위해서 만들어진 고리라고 한다. 물론 유목민족의 칼은 훗날 기마병의 베기 공격에 최적화된 곡도(曲刀)로 진화하지만, 5세기 전후의 칼은 환두대도와 같은 직도였다고 한다.

서뿐만 아니라 몽골초원을 거쳐서 동유럽까지 훈족을 비롯한 유목민족에게 거의 일반화된 군사기술의 일반적 특징이라고 봐도 크게 틀리지 않다. 물론 이런 공통점이 있다고, 동북아 전체가 동이족의 땅이었다는 얼토당토않은 주장을 할 필요는 없지만, 최소한 훈족과 흉노족 그리고 우리 민족 사이의 역사적, 민족적, 문화적 근연성은 부정하지 못할 사실이라 보아야 한다.

훈족은 로마를 멸망시키고 중세 유럽이 등장하는 역사적 계기를 만들었던 당사자였음에도 불구하고, 아무런 기록과 변변한 유물도 남기지 않고 역사의 뒤안길로 사라졌다. 그렇기 때문에, 훈족과 유목민족의 역사는 언제나 정주 문명이 왜곡하기 쉬운 목표였다. 기병을 탄생시켰던 핵심 마구였던 등자만 해도 그렇다. 이륜 전차와 안장에 이어서 발명된 등자는 고대에서부터 중세를 거쳐 근대까지 최강의 군사 조직과 전술이었던 기병을 등장시킨 결정적 발명이다. 그러나 등자의 발명에 대한 역사적 해석에도 입장에 따라서 많은 차이를 보인다. 말 다루기에 서툰 정주 농업문명의 중국이 기마병을 양성하기 위해서 등자를 개발했다는 주장이 있는 반면, 더 오래 말을 달리고 마상에서 활과 칼을 더 잘 다룰 수 있기를 원했던 유목민이 발명했다는 주장도 엄연히 존재한다. 과연 어느 것이 역사적 진실을 말하는지는 당분간 확실하게 가름하는 것이 불가능할 것이지만, 필자는 나름대로의 정주 문명의 적극적인 왜곡에 노출된 씁쓸한 경험도 가지고 있다.

다마스쿠스강은
정말 슈퍼스틸이었을까?

내가 다마스쿠스강(Damascus Steel)에 대한 이야기를 처음 접한 것은 거의 30년 전이다. 미국의 어느 유명 학회에서 발간하는 월간지[8]에서 유명 금속공학 교수가 다마스쿠스강에 대한 글을 실었는데, 그의 주장에 따르면 지금은 명맥이 끊겼지만 다마스쿠스강이 현대의 어느 금속도 재현하지 못한 유연하면서도 강한 물성을 가지고 있다는 것이다. 그 글에는 다마스쿠스강으로 만든 초승달처럼 휜 다마스쿠스검의 사진과 함께, 다마스쿠스검은 비단 손수건을 떨어뜨리면 저절로 베어질 만큼 예리하고 바위를 내리쳐도 부러지지 않았을 만큼 유연했다는 믿어야 될지 말아야 될지 고민하게 만드는 이야기도 포함돼 있었다. 그리고 당연히 다마스쿠스강의 시그니처라고 할 수 있는 탄소층이 물결모양으로 드러난 칼의 표면 문양에 대한 사진은 빠트릴래야 빠트릴 수가 없었다.

그런데 최근에는 현대의 도검장들이 수제 고급칼들을 다마스쿠스칼(Damascus Knife)이라는 이름을 붙여서 만들어 팔고 있다. 현대의 도검

---

[8] 대부분의 조직이 잘 갖춰진 국내외 학회에서는 학술지의 성격을 띠는 Journal과 더불어 월간지의 성격을 띠는 Magazine을 발행한다.

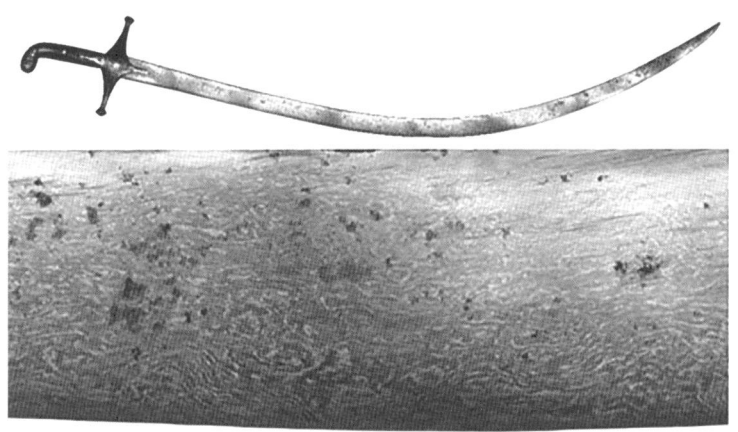

(상) 진품 다마스쿠스검과 (하) 현대의 형상접합강으로 만든 모방품 (출처 : (상) https://imgur.com/gallery/rCxnYt5)

장들이 유행시킨 다마스커스칼은 사실 다마스쿠스강과는 연관성이 거의 없다. 단지 연철과 강철을 단단하게 접합시킨 이후에 여러 차례의 정교한 단조와 열처리 과정을 거쳐서 복합 강재를 만들고 최종적으로 칼의 표면을 산성용액으로 처리해서 아름다운 물결모양까지 드러나게 한 것을 다마스커스칼이라고 이름을 붙여서 파는 것이다. 물론 현대에 제작되고 있는 자칭 다마스커스칼도 복합재료로 만들어졌기 때문에 균질강으로 만들어진 칼을 능가할 수 있는 재료적 포텐셜이 충분히 있겠지만, 그렇다고 다마스쿠스강으로 만들어진 진짜 다마스쿠스검은 절대로 아니다. 이런 류의 복합 강재는 형상접합강(Pattern Welding Steel)이라고 분류하는 것이 더 정확하다. 그럼에도 나는 이들 형상접합강으로 만들어진 칼이 기능적으로나 심미적으로 나름 비싼 값은 충분히 할 수 있다고 생각한다.

다마스쿠스강은 명맥이 완전히 끊긴 강철 재료이기 때문에, 그의 기원에 대해서는 아직 완전히 밝혀지지 않고 여러가지 설이 난무한 상태이며, 다마스쿠스강을 재현하기 위해서 세계 여러 나라의 금속학자들과 장인들이 지금도 연구에 매진하고 있다. 현재까지 알려진 가장 유력한 설은 다마스쿠스강의 원산지는 중동지역이 아니라 인도라는 것이다. 인도의 남부에서 생산된 우츠(Wootz)라는 도가니강이 인도양무역을 통해서 레반트(Levant) 지역으로 수출되었으며, 레반트 지역의 중심도시였던 다마스쿠스의 도검장들이 우츠강으로 다마스쿠스검을 만들었기 때문에 현재 우리가 알고 있는 다마스쿠스강이라는 이름으로 고착되었다는 것이다. 그렇기 때문에 모든 다마스쿠스검이 다마스쿠스에서만 제작된 것이 아니라, 페르시아를 비롯한 다른 중동지역에서도 제작되었으며, 그 가운데 일부의 다마스쿠스검들이 지금까지도 전해지고 있다. 그러나 이런 이름에 대한 연유도 다마스쿠스강 특유의 뛰어난 물성이 나타나게 된 과학적 원인을 모두 설명해주지는 못한다.

우츠강은 어떻게 만들어졌는가?

다마스쿠스강, 정확히는 우츠강의 복원에 가장 큰 노력을 기울인 사람들은 구 소련의 금속학자들이다. 옛 러시아에도 중앙아시아에서 수입한 불라트강(Bulat Steel)으로 만든 무기들이 있었는데, 다마스쿠스강과 많은 형태적 물리적 성질을 공유한다고 한다. 구 소련의 무기산업계가 불라트강을 무기제작에 적용하고자 했던 의도가 충분했기 때문에, 다마스쿠스강을 재현하기 위한 연구가 소련에서 많이 수행된 것은 충분히 이해할 수 있다. 다마스쿠스강의 재료적 가능성이 정말 어디까지 확장될 수 있는지는 재료기술 및 산업의 관점에서 충분한 가치가 있는 연구주제가 될 수 있다.

그러나 우츠강의 유래에 대한 가장 신빙성 있는 금속학적 해석을 내놓은 사람은 미국의 마스터 아이언스미스(Master Ironsmith)인 알프레드 펜드레이(Alfred Pendray)[9]일 것이다. 그의 이론의 핵심은 철광석에 함유된 바나듐(Vanadium, 원자번호 23, 원소기호 V)이 철에 포함된 탄소가 탄소나노튜브 형태로 편석되는 것을 도와준다는 것이다. 따라서 그의 주장을 정리하면 우츠강은 탄소나노튜브가 들어 있는 나노결정 수준의 복합재료이며, 다마스쿠스검의 뛰어난 성질이 우츠강의 탄소나노튜브 복합재료라는 특성에서 나왔다는 것이다. 그리고 우츠강의 명맥이 끊긴 가장 직접적인 원인은 우츠강을 만들기에 적합한 조성을 가지고 있던 철광석이 이제는 고갈되었기 때문이라고 한다.

알프레드 펜드레이의 설명이 상당히 설득력이 있는 것은 많은 사람

---

9 그가 우츠강과 유사한 도가니강을 재현하는 과정은 유튜브에도 올라와 있다.

들이 인정하지만, 우츠강을 이용해서 다마스쿠스의 도검장들이 검을 만드는 과정에서 반복적인 단조와 열처리로 탄소나노튜브를 일정한 방향으로 재정렬시킴으로써 다마스쿠스검의 유연하면서도 강한 성질을 획기적으로 개선하는 데 기여했다는 다른 주장도 있다. 물론 이런 주장도 충분한 과학기술적 타당성을 가지고 있다.

국내 밀리터리 마니아들이 왕성하게 활동하는 누리집인 나무위키에는 다마스쿠스강에 대해서 이미 균질 합금강으로 충분히 재현이 가능한 성질을 가지고 있다고 평가절하 하고 있다. 그렇지만 나는 그런 주장에 동의하기 어렵다. (물론 형상복합강을 다마스쿠스강이라고 한다면 가능한 주장이겠지만) 일단 탄소나노튜브는 우리가 아는 한 단위 무게 당 인장강도가 가장 높은 (그래서 우주 엘리베이터의 와이어로 쓰자는 주장까지 있는) 재료이며, 탄소결정은 경도가 가장 높은 물질이다. 이런 탄소나노 구조들을 가공성이 좋은 철에 나노미터 수준으로 포함시킬 수만 있다면 균질 합금강의 물성을 능가하는 복합 강재를 만드는 것은 충분히 가능하다. 복합재료만이 가지고 있는 고유의 강점들 때문에 군사기술계도 복합재료에 대한 연구에 엄청난 돈을 퍼붓는 것이며, 생체도 진화하는 과정에서 복합재료로 방어막을 구축하고 있는 것이다. 동물의 말도 안되게 가벼우면서 강한 껍데기와 뿔들이 모두 복합재료였기에 가능하다.

만약 다마스쿠스강의 본질이 방향성을 갖고 정렬된 탄소나노튜브를 포함하고 있는 복합강이라면, 군사기술 및 민간기술에서 다마스쿠스강의 적용 분야는 거의 무궁무진하다. 엄청나게 높은 압력이 작용되는 대포의 포신과 총기의 총열과 같은 무기류에서부터 고층빌딩과 군함 및 대형 선박처럼 무게를 줄이는 것이 핵심인 거대구조물의 경량 구조재, 그리고 초고층 엘리베이터의 와이어까지 다마스쿠스강의 적용 분야를 찾는 것은 결코 어려운 것이 아니다.

　단 다마스쿠스강을 재현하는 데 가장 큰 걸림돌은 그 제조법을 기술적으로 재현하는 것이 아니라 충분한 경제성과 생산성을 갖는 방식으로 재현할 수 있는가에 달려 있다. 비록 다마스쿠스강이 재현되었다 하더라도 반복적인 가공과정을 거쳐야만 원하는 물성을 발휘할 수 있다면 널리 사용되기는 힘들다. 그렇다면 오직 극소수의 부자들만이 다마스쿠스강으로 만들어진 수제품을 살 수 있지, 대량생산을 통해서 표준화된 무기의 재료 또는 산업재로 활용하는 것은 생각만큼 쉽지 않을 수 있다.

애증의 레오나르도 다빈치

르네상스 최고의 천재라고 회자되는 레오나르도 다빈치(Leonardo da Vinci, 1452~1519)는 내게는 일종의 애증의 대상이다. 언제나 기대와 더불어 실망을 안겨줬기 때문이다. 물론 필자 수준의 범재가 다빈치 같은 천재에 대해서 왈가왈부하는 것 자체가 웃기는 일이지만, 그래도 그가 남긴 작품과 발명품에 대해서 나 나름의 과학적 근거를 가지고 분석하는 것이 금기사항이 돼서는 안 될 것이다.

누구나 파리를 처음 방문하면 루브르 박물관을 찾는 것처럼, 나도 첫 파리여행에서 루브르 박물관을 찾았다. 당연히 꼭 봐야 하는 그림 목록의 첫번째를 차지하고 있는 것은 레오나르도 다빈치의 모나리자였다. 넓디 넓은 루브르궁의 복도를 한도 없이 걸어서 (진본인지 복제본인지 알 수조차 없는) 모나리자가 전시된 커다란 방에 들어서자마자 내 앞에는 수많은 사람들이 그림의 앞에 한발짝이라도 더 가까이 다가가기 위해서 서로 밀치면서 연신 카메라를 들이대는 난장판이 펼쳐져 있었다. 일단 먼 발치에서 다른 사람들의 어깨 너머로 모나리자라는 그림이 전시실에 걸려 있는 것을 보기는 봤다. 아수라장 속에서 언뜻 본 모나리자가 잘 그린 그림이라는 것은 확실하게 알 수 있었지만, 그 그림이 이런 난장판을 헤집고 꼭 감상을 해야만 하는 시대를 초월하는 명작인지는 솔직히 공감하기 힘들었다. 거기에다 다빈치 그림의 수준을 논하는 것과 별개로, 그의 그림들이 내 취향과는 확실히 동떨어져 있다는 점은 지금까지도 변하지 않았다.

다빈치의 드로잉

이후에 나는 다빈치의 작품 가운데 회화보다는 오히려 그의 드로잉에 더 큰 관심이 갔다. 특히 열유체공학을 전공했던 나는 난류에 대한 세미나 또는 글에 사용할 요량으로 물의 소용돌이를 묘사한 다빈치의 드로잉을 찾고 있었다. 약 10여년 전 미국의 한 책방에서 다빈치의 드로잉이 많이 포함된 두 권의 화첩을

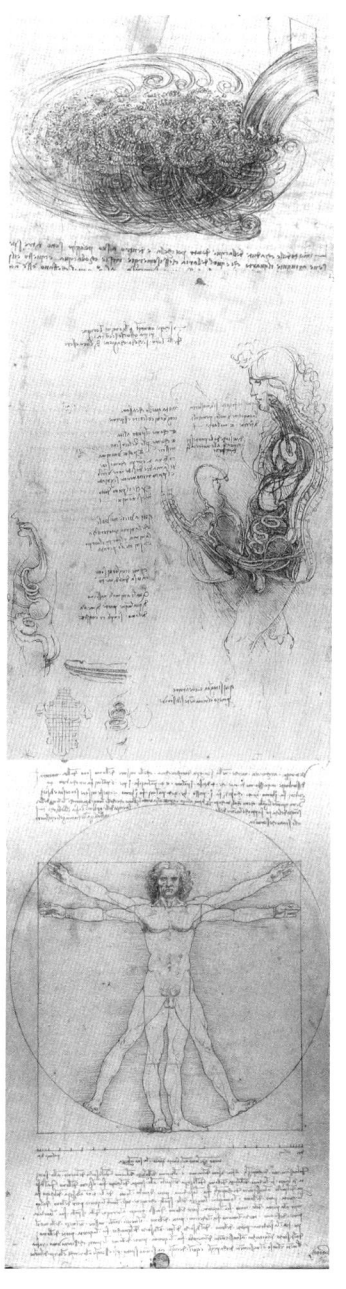

다빈치의 드로잉: (상) 물의 소용돌이, (중) 성교하는 남녀의 단면도, (하) 비트루비안 인간

아주 싸게 살 수 있는 행운을 만났다. 그 두 권의 화첩에는 내가 찾고 있던 소용돌이에 대한 해상도가 좋은 드로잉도 포함되어 있었으며, 그 밖에도 인체의 해부도, 사람의 표정과 말의 자세에 대한 그림 그리고 여러 종류의 무기에 대한 드로잉도 내 눈길을 확 끌었다.

그가 그린 인체의 해부도를 보고 있자면 의학 서적을 보는 것과 같이 아주 정교하게 그려져 있음을 누구나 느낄 수 있다. 실제로 인체를 해부한 이후에 그렸을 것이라는 추측이 그냥 추측에 그치지 않을 수준의 정교한 드로잉이다. 그러나 그의 인체해부도들 가운데 나의 눈을 끈 그림은 남녀가 성교를 하는 것에 대한 단면도(즉, 남녀 두 사람이 합체된 상태에서 반절된 단면도)였다. 그리고 그 그림에 대한 설명에는 사정된 정자가 난자와 결합되는 것과 더불어 남자의 뇌에 있는 영혼이 척추를 타고 내려와서 남자의 생식기의 다른 관을 따라서 여자에게 주입돼야 임신이 될 수 있다는 다빈치의 주석이 붙어 있다. 그런 설명을 읽고 난 이후 내가 다빈치에 대해서 느낀 것은 눈에 보이는 것은 거의 완벽에 가깝게 표현할 수 있지만, 보이지 않는 자연의 작동메커니즘에 대해서는 그가 거의 무지에 가까웠다는 것이다. 극강의 섬세한 관찰력과 더불어 중세적 무지가 공존하는 과학적으로 완벽하게 이율배반적인 존재가 바로 다빈치였던 것이다.

그의 인체에 대한 다른 유명한 드로잉인 '비트루비안 인간(Vitruvian Man)'은 실제로는 그림에 표현된 인체의 비례가 핵심이 아니라 원과 면적이 같은 정사각형을 직선자와 컴퍼스를 이용해서 작도하는 원적문제(圓積問題, Square the Circle)가 핵심인 드로잉이다. (인체의 비례는 사람마다 상당한 편차가 존재할 수밖에 없는 특성이기 때문에 기하학적으로 특정하기 힘들다.) 다빈치도 원적문제를 풀기 위해서 많은 노력을 기울였지만 풀지 못했다. 물론 이제는 원적문제가 풀리지 않는 문제라는 것이 수학적으로 증명된 상태이다. 다빈치의 '비트루비안 인간'처럼 그의 드로잉에는 단순히 그림을 넘어서는 무엇이 있는 것처럼 느껴지지만, 아무리 찾고 찾아도 그 무엇을 찾을 수 없는 것이 대부분의 다빈치의 작품들이다.

무기설계자와 엔지니어로서 레오나르도 다빈치

다빈치는 매우 다재다능한 사람이었다. 재주가 너무 많았다는 것이 그에게는 오히려 독이 되었을 것이다. 그가 가지고 있던 많은 재능 가운데 가장 중시했던 재능은 엔지니어링 재능 특히 무기설계 능력이었다. 그래서 그의 이력서 맨 윗줄에 있는 직업은 무기설계자였고 맨 아랫줄에 있던 직업이 화가였다고 한다. 사분오열되어 교황이나 왕이 되기 위해 서로 싸우던 당시 이

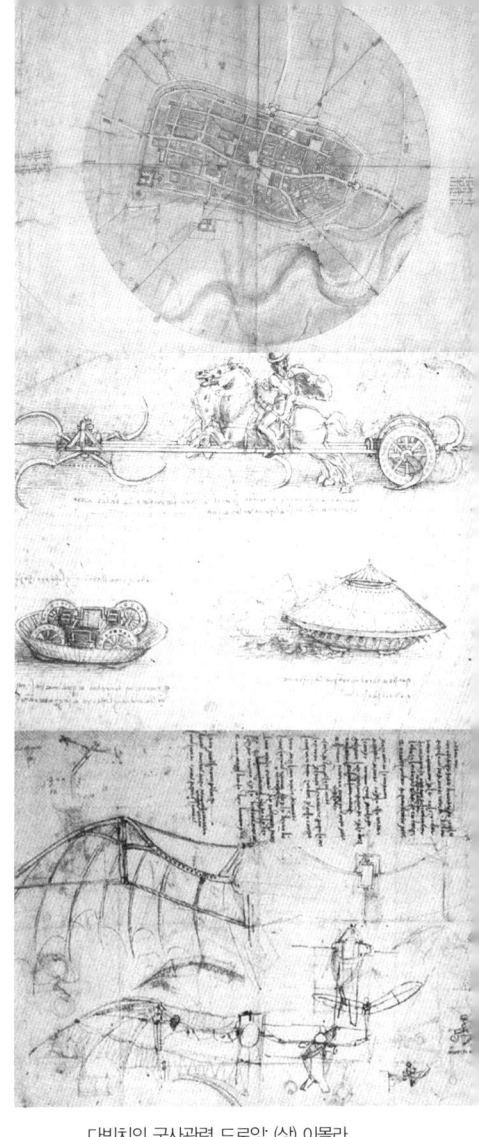

다빈치의 군사관련 드로잉. (상) 이몰라의 도시계획도, (중) 2가지의 전차, (하) 하늘을 나는 기계 장치의 날개

탈리아의 상황을 고려해보면 무기설계자의 대접이 화가보다 훨씬 좋았음을 짐작하는 것은 그리 어렵지 않다. 그래서 그도 당대 최고의 권력자 가운데 하나였던 체사레 보르자(Cesare Borgia)에게 고용돼서 체사레

보르자가 함락시킨 이몰라(Imola)의 방어를 개선할 수 있는 도시계획도를 그려내기도 했으며, 그를 가장 오래 동안 고용했던 밀라노의 스포르자(Sforza) 가문을 위해서 했던 일의 상당 부분도 군사엔지니어의 역할이었다. 그래서 그의 드로잉의 상당부분이 무기에 대한 설계 및 아이디어를 포함하게 되었다.

다빈치는 과연 능력 있는 무기설계자였을까? 그가 설계했던 무기는 상당히 신박한 아이디어를 포함하고는 있지만 실전적 효용성이 부족한 경향이 있다. 그가 설계했던 쇠뇌와 대포 같은 발사무기들은 너무 컸기 때문에 가성비와 실전적 효용성이 매우 나빴을 것이다. 또한 전차와 같은 독특한 아이디어가 담긴 무기들 또한 만들기 복잡하고, 동적 안정성이 결여되었을 뿐만 아니라 무기로서 꼭 갖춰야 될 신뢰성이 좋지 않은 것들이 대부분이다. 대표적으로 한 기병의 앞과 뒤에 회전하는 칼날을 장착한 무기가 있는데, (후륜구동 차량처럼) 동적 안정성이라고는 찾아볼 수가 없어서, 자칫 잘못하다가는 적군이 아닌 아군을 반토막 내기 딱 좋은 팀킬 전용 무기이다. 또한 그가 설계했다는 원추형 전차는 사방으로 너무 많은 포를 장착해서 포의 활용도가 낮았기 때문에, 실전 무기로서는 무겁고 구조적으로 취약하며 기동력과 가성비도 최악이라고 볼 수 있다. (다수의 포를 운반하는 플랫폼은 큰 무게를 지탱하는 데 적합한 군함으로는 구현됐지만, 육상 무기인 전차로 구현하는 데 성공한 사례가 없다.)

그렇지만 그가 설계한 무기 또는 기계 장치들 가운데 나를 가장 심란하게 만드는 것은 그가 설계한 나는 기계 장치이다. 일단 새의 골격구조를 아주 충실하게 재현한 날개 구조를 갖추고는 있지만, 이 기계 장치의 어디에서도 공중에 뜰 수 있는 힘인 양력(揚力)을 생성할 수 있는 물리적 개념이 보이지 않는다. 사실 날 수 없는 비행기는 아무짝에도 쓸모

없는 것 아닌가? 겉모양은 뭔가 그럴 듯한 형태를 갖추고 있지만 알맹이는 어디에서도 찾아볼 수가 없다. 그러나 과학적으로 진짜 심각한 문제는 날 수 있는 기계 장치의 아이디어를 줄 수 있는 물건이 다빈치가 살았던 당시에도 버젓이 있었다는 점이다. 우리가 르네상스 시대 최고의 과학적 천재성의 소유자라고 알고 있는 다빈치가 그런 물건이 작동하는 원리에 대해서 전혀 간파하지 못하고 있었다는 점은 분명하다.

다빈치가 몰랐던 비행기가 뜨는 원리

르네상스 시대가 열리기 훨씬 이전부터 인도양과 페르시아 만에는 삼각돛을 단 다우(dhaw) 선들이 다녔다. 레반트 지역을 중심으로 인도양과 지중해를 이어주는 중계무역이 활발했는데, 인도양의 교역물을 인도에서 레반트 지역으로 실어 나르던 중요한 운송수단이 다우선이었다. 아마 인도에서 생산됐던 우츠강도 다우선에 실려서 우마이야 왕조의 수도였던 다마스쿠스까지 팔려 나갔을 것이다. 삼각돛을 단 다우선의 가장 큰 특징은 역풍이 불어도 앞으로 나갈 수 있는 최초의 선박으로 알려지고 있다는 점이다. 심지어 다빈치가 태어나기 바로 전인 15세기 초반에 삼각돛을 이용해서 기동력을 극대화한 선박인 캐러벨(Caravel)이 유럽에서도 등장했다. 캐러벨의 기동력 덕분에 포르투갈이 아프리카의 남단을 돌아 인도로 가는 항로를 개척할 수 있었다. 다우선이나 캐러벨 같은 삼각돛을 단 배의 추진 특성을 현대의 요트가 그대로 물려받았다. 여기에서 핵심적인 포인트는 역풍에도 배의 추진력을 만들 수 있는 삼각돛의 물리적 원리가 비행기의 날개가 양력을 생성시키는 원리에도 녹아 들어 있다는 점이다.

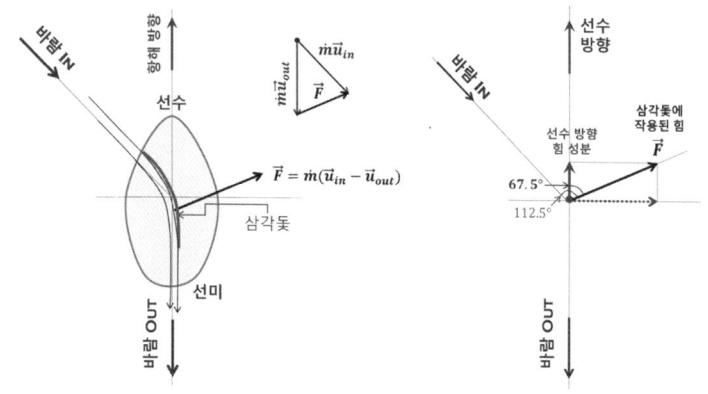

삼각돛이 역풍조건에서도 앞으로 나가는 추진력을 발생시키는 물리적 원리

날개가 양력을 발생시키는 요소는 (1) 캠버(Camber), (2) 익형(翼型, 영어로는 Airfoil) 그리고 (3) 받음각(Angle of Attack or AOA)이다. 많은 사람들이 날개의 양력 하면 거의 조건반사적으로 '베르누이의 방정식 (Bernoulli's Equation)'을 떠올리지만 위의 3개의 양력을 발생하는 요소들 가운데 베르누이 방정식과 직접적으로 연관된 것은 익형 뿐이며, 오히려 캠버와 받음각은 뉴턴의 운동방정식의 일반적 해석인 운동량보존 (또는 작용과 반작용)으로 설명할 수 있다. 특히 이들 가운데 캠버의 효과가 다우선과 요트의 삼각돛이 역풍이 부는 상황에서도 앞으로 나갈 수 있는 추진력을 만들어낸다.

삼각돛이 역풍을 이용해서 추진력을 얻기 위해서는 바람과 약 35~45° 정도의 빗각을 가지고 배가 앞으로 나가야 한다. 여기에서는 편의상 45°의 빗각을 갖는 경우를 고려하여 삼각돛이 추진력을 생성하는 물리적 과정을 그림을 이용해서 설명하고자 한다. 요트가 역풍에도 불구하고 앞으로 나가기 위해서는 돛의 방향과 장력을 조정해서 앞부분은 바람의 방향을 향하고, 뒷부분은 선미를 향하도록 삼각돛을 정렬해야 한다. 그러면 물체의 질량에 속도의 곱으로 정의되는 운동량의 시간변화율이 물체에 작용된 힘과 같다는 뉴턴의 운동량 보전법칙에 의해서, 삼각돛으로 들어오는 바람과 나가는 바람의 방향이 바뀌면서 배의 추진력을 만들 수 있다. 비록 삼각돛으로 들어오는 바람의 속력과 나가는 바람의 속력이 같더라도 방향이 약 $45°$ 틀어졌기 때문에 속도라는 벡터에 차이가 발생하면서 운동량이라는 벡터의 차이도 발생한다. (물론 이를 작용과 반작용으로 설명할 수도 있다.) 운동량보전을 요트의 삼각돛에 적용하면, 바람의 방향이 바뀌면서 발생한 운동량의 시간변화율과 삼각돛에 작용한 힘의 합은 '0'이 된다. 이를 식으로 표현하면, (1) 앞의 그림에 나타난 운동량 보존방정식이 된다. 이때 (2) 운동량의 시간변화율은 다시 유량과 속도 벡터의 차이의 곱으로 표시되기 때문에, 뉴턴의 운동량 보전법칙에 의해서 (3) 삼각돛을 타고 흐르는 바람의 운동량 벡터의 차이에 대한 반작용으로 삼각돛에 아래와 같은 힘이 작용된다는 것을 알 수 있다.

$$\vec{F} = \dot{m}(\vec{u}_{in} - \vec{u}_{out}) \qquad (2)$$

여기에서 삼각돛에 작용된 힘 가운데 선수 방향의 성분이 배를 역풍에도 불구하고 앞으로 전진시킬 수 있는 추진력으로 이용될 수 있다.

앞의 그림에서 보듯, 삼각돛에 작용된 힘의 방향은 바람의 관점에서는 약 $112.5°$의 방향이지만 (이 경우 바람이 나가는 방향으로 힘이 생성되지만) 배의 관점에서는 $67.5°$의 방향이 된다. 즉 힘의 일부 성분이 배의 선수 방향을 향하기 때문에, 이런 힘의 성분을 배의 추진력으로 이용할 수 있다. 그리고 삼각돛에 작용된 힘을 $\cos(67.5°)$의 선수 방향 성분과 $\sin(67.5°)$의 측면 방향 성분으로 분해한다면, 측면방향성분의 힘은 배의 용골과 돛이 지지하는 힘에 의해서 서로 상쇄되는 반면, 삼각돛에 작용

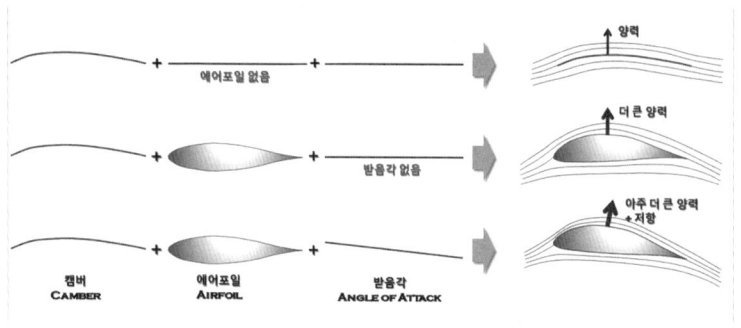

양력 발생의 3대 요소: (1) 날개 중심선의 Camber, (2) 익형(Airfoil), (3) 받음각(Angle of Attack)

된 힘의 선수 방향 성분에 해당하는 $\cos(67.5°) \simeq 38\%$ 정도는 배의 추진력으로 활용될 수 있다. 따라서 요트가 앞에서 불어오는 바람의 방향에 대해서 좌로 45°와 우로 45°의 반복된 변침(즉, 방향전환)을 한다면 역풍을 이겨내고 앞으로 전진할 수 있다.

위와 같은 삼각돛의 운동량 보존 원리를 날개의 캠버와 받음각에 적용하면 이들 효과 모두 바람의 속도와 운동량 벡터를 날개의 아래쪽으로 전환시키기 때문에 이에 대한 반작용으로 날개의 양력을 생성할 수 있다. 여기에 날개의 캠버에 에어포일 효과를 결합시키면 날개 위의 공기 속도가 아래의 공기 속도보다 빨라지기 때문에 베르누이의 방정식에 의거해서 날개의 윗부분에 저압 영역이 형성되기 때문에 날개의 양력을 증폭시킬 수 있다.

모형 비행기 또는 행글라이더와 같이 아주 가벼운 비행체는 캠버만 있는 날개를 통해서도 충분한 양력을 생성할 수 있지만, 날개의 면적 대비 무게, 즉 익면하중이 훨씬 큰 비행기는 캠버와 익형이 결합된 날개의 형상을 통해서 더 큰 양력을 발생해야만 공중에 뜰 수 있다. 일반적으로 비행기의 날개는 캠버와 에어포일의 효과로 발생하는 양력만으로 순항할 수 있다. 그러나 이륙하는 순간에는 기수를 들어서 받음각의 효과까지 이용해야만 비행기의 중량을 극복하고 상승할 수 있는 가속도를 얻을 수 있을 만큼 양력을 생성할 수 있다. 한편 (비행기의 운동에너지 대비) 가장 큰 양력이 필요한 때는 착륙을 위해서 활주로로 접근하는 시기이다. 이때는 플랩(flap)을 작동시켜서 날개를 아래로 길게 펼쳐서 날개의 받음각과 면적을 동시에 증가시킴으로써 양력을 극대화한다.

    다빈치의 드로잉들을 볼 때마다 눈에 보이는 것은 초인적인 정교함을 가지고 대상을 묘사하지만 눈에 보이지 않는 자연현상의 작동메커니즘을 파악하는 데는 크게 성공하지 못한 다빈치의 한계가 눈에 들어온다. 그럼에도 불구하고 그는 르네상스 시대를 대표하는 천재임에 틀림 없다. 그러나 그의 천재성은 시라쿠사의 아르키메데스, 이탈리아의 갈릴레오 갈릴레이 그리고 후대 영국의 아이작 뉴턴 수준의 천재성은 결코 아니다. 사물의 눈에 보이지 않는 작동 메커니즘을 규명하는 데 성공했던 그들의 천재성과 비교한다면, 다빈치의 (피상적) 천재성은 최소 두 단계 아래 수준으로 봐야 할 것이다. 또한 화가로서의 그의 재능도 약간 의심스럽다. 내가 제일 좋아하는 화가는 단연 스페인의 프란시스코 데 고야와 네덜란드의 렘브란트이다. 내가 그들의 그림을 특별히 좋아하는 이유는 그들이 인간의 모순적인 내면 세계를 나와 같은 비전문가들도 공감할 수 있을 정도로 화폭에 옮기는 데 성공했기 때문이다. 즉 보이지 않는 인간적 내면 세계의 고뇌를 공감할 수 있도록 그린 그림 그것이 진짜 명화가 아닐까 생각한다. 그런 면에서 나는 다빈치의 모나리자를 보면서 무엇을 공감할 수 있는지 아직도 가늠할 수가 없는 실정이다.

기사의 시대가 끝나고
해군의 시대가 열리다

훈족의 유럽 침공의 연쇄작용으로 서로마가 망하고 게르만족이라는 야만족이 지배하는 중세 암흑시대가 열렸다. 그리고 그로부터 거의 1,000년간 군사적으로는 기마 기사가 유럽을 압도하는 시대가 지속됐지만, 결국 중세가 끝나고 대항해의 시대가 도래하면서 해군이 세계를 지배하는 시대가 확고하게 자리잡았다.

제2차 세계대전만 하더라도, 소련과 나치 독일 사이에서 역사상 가장 크다고 할 수 있는 지상전투가 여러 차례 벌어졌지만, 소련과 독일 모두 군사적으로 세계를 제패한 적은 없다. 그럴 수밖에 없었던 당연한 이유는 소련과 독일 모두 대양을 지배할 수 있는 해군이 없었기 때문이다.

대항해 시대

기원전 10세기 전후 페니키아가 지중해 전체로 진출한 이후부터, 서양의 역사는 지중해의 제해권을 둘러싼 역사라고 봐도 좋다. 5세기말 서로마가 멸망한 이후에도, 서방의 역사는 지중해를 양분하던 이슬람과 기독교 해양 세력이 주도하고 있었다. 그러나 15세기 중엽부터 지중해 중심의 판도에 금이 갈 조짐이 보이기 시작했다.

'해양왕자'라고도 부르는 인판트 동 엔히크(Infant Dom Henrique, 1394~1460)는 1452년 다빈치가 태어나기 이전에 이미 포르투갈과 스페인이 대항해 시대의 문을 열 수 있는 기틀을 마련한 인물이다. 15세기 초중반 엔히크 왕자의 함대는 아프리카 서해안에 줄지어 서 있는 마데이라(Madeira), 아조레스(Azores) 제도, 카나리아(Canaria) 제도 및 카보베르데(Cabo Verde) 제도를 발견했다. 특히 아조레스 제도의 발견이 중요했다. 북위 36~40도에 걸쳐 있는 아조레스 제도의 해류와 바람은 대서양의 먼 바다에서 유럽 대륙을 향하기 때문에, 대서양의 서쪽 멀리 탐험을 나가더라도 아조레스를 거쳐서 포르투갈로 돌아올 수 있다는 확신을 항해자들에게 심어줄 수 있었다.

엔히크 왕자가 닦아 놓은 해양 탐험의 전진기지를 발판으로, 15세기 말에 이르러 바르톨로뮤 디아스(Bartolomeu Dias)는 희망봉(Cape of Good Hope)을 발견했고, 이어서 바스쿠 다 가마(Vasco da Gama, 1460~1524)가 아프리카를 돌아서 인도에 도착할 수 있었다. 한편 카스티야 왕국의 지원을 받은 크리스토퍼 콜럼버스(Christopher Columbus, 1450~1506)는[10] 대서양을 횡단해서 나중에 아메리카라고 불리는 새로운 땅을 발견했다. 이때가 바로 유럽 역사의 주도권이 지중해를 떠나 지브롤터 해협 밖의 대서양으로 옮겨가는 역사적 운명이 확정된 시기라고 볼 수 있다.

---

10   제노바 공화국 출신인 콜럼버스는 주로 스페인(보다 정확히는 카스티야)에서 활동했기 때문에 이탈리아어식인 크리스토포로 콜롬보(Cristoforo Colombo)와 함께 스페인어식인 크리스토발 콜론(Cristóbal Colón)으로도 불린다.

15세기 말에는 이미 대항해 시대를 열 수 있는 객관적인 물적 토대가 거의 마련되고 있었다. 먼 바다를 탐험하거나 항해하기 위해서는 그에 적합한 배가 필요하다. 15세기 초반 엔히크 왕자의 탐험대가 사용했던 배는 캐러벨(Carabel)이라는 2, 3개의 마스트를 가지는 민첩성이 뛰어난 소형 선박이었다. 라틴세일(Lateen Sail)이라고도 부르는 삼각돛을 단 캐러벨은 심지어 역풍에도 전진할 수 있을 정도로 기동성이 뛰어났기 때문에 아직 알려지지 않은 항로를 탐험하기에 안성맞춤이었다. 15세기 중반부터 더욱 긴 항해에 적합하도록 크기를 키운 범선인 카락(Carrack)이 등장했다. 앞과 중간의 마스트에는 커다란 사각 돛을 달고 뒤의 마스트에는 삼각돛을 단 카락은 비록 기동성에서는 캐러벨에 뒤졌지만, 순풍을 만날 경우 훨씬 큰 추진력을 얻을 수 있었다. 그리고 범선에 실려 같이 이동할 수 있는 무력수단인 화포의 발전도 충분했다. 즉 이동수단과 무력수단이라는 세력확장의 핵심적인 물적 토대가 동시에 만족되기 시작했다.

    카락이라고 부른 범선은 당시 지중해를 누비던 갤리(Galley)와 비교해서 많은 질적 차이가 있었다. 일단 범선이 갤리보다 훨씬 컸다. 당연히 지중해가 아니라 더 크고 거친 대양을 건너야 했기 때문에 클 수밖에 없었다. 그리고 큰 덩치를 가진 배가 대양의 거친 파도를 견디기 위해서는 아주 튼튼한 용골이 제공해주는 향상된 복원력이 꼭 필요했다. 그리고 마지막으로 갤리를 추진하기 위한 필수 요소였던 노를 버리고 중앙의 주돛대에 커다란 사각돛을 달아서 바람의 힘으로 앞으로 나가는 추진력을 극대화했다. 물론 카락이라고 역풍을 효과적으로 거슬러 올라갈 수 있는 삼각돛을 완전히 버린 것은 아니지만, 사각돛을 주된 돛으로 채택하면서 기동성의 일부를 희생하고 추진력을 극대화하는 전략적 선택을 했다. 사각돛은 이후 등장하는 모든 범선의 가장 두드러진 공통요소로 자리잡았다.

카락인 Santa Maria(기함, 가운데)와 Pinta(오른쪽) 그리고 캐러벨인 Nin(왼쪽)으로 구성됐던 콜럼버스의 첫 항해 함대. 카락이 먼 항해를 위한 보급품 공급에 유리하지만, 미지의 지역을 탐험하기에는 캐러벨이 유리하기 때문에 콜럼버스는 캐러벨과 카락의 혼성 함대로 대양 횡단 항해에 나섰다.

카락이 과감하게 사각돛을 받아들인 것에는 지구 대기순환에 대한 확실한 이해가 있었기 때문이다. 지구의 자전으로 적도부근에는 무역풍이라는 편동풍이, 그리고 중위도에서는 편서풍이 언제나 주풍향이다. 이베리아 반도에서 출발한 선단은 마데이라, 카나리아, 카보베르데 등을 전진기지로 삼아서 무역풍을 타고 아메리카로 간 이후에 멕시코 난류와 편서풍을 타고 아조레스 제도를 거쳐서 다시 이베리아 반도로 돌아오는 매우 효율적인 항로가 있었기 때문에 역풍에 대한 대응 능력을 일부 희생하더라도 사각돛을 이용해서 추진력을 극대화하는 선택이 가능했을 것이다.[11]

그리고 갤리보다 크고 노잡이가 필요 없는 카락의 측면에는 대포를 장착해서, 범선을 상선이자 동시에 군함으로 사용할 수 있게 됐다. 레오

---

11 대서양을 가로지르는 무역풍과 편서풍을 포르투갈의 어부가 먼저 발견했다는 설이 존재한다. 지금 캐나다 앞바다의 풍요로운 대구 어장을 발견한 포르투갈 어부들이 대구 공급의 독점적 지위를 유지하고자 대서양 왕복 항해법을 15세기말까지 비밀로 지켰다고 한다.

나르도 다빈치가 화포를 두른 전차의 드로잉이나 그리던 시절 이미 대서양에는 배의 좌현과 우현에 줄줄이 화포를 장착한 범선이 다니고 있었다. 이와 같이 대항해 시대가 열리면서 세계사의 주도권이 지중해에서 대서양과 인도양으로 옮겨지게 됐으며, 이후 역사는 궁극적으로 대서양과 인도양을 지배한 영국이 주도하게 된다.

영국의 대양 제패는 바이킹의 덕인가?

북유럽의 덴마크와 스칸디나비아에 살던 바이킹은 척박한 자연환경 때문에 결코 쉽지 않은 삶을 살았음에도 불구하고, 풍부한 어류, 양질의 철광석 및 목재를 통해서 자신들만의 삶을 꾸려나갈 수 있었다. 특히 산업혁명 이전에는 철의 생산을 코크스가 아닌 목탄에 의존했기 때문에, 매우 발달한 철제 무기를 생산할 수 있었으며, 지금도 북유럽 국가의 철강과 목재산업은 세계 최정상권을 다투고 있다. 하지만 아무리 좋은 철제 무기를 만들고 어류가 풍부하더라도, 낮은 농업생산력 덕분에 그들에게 교역은 선택이 아니라 필수였으며, 교역이 여의치 않을 때는 언제라도 약탈자로 돌변해서 필요한 물자를 확보해야만 했다. 그들의 약탈에 대한 절박한 필요성이 압도적인 신체 능력과 철제 무기와 결합해서, 바이킹들은 신출귀몰한 약탈자로서 해안과 내륙을 가리지 않고 유럽 전역에 악명을 떨쳤다.

바이킹이 얼마나 능숙한 교역자이면서 약탈자인지는 그들의 상징과도 같은 롱쉽(Longship)에서 쉽게 알아볼 수 있다. 바이킹은 교역과 약탈의 범위와 기회를 극대화하기 위해서, 얕은 해안은 물론이고 내륙 깊숙이 들어갈 수 있는 흘수선이 아주 낮고 매우 가벼우면서 빠른 배를

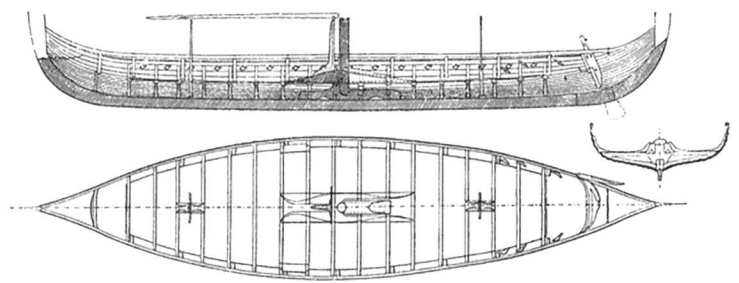

바이킹 롱쉽의 구조: 아주 튼튼한 용골과 가로대 덕분에 대양까지 항해할 수 있는 구조적 견고함과 향상된 복원력을 얻을 수 있었다.

건조해야만 했다. 낮은 흘수선은 물과의 접촉면을 최소화하기 때문에 배를 빠르게 만들 수 있으며, 또한 강을 따라 내륙까지 배가 들어갈 수 있다. 거기에 더해서 가볍기까지 하다면 들어서라도 장애물을 극복해서 내륙의 더 깊숙한 곳까지 들어갈 수 있다. 그렇게 그들은 스칸디나비아에서 출발해서 강을 따라 지금의 러시아까지 진출할 수 있었다.[12]

롱쉽의 가장 중요한 특징인 낮은 흘수선에는 많은 과학적 원리가 숨어있다. 먼저 아르키메데스의 부력의 원리가 숨어있다. 일단 흘수선을 낮추기 위해서는 배의 상부구조물을 거의 없애서 상부의 무게를 가능한 가볍게 만들어야 한다. 상부구조물을 없앴음에도 불구하고 충분한 수송능력을 확보하기 위해서 어쩔 수 없이 배가 길어졌다. 긴 배를 만들기 위해서는 배의 구조역학적 특성을 잘 알아야만 한다. 길게 만들어진 배에는 더 큰 꺾임(Bending) 모멘트와 비틀림(Torsion) 모멘트가 작용된다. 따라서 롱쉽은 커다란 꺾임 모멘트를 견디기 위해서 매우 튼튼한 용골(龍骨, Keel)을 가져야만 하고, 또한 비틀림 모멘트를 견디기 위해서 아주

---

12   러시아의 Rus는 노를 젓는 사람이라는 뜻으로 강을 따라 남하한 바이킹을 가리키는 말에서 생겨났다.

규칙적인 간격을 두고 설치된 가로대(Crossbeam)가 필수이다. 이와 같이 아르키메데스의 부력의 원리을 잘 이해하고 최적화된 역학적 구조를 가지고 있었던 롱쉽의 기동성 덕분에, 바이킹들은 8세기가 끝날 시기부터 거의 3세기동안 유럽 전역의 해안가와 내륙을 약탈하고 돌아다닐 수 있었으며, 궁극적으로 노르망디 반도에 정착한 바이킹인 롤로(Rollo)의 후손이었던 윌리엄 1세가 영국을 점령할 수 있었다.

바이킹 또는 노르만이라고 부르던 해양 약탈자의 유전자를 듬뿍 물려받은 영국은 포르투갈과 스페인이 열었던 대항해시대의 최종 승자가 된다. 스페인의 뒤를 따라 바다에 나갔지만, 이미 스페인이 신대륙의 대부분을 차지하고 있었기 때문에, 결국은 자신들의 정체성을 찾아서 약탈에 나섰다. 영국이 대서양에서 벌인 약탈행위는 그저 단순한 해적질이 아니라 국가의 허가를 받은 사략 행위로서 실질적인 영국의 국가경영 전략이었다.

아무나 성공적인 약탈자가 될 수 없다. 약탈자로 성공하기 위해서도 실력이 필요하다. 따라서 이후부터 대서양을 누비던 범선은 영국에 의해서 카락(Carrack)이 갤리온(Galleon)으로 그리고 전열함(Ship of the Line)으로 점차 대포를 이용한 해전에 최적화된 형태로 진화했다. 레오나르도 다빈치가 구상한 전차는 한번도 실재로 구현된 적이 없지만, 대항해 시대의 전함은 스스로 기동성과 화력의 투사를 최적화시키는 방향으로 진화했다.

영국의 함선이 진화하는 방향성은 바이킹의 롱쉽의 개념과 정확하게 일치한다. 가능한 상부의 구조물을 작고 가볍게 만들어서, 배의 흘수선을 낮추고 저항을 줄여 빠른 배를 만드는 것이다. 물론 배를 가볍게 만들기 위해서는 상부구조의 높이를 낮춰야 하며, 낮아진 높이를 보상하기 위해서 더 긴 배를 만들어야 한다. 가볍고 긴 배의 복원성과 구조적 안정성을 위해서 더 튼튼한 용골을 가진 배를 제작할 줄 알아야 하는데, 그런 노하우는 이미 바이킹 유전자를 통해서 영국인들에게 전해지고 있었다. 영국이 만든 범선 진화의 최종 버전이라고 할 수 있는 전열함은 3개 이상의 마스트에 모두 사각돛을 설치한 배로 발전했다. 특히 영국의 1급 전열함의 경우 3층에 걸쳐서 거의 100문의 대포를 장착할 수 있을 정도까지 커졌지만, 다른 어느 나라의 전열함보다 높이가 낮았다고 한다.

HMS 빅토리: 104문의 함포가 장착된 1급 전열함으로 트라팔가 해전에서 넬슨 제독의 기함이었으며, 현존 최고(最古)의 전함이다.

동력선의 시대

19세에 들어서면서, 범선 전열함의 시대도 종말을 고했다. 19세기 이전의 포탄은 작약이 들어있지 않은 쇠덩어리였기 때문에 전열함이 피격되더라도 피격부위가 흘수선 아래가 아니라면 함선이 침몰되는 경우는 매우 드물었다. 그러나 19세기 초반 비교적 신뢰성이 있는 지연신관이 등

'최초의 철갑선 해전'이라는 제목이 붙은 햄튼 수로 전투 그림. 미합중국 해군의 모니터함(우)과 남부연합 해군의 버지니아함(좌)

장함에 따라서 피격된 이후 포탄에 장전된 작약이 터지는 작열탄(炸裂彈)이 등장했다. 작열탄에 들어있는 고폭약의 위력은 당시의 느린 속도로 날아다니던 포탄의 위력을 아주 가볍게 수십 배 이상 초과할 수 있다.[13] 이제는 단 한발의 작열탄에 피격되더라도 함선이 치명적인 피해를 입거나 침몰될 수 있는 시대가 열린 것이다. 그리고 거의 동시에 산업혁명을 일으켰던 증기기관이 선박의 추진에도 적용되기 시작했다.

작열탄의 피격으로부터 배를 보호하기 위해서 배들이 철갑을 두르기 시작했다. 그리고 철갑으로 무거워진 전함을 구동하기 위해서 증기기관이 돛을 대신해서 배를 추진하기 시작했다. 드디어 1860년이 되기 직전 영국과 프랑스는 각각 배의 전체를 철갑으로 두른 진정한 의미의 철

---

13 포탄의 운동에너지는 1kg당 잘해야 20kJ을 초과하는 수준이지만, 포탄에 들어있는 작약의 1kg당 에너지는 운동에너지의 수십 배 이상이 될 수 있다.

갑선(Ironclad Warship)인 워리어(Warror)와 라 글루와(La Gloire)를 선보였다. 그러나 철갑선을 동원한 본격적인 해전을 벌인 당사자는 영국과 프랑스가 아니라 남북전쟁 당시의 북군과 남군이었다. 1862년 3월, 북군의 모니터함(USS Monitor)과 남군의 버지니아함(CSS Virginia) 사이에서 벌어진 햄튼 수로 전투(Battle of Hampton Roads)가 최초의 철갑선 사이의 해전이다.

철갑선의 등장 이후, 함포는 발전에 발전을 거듭한다. 철갑을 관통하기 위해서 함포의 구경과 위력이 지속적으로 배가됐으며, 위력적인 주포는 배의 측면이 아닌 회전포탑의 형태로 중앙에 장착되기 시작하면서 점차 현대 전함의 모습을 보이기 시작했다. 그리고 20세기 초반인 1906년 영국에서 HMS Dreadnought(드레드노트)가 진수됐다.

드레드노트는 해군의 역사에서 혁명과도 같은 전함이다. 측면에 배치된 함포를 전부 없애고 오직 (최대 12인치까지 되는) 대구경의 함포만을 회전포탑에 장착한 최초의 전함이 드레드노트이다. 당연히 방어력을 위해서 두꺼운 강철 강갑으로 선체를 보호하고 있음은 물론이다.

하지만 드레드노트를 우리가 아는 드레드노트로 만든 1등공신은 증기터빈이라는 혁신적인 동력체계였다. 1884년 영국의 찰스 파슨스(Charles Parsons)가 발명한 증기터빈은 (왕복운동 대신) 회전운동을 하기 때문에, 회전수를 높여서 비교적 작은 크기의 증기터빈에서 큰 출력을 얻어내는 것이 가능했다. 그리고 미국의 웨스팅하우스(Westinghouse)가 증기터빈을 현대적 발전설비로 발전시킨 덕분에, 7.5kW에 불과했던 파슨스의 첫 증기터빈의 출력은 1911년에는 50MW까지 비약적으로 증가했다. 이와 같은 증기터빈의 획기적인 성능 향상이 있었기 때문에, 약 17MW(~23,000 마력)의 출력을 낼 수 있는 2대의 증기

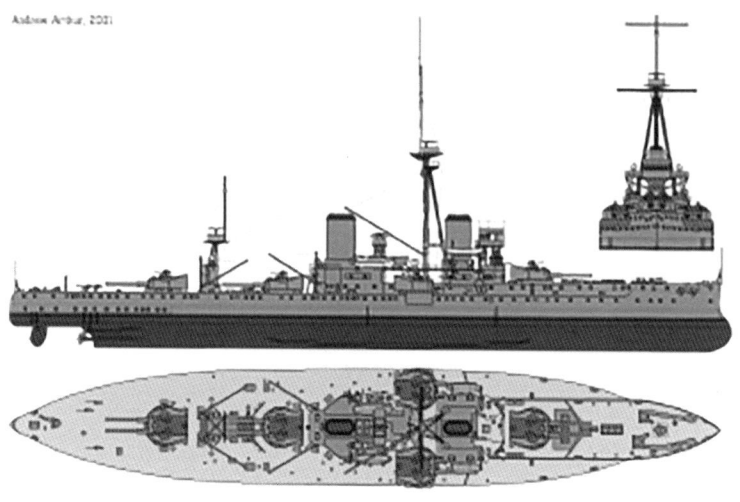

HMS Dreadnought(드레드노트)의 드로잉

터빈이 드레드노트에 처음 장착됐으며, 20,000톤이 넘는 육중한 덩치의 드레드노트가 21노트라는 속도와 더불어 이전에는 보지 못했던 기동성을 갖출 수 있었다. 그리고 전투함의 증기터빈은 이후에도 발전을 거듭해서, 제2차 세계대전에 참전했던 미국과 일본의 항공모함들은 최고속도 30~35노트를 가지고 있었으며, 최고속도만큼은 현대 전함과 이미 동급에 올라섰다.

드레드노트는 새로운 화력체계와 더불어 새로운 동력체계가 어우러진 완전히 새로운 전함이었으며, 그 때까지 건조/운용되던 모든 전함들의 군사적 가치를 완전히 증발시킨 해군력 역사의 진정한 게임체인저(Game Changer)였다. 이후 건조된 모든 전함들은 드레드노트의 개념을 따르지 않을 수 없었으며, 해를 거듭할수록 사거리와 정확성 및 위력에서 더 강력해진 함포를 장착하고 더 빠르게 대양을 항해할 수 있는 드레드노트급 또는 초드레드노트급 전함을 건조하기 위한 각국의 해군 군비 경쟁이 제2차 세계대전까지 지속됐다. (물론 1922년 체결된 워싱턴 해군군축조약으로 잠시 주춤하긴 했지만)

이후에도 지금까지 해군력은 혁신에 혁신을 거듭하고 있다. 항공모함과 잠수함이 등장하면서 2차원적이었던 해전의 양상이 공중, 수상 및 해저를 포함하는 완전한 3차원적 양상으로 변모했다. 그리고 화력체계는 함포에서 미사일로 대체되었으며, 동력체계는 가스터빈과 원자력추진으로 더 강력하게 발전했고, 21세기에 들어와서는 통합전기추진체계로 계속 진화하고 있다. 범선이 물러난 지난 200년간 해군력의 모습은 거의 50년 주기로 진화를 넘어 혁신적 변화를 보여주지만, 아직 변하지 않은 사실이 하나 있다면, 그것은 "바다를 지배하는 자가 세계를 지배한다"는 명제이다. 그래서인지 작금의 중국이 태평양에서 미국의 제해권에 도전장을 내밀고 있다. 명의 영락제 이후 그들이 스스로 내던져버린 제해권을 되찾겠다고.

15세기 군사 강국 조선은
왜 몰락했나?

'Global Fire Power'라는 군사력 평가 사이트는 대한민국의 군사력에 전세계 6위의 순위를 부여하고 있다. 양과 질이 비교적 균형을 잘 맞추고 있는 대한민국의 군사력을 고려한다면 어느 정도는 객관적으로 평가된 순위라고 생각할 수 있다. 단지 주변에 미국, 러시아, 중국과 일본 등 세계 5위권 이내의 군사강국뿐만 아니라 골치덩어리라고밖에 표현할 수 없는 북조선 군대가 있어서 그렇지, 대한민국의 군사력은 결코 얕잡아봐서는 안 되는 막강한 군사력이다. 지금까지의 우리의 역사를 살펴본다면, 우리 군사력은 언제나 전 세계의 상위권에 속해 있었다. 단지 우리를 침략해서 곤란에 빠뜨린 상대가 대륙의 신흥세력 내지 통일 제국이었던 강력한 군사강국이었기 때문에 군사력에 대한 목마름이 컸을 따름이다. 그래도 중국 대륙이 여러 나라로 분열되었던 시기는 비교적 안심하고 다리를 뻗고 잘 수 있었지만, 통일 제국이 들어서기만 하면 군사적 견제의 최우선 순위에 올려지는 경우가 다반사였다. 어쨌든 그렇게 많은 침략을 받았음에도 불구하고 아직까지 일종의 민족국가의 명맥을 이어오고 있는 원인 가운데 하나는 나름 실속 있었던 군사력을 유지해왔기 때문이다.

조선의 치명적 약점

조선도 건국 초기에는 지금의 대한민국 군사력 못지 않게 세계 정상급의 군사력을 가지고 있었다. 조선의 최전성기였던 태종, 세종 그리고 문종의 시기에는 상당한 군사력과 군사기술의 발전을 이룩했었다. 태종 때는 시대를 한참 앞서간 군함인 거북선이 건조된 바 있으며, 세종과 문종 때에는 화포 기술이 획기적으로 발전했다. 통상적인 화포뿐만 아니라 다양한 크기의 총통과 더불어 로켓병기라고 할 수 있는 신기전과 다연장 신기전인 화차(火車)까지 개발됐다. 특히 총통은 대구경 총통에서부터 개인화기 수준의 총통 및 여러 발을 한꺼번에 발사할 수 있는 총통, 그리고 권총의 시작이라고 해도 과언이 아닐 세총통 등 사용자와 목적에 따라 최적화된 다양한 총통들이 개발되었다. 조선 초기의 과학기술 수준은 한글과 인쇄술뿐만 아니라 군사기술에서도 세계 정상급이었다고 보는 것이 타당하다.

그런데 그 수준 높은 군사기술을 보유하고 있던 조선은 어째서 힘 한번 제대로 써보지 못하고 맥없이 몰락한 것일까? 먼저 조선의 수준 높은 화포기술이 실질적인 전투력으로 전환되기에는 한 가지 치명적인 제약이 있었다. 화약을 만들기 위해서는 숯가루, 황 그리고 초석(硝石 또는 염초焰硝)이라는 질산염이 꼭 필요한데, 바로 이 질산염을 확보하는 것이 여간 어려운 일이 아니었다. 대부분의 질소는 3중결합 때문에 반응성이 극히 낮은 질소분자의 형태로 존재하기 때문에, 질소를 수용액이나 고체의 형태로 고정시키는 것이 아주 힘들다. 결국 고정화된 질소를 함유하고 있는 대표적인 안정적 화합물인 질산염은 자연계에서 공급이 매우 한정적인 자원이었다. 조선이 구아노광산을 끼고 있지 않았기 때문에, 필요할 때마다 화포와 총통으로 탄을 날릴 수 있을 만큼의 화약을 생산해 내는 것이 결코 쉬운 일이 아니었다. 따라서 발달된 화포, 총포 및 로켓 기술을 군사력으로 전환하는 데 어려움을 겪고 있었으며 결국은 화포기술이 정체되고 말았다.

몰락의 시작

중종은 조선 왕위의 새로운 패러다임을 열었다. 폐륜아 연산군을 몰아냈던 중종반정(1506)으로 왕위에 오른 중종은 처음에는 반정의 우두머리인 박원종의 꼭두각시에 불과했다. 그러나 시간이 지나면서 신하들 사이의 분열을 조장해서 이신제신(以臣制臣)하는 방법을 터득한 중종은 미약했던 자신의 왕권을 점차 강화하는 데 성공한다. 중종의 이간책에 놀아난 조정에서는 파벌 간의 치열한 경쟁이 끝없이 이어졌으며, 훈구대신의 방종과 국가기강의 몰락으로 민초들의 삶은 도탄에 빠졌다. 조선의 가장 유명한 도적인 홍길동과 임꺽정이 다 이 시기에 등장한 것도 결코 우연이 아니라 당시의 혼란한 시대상을 대변해준다고 할 수 있다. 나라가 엉망이면, 테크노크라트와 엔지니어들은 자신들의 생계를 위해서 밖으로 눈을 돌린다. 결국 연산군, 중종, 인종, 명종 그리고 선조가 왕위에 있었던 16세기 내내 조선 경제의 물적 토대가 됐던 핵심 기술들이 일본으로 유출됐다. 이처럼 중종의 재위기간은 조선이 쇠퇴기에 접어들었다는 본격적인 조짐이 나타나기 시작한 시기이다. 그리고 이런 중종의 비열한 왕위 유지 전술은 이후 모든 왕들이 고스란히 물려받았으며, 특히 중종의 손자인 선조가 이 방면에서는 단연 으뜸이었다.

우리 역사에서 가장 큰 트라우마는 아마 선조의 재위 기간에 겪은 임진왜란과 이후 조선이 멸망하고 겪은 일제강점기 36년일 것이다. 16세기 내내 조선이 쇠퇴하고 있었지만, 선조 때 정신을 차리고 일본의 침략에 대처했다면 임진왜란도 막을 수 있었을 것이고, 어쩌면 일제 36년이라는 비극도 없었을 수 있다. 특히 왜의 침략에 대한 1차적 책임이 있는 선조의 대응은 가관이었다. 백성은 물론이고 종친들마저 속이고 혼자 한양을 버리고 의주까지 도주했으며, 17살의 광해군을 세자로 책봉한 뒤 (요즘 식으로 표현하면 별도의 전시 정부를 세운 것으로 볼 수 있는) 분조(分朝)시켜서 전쟁 수행에 대한 책임까지 떠넘겼다. 그리고 정작 선조 본인은 명으로 망명한 뒤에 왜군이 조선에서 물러날 때를 기다렸다가 돌아오겠다는 치졸한 계획으로 자신의 목숨과 왕권에 대한 집착을 버리지 못했다. 이순신의 초인적인 활약과 조선 초기에 (세종대왕이) 쌓아놓은 군사 기술과 물자가 없었다면, 임진왜란 초기에 조선은 망했을 것이다.

사실 임진왜란 당시 조선이 제대로만 대비했다면 왜군을 초기에 격퇴하는 것도 가능했다. 비록 왜군이 오랜 전국시대로 단련된 군대였고 서양의 총포기술을 수입했다고는 하지만, 왜군과 비교할 때 조선의 군대는 화력에서 절대적인 우위를 점하고 있었다. 압도적으로 발달한 조선의 군사기술 수준은 선조 대에 개발된 비격진천뢰(飛擊震天雷)라는 지연신관이 장착된 포탄에서도 쉽게 드러난다. 또한 왜군이 갖고 왔던 조총이라는 무기도 실용적인 관점에서는 그리 대단한 무기가 아니었다. 겨우 수십 미터에 불과한 유효사거리뿐만 아니라 발사속도도 형편없었으며 습하거나 비라도 오면 심지에 불을 붙이는 것조차 불가능했다.[14]

---

14 초기 총기의 문제점은 남북전쟁초기까지 채택되었던 전열보병(戰列步兵)—전투대형(다르게는 Line Battle)에서 쉽게 확인할 수 있다. 총기의 실제 유효사거리가 50m정도에 불과했기 때문에 서로 30m까지 일렬로 접근해서 선 채로 총을 발사해야만 적군을 살상할 수 있었던 것이 19세기 초반의 총기의 정확성이었다. 그러니 16세기 화승총의 실전적인 전투력은 더 약했을 것이다.

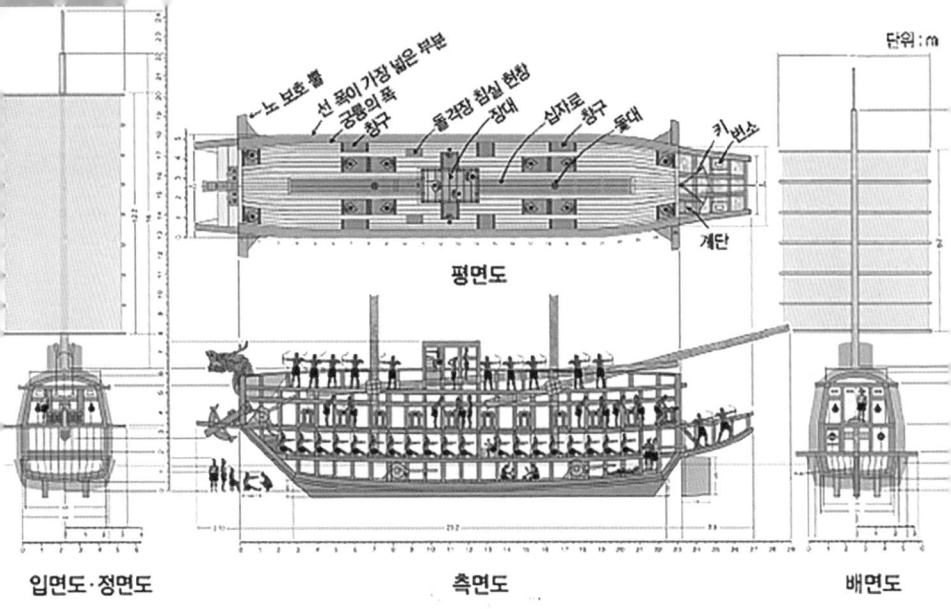

실제 전투에서 운용되었을 것으로 추정하는 거북선의 복원 설계도(한호림 저, 싸울 수 있는 거북선)

반면 조선군의 복합궁과 편전은 사거리, 발사속도 및 위력에서 왜군 조총의 위력을 압도했으며[15], 조선군의 화력무기의 수준도 당대 정상급 수준이었다.

조선군과 왜군의 군사기술의 수준 차이는 이순신 장군이 거의 홀로 왜의 수군을 섬멸한 해전에서도 쉽게 확인할 수 있다. 조정의 도움 없이 오직 자신이 지휘하던 부대와 지역 주민의 도움만으로 구축한 함대가 한 통일국가의 수군을 일방적으로 격파할 수 있었던 핵심 요인은 거북선과 같은 시대를 앞선 전함을 건조할 수 있는 조선(造船) 기술과 함선의 화포와 같은 다양한 화력무기까지 아우르는 선진적인 군사기술이 있었기 때문이다. 이처럼 임진왜란 당시만 하더라도, 일본이 인적 물적 동

---

15 조총의 탄환과 비교해서 화살의 공역학적 성능이 월등히 우세하다. 지금도 전차에서 발사되는 가장 강력한 포탄이 화살과 비슷한 날탄이라고도 불리는 화살모양의 관통자를 발사하는 APFSDS탄이다.

원능력에서는 앞섰지만, 기술적 역량에서는 조선이 앞서 있었다.

후진국의 나락으로 떨어지는 조선

그러나 임진왜란이 끝나고 얼마 지나지 않아서, 기술적 역량에서도 반도와 열도 사이의 역전이 발생했다. 조선의 몰락은 핵심 과학기술의 유출이라는 자충수로 촉발됐다. 특히 16세기 일본으로 유출된 핵심 기술 가운데 가장 뼈아픈 것은 은제련기술이다. 일본은 예로부터 금, 은, 동, 황 같은 천연광물이 많이 생산됐지만, 제련기술이 부족해서 원료로 값싸게 수출해야만 했다. 그러나 중종 연간에 연은분리법이라는 당대에는 첨단의 은제련기술이 일본으로 유출됐다. 연은분리법을 손에 넣은 일본의 정련된 은 생산력은 양자도약(Quantum Leap)급으로 발전해서, 한때 세계 은 생산량의 1/3 정도를 책임질 정도로 (국제무역의 결재수단으로 인정받는) 은의 전세계적 공급망에서 핵심적 입지를 확보했다. 서양의 포르투갈, 네덜란드 모두 은을 보고 일본으로 몰려온 것이다. 덕분에 일본은 1543년 타네가시마(種子島)에 표류해왔다는 포르투갈 상인으로부터 뎃포(鐵砲)라고도 부르던 화승총의 거래를 틀 수 있었다. 이후에도 이어진 전국시대 번주들의 경쟁적인 서양 무기 수입도 은이 있었기 때문에 가능했다. 16,17세기 일본에서 생산된 막대한 양의 은이 중국으로 흘러들어 지정은(地丁銀) 제도가 정착될 만큼 청나라 경제의 기축통화로 자리잡을 수 있었다. 즉, 일본이 대항해시대로 열린 전 세계적 무역망에서 한 자리를 차지할 수 있었던 결정적인 물적 토대가 바로 은(銀)이었다.

그리고 왜란 중 납치된 조선 도공을 통해서 입수한 도자기 기술도 전 세계적 무역망에서 일본의 입지를 키워줬다. 약 1300℃ 이상의 아주 높은 소성온도가 필요한 자기의 생산기술은 임진왜란 이전에는 오직 명나라와 조선만 가지고 있던 당대 최첨단 기술이었다.[16] 그래서 16세기까지 서양에서 유통되던 도자기는 명에서 수입된 것이 전부였다. 그러나 명청 교체기에 중국으로부터 도자기 수입이 어려워지자, 중국을 대체해서 도자기를 수출한 나라가 왜란 당시 잡혀온 조선의 도공들로부터 기술을 얻은 일본이었다. 도자기 수출은 일본 무역의 역사에서 매우 중요한 전환점이었다. 이전에는 자원을 팔아서 비싼 공산품을 수입했다면, 도자기 수출 이후의 일본은 부가가치가 높은 공산품을 수출하는 국가로 한 단계 질적 성장을 했다. 이처럼 왜란 이후 반도와 열도 사이의 과학기술력은 일본의 자생적 기술보다는 조선에서 유출된 기술에 의해서 역전됐다.

조선이 왜란과 호란을 겪으면서 경제가 회복불가능하게 피폐해졌지만, 성리학 근본주의의 지배력은 여전했다. 16세기 말 선조의 재위기간부터 숙종의 재위 초기까지 약 100년 동안은 조선에서 사색당쟁이 극에 치닫던 시기였다. 하지만 이 시기는 인류문명사에서 가장 획기적인 변혁이 일어났던 시기이기도 하며, 또한 세계사의 주도권이 동아시아에서 유럽으로 완전하게 넘어간 시기와도 일치한다. 앞에서 언급했다시피, 필자는 고대 로마가 당대의 중국, 즉 진과 한보다 한 단계 앞선 과학기술 문명을 가지고 있었다고 생각한다. 그러나 서로마가 망하고 기독교가 지배하는 세상이 도래하면서 유럽은 이후 1,000년 동안의 암흑세계로 빨려들어갔다. 그리고 15세기 말과 16세기 초가 되어서야 오랜 악몽에서 서서히 깨어나서 가톨릭의 이데올로기적 헤게모니로부터 탈피하기 시작

---

16 서양도 18세기에 들어와서야 자체적으로 자기를 생산할 수 있을 정도로 동양의 기술적 우위가 확고했던 최후의 기술이 바로 자기의 생산기술이었다.

뉴턴과 프린키피아

했다. 그리고 탈종교의 성과가 본격적으로 가시화되기 시작한 시기가 바로 17세기이다. 17세기 초반 이탈리아에서는 갈릴레오 갈릴레이(Galileo Galilei, 1564~1642)가 등장했으며, 17세기 중후반은 영국에서 아이작 뉴턴(Isaac Newton, 1642~1727)이 활약하던 시기이다. 뉴턴이 현대과학의 시작을 알렸던 저술인 '프린키피아 마테마티카(Principia Mathematica)'를 발간한 1687년(즉 숙종 14년)부터는 세계사의 주도권이 확실하게 유럽으로 넘어갔다. 지금도 잊을 만하면 TV 드라마로 다시 등장하는 숙종과 장희빈의 궁중 치정극이 절정에 다다르던 시기에 지구의 반대편에서는 인류문명이 과학적 이성의 시대로 들어가는 혁명적 사건이 일어났다.

 과연 동양이 서양에 대한 과학적 우위를 확립했던 시대가 있었던가? 근접했던 시대는 있었어도 우위에 있었던 시대는 없었다는 것이 필자의 생각이다. 붓을 쓰는 동양이 펜을 쓰는 서양을 과학에서 앞서는 것은 불가능하다고 본다. 직선을 긋는 자는 물론이고 원을 그리는 컴퍼스조차 쓸 수 없는 필기구가 붓이다. 가장 간단한 기하학적 도형도 제대로 그릴 수 없는 필기구를 사용하는 문명이 어떻게 수학과 이론물리학 같은 고등 과학을 발전시킬 수 있겠는지 반문하지 않을 수 없다. 17세기 서양이 동양에 대해 과학적으로 압도적 우위를 확립한 것은 인류 역사의 발전 과정에서 언젠가는 발생할 수밖에 없었던 필연이다. 뉴턴의 과학혁명 이후 동양과 서양의 물리적 경쟁은 무의미해졌다. 그것이 만천하에 명백하게 드러난 사건이 바로 아편전쟁이다.

은제련기술의 유출로 촉발된 문제는 임진왜란에서 끝이 아니고 현재진행형이다. 일본에 많은 은광이 있었지만, 가장 큰 생산력을 자랑했던 은광은 한때 전 세계 연간 은 생산량의 1/15을 차지했다는 (현재의 일본 시마네현 오다시에 있는) 이와미은광(石見銀鑛)이다. 이와미은광과 우리는 끊을래야 끊을 수 없는 질긴 악연을 가지고 있다. 은광의 소재지 자체가 독도 영유권에 대해서 끊임없이 시비를 거는 시마네현일 뿐 아니라, 이와미은광을 배경으로 성장한 조슈번(長州藩)이 일본 극우파의 본산인 까닭이다. 조슈번 출신의 요시다 쇼인(吉田松陰, 1830~1859)이 바로 일군만민론, 정한론, 대동아공영론을 주창해서 일본 제국주의의 사상적 기초를 닦은 인물이다. 그의 제자들인 이토 히로부미, 소네 아라스케, 데라우치 마사다케 등이 일제 침략의 핵심 원흉들이었으며, 기시 노부스케, 아베 신조와 같은 현대 일본의 극우파들 역시 조슈번(현 지명 야마구치) 출신이며, 사상적으로 요시다 쇼인을 계승한다. 중종 때 유출된 연은분리법의 부메랑이 바로 임진왜란과 근대 일제침략이며 아직도 죽지 않은 일본의 제국주의적 야망이다.

건국 초기인 태종, 세종, 문종 연간의 조선은 문물은 물론이고 군사

홍이포. 홍이(紅夷)는 붉은 오랑캐라는 뜻으로 명청 시기에 네덜란드 인을 가리키는 말이었다

력에서도 명실상부한 선진국이었지만, 성리학 근본주의의 함정에 빠진 조선은 이후 과학기술에서 어떠한 질적 발전도 이룩하지 못했다. 병자호란 때는 명나라 군에게서 (서양대포를 모방해서 만든) 홍이포를 노획해 침략한 청나라의 팔기군에게 강화도가 점령당했음에도 불구하고, 서양 과학기술의 실체를 애써 외면하기만 했다. 결국 과학기술에서 일본에게도 역전 당한 조선은 후진국이 아니라 그보다 더 아래인 식민지의 나락으로 떨어졌다. 그것은 과학기술을 경시했던 조선이 피할 수 없었던 당연한 역사적 결과에 불과하다.

2장

지옥의 서곡
현대전의 탄생

근대 이전의 전쟁과 비교해서, 현대전의 가장 큰 차별성은 바로 총력전(Total War)이라는 것이다. 총력전은 말 그대로 한 국가가 가지고 있는 모든 자원과 역량을 투입해서 수행하는 전쟁을 말한다. 총력전은 제일 먼저 동원 가능한 인적 자원과 산업 역량을 모두 동원한다. 그리고 과학기술에 기반하는 산업생산력이 급속도로 발전함에 따라서 과학기술력도 총력전에서 빠질 수 없는 핵심 요소로 자리잡았으며, 정보력도 총력전을 수행하기 위한 필수불가결의 요소가 되었다.

현대전의 맹아는 언제 탄생했을까? 미국의 독립혁명과 프랑스대혁명 같은 공화혁명을 지키기 위한 전쟁에서 총력전의 싹을 볼 수 있다. 왕과 귀족이 지배하는 나라가 아니라 인민들이 권력을 나눠가지는 나라를 지키기 위해서는 국민개병제(國民皆兵制)의 도입이 필연적이었으며, 전쟁에서 가용한 인적 자원을 총동원하는 것이 일반화되기 시작했다. 그러나 총력전이라는 현대전의 진면목을 제대로 보여준 첫 전쟁은 미국의 남북전쟁이다. 인적 자원을 동원할 수 있는 능력뿐만 아니라 산업적 생산력과 더불어 기술적 혁신력이 전쟁의 승패를 가르는 핵심요소임을 확실하게 보여준 첫 대규모 전쟁이 바로 남북전쟁이다.

본 장에서는 남북전쟁 이후 규모가 커지고 양상이 복잡해지면서 현대적 총력전이 완성되는 계기로 작동한 핵심적인 과학기술과 산업적 변혁에 대한 내용을 다루고자 한다.

총력전의 아버지, 링컨

조지 워싱턴(George Washington, 1732~1799, 미국의 초대대통령 재임: 1879~1797)이 미국 건국의 아버지라고 한다면, 에이브러햄 링컨(Abraham Lincoln, 1809~1865, 미국 16대 대통령 재임: 1861~1865)은 미국이라는 국가를 완성한 사람이라고 할 수 있다.

영국으로부터 독립한 13개 주의 연방체로 탄생한 미국은 두 가지의 모

에이브러햄 링컨

순을 가지고 태어난 국가였다. 독립선언서에는 천부인권에 대해 거창하게 써놓았음에도 불구하고 노예의 인권에 대한 문제는 해결되지 않은 채 남아 있었다. 또한 영국에서 독립을 하는 것이 최우선이었기 때문에 연방과 각주 사이의 분권에 대해서 확실하게 합의하지 못했다. 이런 태생적 모순을 상징하는 인물이 바로 토마스 제퍼슨이다. 그가 써내려 간 독립선언문과 달리 그는 노예농장주였으며, 내연관계의 노예 연인 사이

에서 여러 아이를 낳았지만 그 누구도 친자로 인정하지 않았고, 또한 주정부에 대한 연방정부의 간섭을 원천적으로 배척했던 인물이다. 그랬기 때문에 그는 남부의 플랜테이션 농장주들을 중심으로 태동했던 미국 민주당의 아버지로 아직도 인식되고 있다.

영국 면직산업의 원료공급을 위한 면화 플랜테이션 농업에 의존했던 남부의 주들과 공업 중심의 산업으로 급격히 성장하고 있던 북부 주들의 대립은 불가피했으며, 남북이 대립했던 많은 사안들 가운데 가장 첨예하게 대립했던 문제가 바로 노예제였다. 산업 중심의 북부와 다른 경제구조를 가지고 있던 남부는 자신들의 플랜테이션 경제체제를 유지하기 위한 기초라고 할 수 있는 노예제를 지키고자 연방 탈퇴를 불사했으며, 19세기 중엽 노예제를 두고 벌어진 남북간의 갈등이 전쟁으로 발전한 것은 어쩌면 필연적인 결과라고 볼 수 있다.

남북전쟁을 승리로 이끌어서 분열 직전의 연방을 지켜내고 노예를 해방한 인물이 에이브러햄 링컨이다. 그를 통해서 미국 역사의 가장 큰 주홍글씨이자 위선의 상징이었던 노예제가 폐지되었으며, 허약했던 연방국가가 분열을 극복하고 국가의 경영을 주도하는 현대적 국가로 완성될 수 있었다.[1]

링컨의 연방제에 대한 신념은 누구도 의심하지 않는다. 다만 노예제

---

[1] 만약 그때 링컨이 남북전쟁을 불사하면서까지 연방정부를 지켜내지 못했다면 아마 미국은 스페인의 전철을 밟았을 가능성이 매우 컸을 것이다. 해양 왕국 스페인은 이사벨의 카스티야와 페르난도의 아라곤 사이의 연합국왕국이었지만, 정확히는 한 지붕 두 살림을 하는 국가가 스페인제국이었다. 스페인의 영향력이 쇠퇴함에 따라서 보다 강력한 중앙정부의 필요성이 대두되었으며, 아라곤에 대한 중앙정부의 직접적인 통치를 추진했던 왕이 펠리페4세(벨라스퀘즈의 그림 Las Meninas의 주인공인 마르게리타 공주의 아버지이며, 그림에도 거울에 비친 모습이 등장한다)였지만, 그의 개혁은 좌절됐다. 이후 스페인 왕위계승전쟁, 나폴레옹전쟁, 남미의 독립운동을 거치면서 스페인은 몰락의 길을 걷는다. 지금도 진행되는 카탈루냐의 독립이 마치 고상한 정치적 동기가 있는 것처럼 선전하지만 중세부터 있어 왔던 카탈루냐(즉 아라곤)의 지역적 이기주의의 현재진행형에 지나지 않는다. 바르셀로나의 부유층과 남부 농장주들의 중앙정부에 대한 생각에는 닮은 점이 아주 많다.

철폐에 대한 그의 철학적 신념의 정도는 아직도 논란의 대상이다. 즉 연방을 지키기 위해서 노예제와 관련해 남부와 타협할 수도 있었다는 의심은 아직도 남아 있다. 노예제를 반대하지만 정치적으로는 타협의 여지를 남긴 링컨의 애매모호한 입장은 그가 정치가였기 때문에 가질 수 있는 견해로 해석될 수도 있지만 백인중심적 미국사회의 근본적이고 철학적인 결함으로 볼 수도 있다. 흑인과 유색인종에 대한 실질적인 권리가 본격적으로 개선되기 시작한 때는 노예제가 폐지되고 나서도 100년이 지난 1960년부터였다는 점에서 미국 주류 백인사회의 사회철학적 한계를 쉽게 눈치챌 수 있다.

어쨌든 연방을 수호하고 노예제를 폐지했던 에이브러햄 링컨은 조지 워싱턴과 직접적으로 비교될 수 있는 미국의 유일한 대통령으로 남아 있다. 그렇지만 링컨이 미국에 남긴 진정한 유산은 연방제의 수호와 노예제의 폐지보다는 총력전 실행의 핵심 주체이자 미국의 제국주의적 팽창주의 정책의 물적 토대라고 할 수 있는 군산복합체를 완성한 것으로 보는 것이 더 타당하다.

총력전의 탄생, 남북전쟁

스스로를 미국의 진정한 주인이라고 생각하는 백인(특히 남부의)들이 마가렛 미첼의 소설 《Gone with the Wind(바람과 함께 사라지다)》와 같은 시대착오적인 나쁜 소설(및 나쁜 영화)을 통해서 남군을 기사도 정신에 투철한 용맹하고 정의로운 전사라고 아무리 미화해도, 남군이 시대에 뒤떨어진 무능한 군대였다는 사실은 바뀔 수가 없다. 달리 말하면, **남북전쟁 동안 남군이 전투를 벌였다면 북군은 전쟁을 벌인 것이다.** 남북이 대치하고 있던 동부지역에서 벌어진 이런 저런 전투에서 남군이 자주 승리하곤 했지만, 미국 전체에서 벌어진 전쟁의 상황은 월등한 인적 자원과 공업 생산력으로 무장한 북군이 항상 주도하고 있었다. 링컨이 가지고 있던 전쟁에 대한 전략적 식견은 당대의 어떤 군사전략가보다 뛰어났다. 그의 전략적 식견을 제대로 이해하고 실행에 옮겼던 인물이 바로 율리시스 그랜트(Ulysses Grant)였으며, 남부군 총사령관이었던 로버트 리(Robert Edward Lee)는 결코 링컨과 그랜트의 상대가 될 수 없었다.

미국의 남북전쟁이 이전에는 없었던 총력전이었다는 것은 동원된 엄청난 인적 자원과 사상자 수에서 쉽게 알 수 있다. 남북전쟁 당시 미국의 총인구는 약 3000만 명 정도였다고 하는데 당시 인구의 약 20%가 흑인노예였기 때문에 백인 남성의 숫자는 약 1200만 명 정도로 볼 수 있다. 반면 남북전쟁에 동원된 사람은 남북군 모두 합쳐서 300만 명에 달했기 때문에 전쟁에 동원할 수 있는 연령대의 남성은 거의 모두 징집되었다고 볼 수 있다. 또한 참전자 300만 명의 20%가 넘는 약 65만 명이 전투 중에 사망하거나 부상으로 인한 질병 등으로 사망했으며, 40만 명 이상이 심한 부상을 입었다. 또한 민간인과 노예의 사망까지 포함하면 사망자의 총수가 100만을 넘을 수도 있다고 한다. 남북전쟁 기간 중에 동원된 병력 및 사상자의 규모는 20세기에 벌어진 잔혹하기로 유명했던 전쟁들인 스페인 내전, 한국 전쟁 그리고 베트남 전쟁에 결코 뒤지지 않는다.

남북전쟁 당시 남군과 북군의 전략은 차원 자체가 달랐다. 로버트 리를 총사령관으로 하는 남부군은 남북의 경계지역인 버지니아와 메릴랜드 근처에서 산발적인 직선 공격을 하면서 전투에서는 자주 승리할 수 있었지만 결과는 언제나 교착상태에 빠진 소모전에 지나지 않았다.

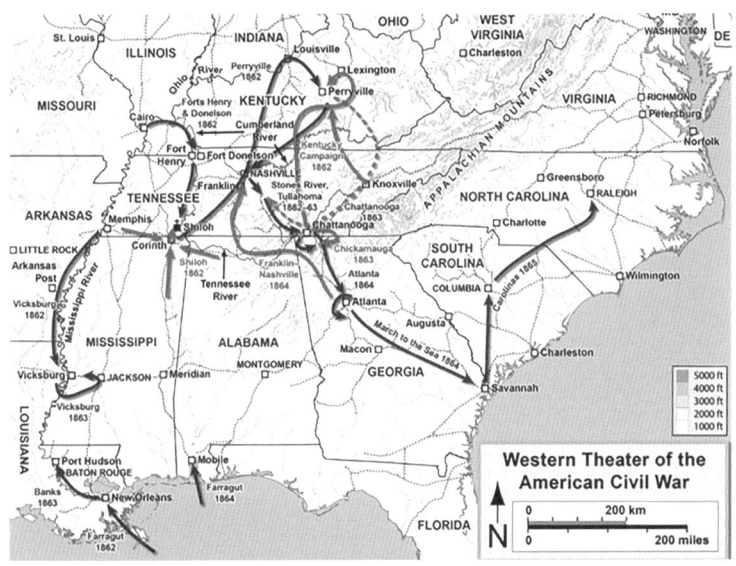

남북전쟁 서부전역(출처: Wikimedia Commons, Map by Hal Jespersen, w.cwmaps.com)

반면 백악관에서 전보를 통해서 병력과 물자를 전국적으로 재배치하는 2차원적 전략으로 무장한 링컨의 북군(연방군)이 전쟁을 주도하고 있었다. 북군은 먼저 남부의 바다를 완전히 봉쇄했다. 덕분에 남부의 가장 중요한 수입원이었던 목화의 수출길이 막혔다. 그리고 서쪽의 미시시피강을 따라서 주요 도시와 요새를 하나씩 점령하는 방법으로 남부군을 두 동강 내고 있었다. 미시시피강을 따라서 벌어진 전투 가운데 가장 중요한 전투는 1862년 12월부터 1863년 7월 4일까지 장장 7개월 동안 벌어진 빅스버그 포위전(Siege of Vickburg)이다. 빅스버그라는 미시시피강 하류의 가장 중요한 요새 도시가 북군의 손에 넘어감에 따라서 남부군의 병력, 식량 및 말의 핵심적 보급원이었던 텍사스와 아칸소가 남부군과 단절됐다. 그러니 남북전쟁의 결과는 빅스버그 포위전에서 결정되었다고 봐도

그랜트(좌, 1864년경)와 셔먼(1865년경)

결코 틀리지 않다. 빅스버그 함락 이후 북군이 강제하고 있던 소모전에 대해서 남군이 견뎌낼 수 있는 방법이 완전히 사라졌다고 보면 된다.

빅스버그 포위전을 승리로 이끈 북군의 서부전역 사령관이었던 그랜트가 1864년 봄 북군의 총사령관에 임명되면서, 그랜트의 오른팔이라고 할 수 있는 윌리엄 테쿰세 셔먼(Williams Tecumseh Sherman)이 서부전역의 사령관으로 부임했다. 그리고 셔먼은 링컨과 그랜트의 총력전 개념을 한층 더 발전시켜서 남군의 심장부라고 할 수 있는 조지아와 사우스캐롤라이나의 중심으로 바로 쳐들어가 초토화하는 청야작전을 수행해서 결국 남군을 굴복시켰다. 셔먼의 진격을 보자면, 전격전의 창시자는 나치 독일군의 구데리안이 아니라 남북전쟁 당시 남부의 심장부로 파고든 셔먼이라고 하는 것이 더 타당할 정도이다.

후세의 호사가들이 남북전쟁에 대해서 이런 저런 이야기를 많이 하지만, 1차원적 전략으로 무장한 남군이 월등한 인적 물적 자원은 물론

이고 2차원적 전략까지 이용할 줄 알았던 북군에 승리할 가능성은 애초부터 없었다. 어쨌든 남북전쟁을 승리로 이끈 링컨은 총력전을 수행해야만 하는 한 국가의 군대 통수권자가 보여줘야 할 모든 덕목을 제대로 보여준 현대전의 진정한 창시자라고 할 수 있다. 남북전쟁이 끝나고 약 75년 뒤에 발생한 제2차 세계대전에서 그의 가르침을 완벽하게 재현한 인물이 두 명 더 나왔다. 한 명은 미국의 프랭클린 루스벨트(Franklin Roosevelt)이고, 다른 한 명은 소련의 이오시프 스탈린(Joseph Stalin)이다.[2] 스탈린이 비록 잔혹한 독재자였음은 누구도 부인할 수 없는 사실이지만, 독소전쟁에서 그가 보여준 군사전략가로서의 자질은 충분히 인정을 받고도 남음이 있다. 반면 아돌프 히틀러는 스탈린의 적수가 될 자질을 어디에서도 찾을 수 없는 그저 잔악하기 그지없는 평면적 독재자라고 할 수 있을 것이다.

링컨의 유산, 군산복합체

링컨의 진정한 유산은 강력한 연방정부와 노예제의 폐지가 아니라 이후 미국의 팽창주의적 정책 수행의 주역이 됐던 군산복합체라고 할 수 있다. 링컨이 미국의 제국주의적 팽창 정책의 방향을 처음 제시한 사람은 아니다. 미국의 패권주의적 속성을 처음 드러낸 인물은 제임스 먼로(James Monroe)라고 볼 수 있다.

나폴레옹 전쟁 이후 스페인 제국은 사실상 붕괴됐다. 그 틈을 타서

---

2 루즈벨트에게는 아이젠하워와 니미츠라는 그랜트급의 명장이 있었고, 스탈린에게는 주코프라는 명장이 있었다. 특히 그랜트와 주고프 모두 교환비가 열세였던 소모전을 극복하고 전략적 목표를 달성했다는 점에서 아주 유사한 군사적 비전을 가졌던 전략가라고 볼 수 있다

유럽 열강들이 중남미를 기웃거릴 때, 미국이 "유럽이 아프리카와 아시아에 뭔 짓을 하든 상관하지 않을 테니 중남미는 우리가 먹겠다."라고 주장한 것이 미국 5대 대통령인 제임스 먼로가 선언한 먼로 독트린이다. 먼로 독트린을 선언했다고 미국이 중남미에서 스페인을 바로 대체한 것은 아니다. 남북전쟁과 서부 확장을 통해서 힘을 키운 미국은 19세기의 막바지에 미국-스페인전쟁에서 승리를 거뒀다. 그리고 전리품으로 스페인의 남은 식민지였던 쿠바, 푸에르토리코, 필리핀을 차지하고, 중남미의 다른 국가에 대해서도 정치경제적 지배권을 확고히 할 수 있었다. 이를 통해서 미국의 지배권이 스페인의 지배권을 완전히 대체했다.

    제임스 먼로가 미국의 팽창주의 정책의 방향을 제시한 사람이라면, 그것을 실현할 수 있는 물리적 주체인 군산복합체를 완성한 사람이 바로 에이브러햄 링컨이다. 그러나 링컨은 남북전쟁 종결 이후 바로 암살당했기 때문에 자신이 탄생시킨 군산복합체의 성장을 직접 볼 수는 없었다. 링컨의 부재에도 불구하고 군산복합체의 구성 멤버였던 미국의 산업자본가는 국가권력의 전폭적인 지지를 등에 업고 서부와 중남미를 넘어 전세계로 거의 무한 팽창을 했다. 운송재벌이었던 밴더빌트(Vandebilt), 철강재벌이었던 카네기(Carnegie), 석유재벌이었던 라커펠러(Rockefeller), 그리고 전기화라는 제2차 산업혁명의 주역이라고 할 수 있는 벨(Bell), 에디슨(Edison)과 웨스팅하우스(Westinghouse) 등이 미국뿐만 아니라 전 세계 산업의 주도권을 행사하게 되었으며, 이들에게 금융자본을 공급한 제이피 모건(J.P. Morgan)이 전 세계 금융의 중심지라고 할 수 있는 미국의 월스트리트를 좌지우지했다.

    물론 미국의 산업자본가들이 이룩한 산업적 업적과 전기화라고 부르는 기술적 혁신을 부정하지는 않는다. 하지만 그들은 역사상 유례가 없는 빈부 격차와 시스템의 부패를 양산했으며, 노동자의 기본적인 생존권조차 깡그리 무시하면서 착취할 수 있는 한 최대한 착취하는 것을 두려워하지 않았다. 그들의 부와 권력에 대한 방종이 얼마나 극한까지 치달았으면, 한때 남부 노예농장주들의 이권이나 대변하던 미국의 민주당이 19세기 말과 20세기 초를 기점으로 노동자와 흑인 같은 사회적 약자를 대변하는 정당으로 탈바꿈하는 것이 가능할 정도였다. 링컨이 세우고 남북전쟁의 승리를 통해서 연방을 수호하고 노예를 해방했던 미국의 공화당이 초심을 잃고 물질적 성공에 도취된 사이, 인권과 평등이라는 결코 포기할 수 없는 중요한 가치를 미국의 민주당이라는 기회주의적 집단에게 넘겨준 것은 단지 미국의 비극이 아니라 세계사적인 비극이라고 봐야 할 것이다.

링컨의 흑역사, 핑커톤 전미탐정사무소

19세기말 미국산업자본가들의 무한 팽창과 타락에 링컨의 책임이 있을까? 답하기 어려운 질문이다. 물론 일차적인 책임은 미국의 탐욕스런 산업자본가와 정치가들에 있을 것이다. 그러나 링컨도 비난에서 결코 자유로울 수 없다는 것이 내 생각이다. 링컨이 직접 개입된 최대의 흑역사는 단연 핑커톤 전미탐정사무소(Pinkerton National Detective Agency)라는 조직이다.

시카고 출신 형사였던 앨런 핑커톤(Allan Pinkerton)은 1850년 핑커톤 전미탐정사무소를 설립하고 사설경비 및 탐정업무 간판을 내세우면서 범죄자 사냥과 철도경비사업을 시작했다. 그리고 같은 일리노이주 출신이었던 링컨은 자신에 대한 암살음모를 막아내서 유명세를 얻은 핑커

앨런 핑커톤(좌)과 에이브러햄 링컨 대통령

톤에게 대통령의 경호 업무를 맡겼다. 연방정부의 강화를 역설했던 링컨이 사설업체에게 국가적 임무를 맡겼다는 것은 요즘 관점으로 보면 이해충돌(Conflict of Interest)로 고발될 수 있는 아주 부적절한 행위라고 볼 수 있다. 게다가 링컨이 암살될 당시에는 핑커톤 탐정 사무소가 아니라 미 육군이 경호를 맡고 있었던 탓에 아이러니하게도 핑커톤 전미탐정사무소의 명성은 더욱 높아졌다.

링컨 사망 이후, 핑커톤 전미탐정사무소는 급속도로 팽창하는 산업자본가를 위한 물리력 제공 분야로 급속히 성장했다. 물론 가장 핵심적인 사업모델은 노동운동을 분쇄하기 위한 용역깡패 업무였으며, 자본가의 시설과 자산을 보호하는 경비업무, 현상금사냥을 위한 탐정업무 및 심지어 퇴역군인을 동원한 사설군대(Private Military Company, PMC)의 영역까지 마구 확장했다. 즉 국가가 독점해야 하는 경찰 및 군대 업무가 민간에게 불하된 꼴이었다. 19세기 말부터 20세기 초반 사이에 벌어진 미국의 대표적인 노동탄압의 현장에는 항상 핑커톤에 고용된 용역깡패

핑커톤 전미탐정사무소의 신문 광고

와 준군사조직들이 있었으며, 핑커톤과 부적절한 관계를 맺은 기업가에는 앞에 열거된 미국의 모든 산업자본가들이 빠짐없이 거론된다.

핑커톤 전미탐정사무소는 1970년대부터 얼마 전까지 이 땅에서도 빈번하게 자행되었던 용역깡패를 동원한 노동탄압의 역사적 선례를 남긴 조직이다. 아직도 노조분쇄의 업무를 수행하면서 사설 준군사기업으로 성장한 컨택터스(CONTACTUS)에서 핑커톤의 냄새가 물씬 풍긴다고 생각하는 사람은 나만이 아닐 것이다.

나는 종종 링컨이 부활하면 누구를 가장 많이 닮았을까 생각할 때마다, 아들 부시였던 조지 W. 부시(George Walker Bush)의 부통령 딕 체니(Richard Bruce 'Dick' Cheney)가 떠오른다. 그는 2004년 미국의 이라크 침공을 주도했으며, 이후 핼리버튼(Halliburton)이라는 석유탐사회사가 운영하는 사설군사기업이 이라크의 점령작업에 개입하게 만든 장본인이다. 용병이 주된 군사조직이었던 전근대와 비교해서, 인민들이 권력의 주체로 올라선 근현대의 공화국 및 입헌군주국에서는 군사작전은 오직 국가만이 수행할 수 있는 권한을 가지고 있다. 그러나 군사작전이라는 국가의 독점적 역할을 사기업의 이윤 추구 행위로 전락시킨 반공화국(즉, 반미국)적인 인물이 바로 딕 체니이다. 그런데 그런 전례를 만든 인물이 바로 에이브러햄 링컨이라는 사실이다. 그래서 나는 남북전쟁 이후 바로 암살당한 것이 어쩌면 링컨에게는 최대의 행운이었다고 생각한다. 더 오래 살았다면 우리는 '미제국주의의 아버지'라는 그의 어두운 진면목을 질리게 보았을지도 모르기 때문이다.

총기의 나라, 미국

"총으로 일어선 자 총으로 망한다"는 말이 있다. 현재의 미국을 놓고 생겨난 말이라는 생각이 들 정도로 딱 맞는 말이다. 민병대가 보유하고 있던 개인 총기를 가지고 싸웠던 독립전쟁 시기부터 현대까지 총기의 발전을 이끌어왔던 나라가 미국이지만, 제어되지 않는 총기의 범람은 건국 이래 미국이 가지고 있는 자기모순만 심화시키고 있다. 미국인들이 가장 싫어하는 역사적 인물이 독립전쟁 초기의 영웅이었음에도 불구하고 독립전쟁 기간 중에 영국 쪽으로 변절한 베네딕트 아놀드(Benedict Arnold)[3]라고 한다. 그래서 미국에서는 베네딕트라는 이름을 가진 사람을 찾아보기가 어렵다고 한다. 그와 마찬가지로 미국인이 가장 싫어하는 단어는 폭정과 폭군을 의미하는 Tyranny와 Tyrant이다. 당연히 독립을 위해서 싸워야만 했던 영국과 영국 국왕의 폭정을 빗댄 단어이기 때문이다. 그래서 미국인들은 정부의 폭정에 대항한다는 명분으로 총기 소지

---

3 독립전쟁 초기 사라토가 전투 승리의 실제 주역이었으며 조지 워싱턴이 가장 신뢰하던 유능한 장군이지만 이후 복잡한 정치적 상황에 처하자 허드슨강 중류의 천혜의 요새인 웨스트포인트를 영국군에 넘기고 변절하려는 계획이 발각돼서 영국으로 도주한 인물이 베네딕트 아놀드이다. 미국에서 그의 평판은 배신의 아이콘 그 자체로서, 미국판 이완용 정도로 볼 수 있다.

에 항상 집착해왔다. 그러나 총기의 범람이 사회적 부담으로 작용한 지 오래이다. 총기까지 동원되는 범죄는 날로 흉폭해지고 있으며, 그런 범죄가 TV 뉴스를 탈 때마다 스스로를 보호한다는 명목으로 더 많은 총기가 팔려나가는 총기 범람의 악순환에 빠졌다. 총기의 범람으로 미국이 곧 망하지는 않겠지만, 마치 제국의 말기 증상의 한 단면 같은 느낌이 드는 것은 나만의 생각이 아닐 것이다.

총기는 미국의 정체성을 상징한다

미국인들은 독립성(Independence), 독창성(Ingenuity) 그리고 기업가 정신(Entrepreneurship)이 자신들의 정체성이라고 말한다. 에디슨, 벨, 라커펠러와 카네기 같이 독립성과 독창성으로 무장한 사람들이 일군 기업들이 20세기 초반 미국을 슈퍼파워로 키웠다는 점에서 잘 알 수 있다. 그러나 이런 미국인들의 정체성을 가장 명확하게 보여주는 것은 사실 총기이다. 독립전쟁 시기에 쓰였던 켄터키 라이플(Kentucky Rifle) 이후 총기 발전의 역사는 미국 산업의 발전사와 궤를 같이 해왔다. 미국 산업이 세계 최강으로 등장했던 시기는 총기 설계의 신이라고 불러도 손색없는 존 모지스 브라우닝(John Moses Browning, 1855~1926)이 자신의 총기개발 경력의 정점을 찍은 시기와도 일치한다. 그러나 총기가 독립성을 중시했던 미국의 기술적 장인의 독창성에 기반한 혁신을 통해서 지속적으로 발전했던 것과 달리, 총의 또 다른 구성요소인 화약과 총탄은 오히려 구대륙인 유럽의 지속적이고 시스템적인 과학기술의 개발로 발전했다. 독립성을 중시하는 미국인들의 총기에 대한 사랑과 집착과 자부심을 이런 점에서도 엿볼 수 있다.

미국이라는 나라가 세워지기 훨씬 이전부터 신대륙 이주민들의 총기에 대한 사랑과 집착은 남달랐다. 광활한 야생의 아메리카 대륙에서 생존하기 위해서는 정확성 높은 사냥총이 누구에게나 선택사항이 아니라 필수사항이었다. 그래서 발사속도는 느리지만 정확성과 사거리가 뛰어난 사냥에 특화된 켄터키 라이플이라는 강선 머스켓이 널리 쓰이게 되었다.[4] 독립전쟁 초기 미국의 민병대가 당대 세계 최강의 군대였던 영국군과 맞서 대적할 수 있었던 가장 중요한 전술이 활강식 머스켓의 사거리 밖에서 켄터키 라이플로 영국군 장교와 포병을 저격하는 것이었다. 켄터키 라이플 덕분에 독립전쟁 초기의 괴멸 위기를 넘기고 영국군에게 지루한 소모전을 강요할 수 있었으며, 프랑스의 지원까지 이끌어내면서 독립전쟁 시작 8년 만인 1783년 9월 3일 요크타운에서 영국군의 항복을 받아내고 독립을 쟁취할 수 있었다. 총기에 대한 미국인들의 사랑의 증표가 독립전쟁 승리 이후에 미국의 연방의회가 채택한 제1차 수정헌법의 제2조로서 지금도 해석에 논란이 일고 있는 '총기 소지의 자유'이다.

미국이 이룩한 총기의 혁신

남북전쟁이 미국의 산업화에 박차를 가했던 것처럼 미국 총기 개발의 혁신도 가속시켰다. 첫번째 혁신은 연발식 권총과 소총의 등장이다. 전장식(前裝式, Muzzle Loading) 소총의 단점은 매번 쏠 때마다 화약과 탄환을 총구를 통해 장전해야 한다는 점이다. 당연히 발사속도가 떨어

---

4 켄터키 라이플은 켄터키에서 생산된 것이 아니라 펜실베니아에서 생산된 강선 머스켓이다. 그러나 펜실베니아보다 서쪽의 개척지였던 켄터키의 사냥꾼들이 많이 사용한 총기여서 켄터키 라이플이라고 불리게 되었다. 사냥에 적합하게 총신을 늘려 정확성과 사거리를 향상시켰기 때문에 롱 라이플이라고도 부른다.

질 수밖에 없다. 이런 단점을 극복하기 위해서 (화약과 탄환이 결합된) 카트리지 형태의 탄을 연속으로 약실에 재장전할 수 있는 리볼버 권총과 레버액션 소총이 개발되었다. 새뮤얼 콜트(Samuel Colt)가 설립한 콜트사가 미육군에 납품한 M1873 리볼버 권총은 리볼버 권총의 상징과도 같은 존재이다. 물론 콜트사가 리볼버를 가장 먼저 개발한 총기회사는 아니다. 하지만 피스메이커(Peace Maker)라는 별명으로 더 잘 알려진 싱글 액션 아미(Single Action Army)라는 단순하면서도 신뢰성이 있는 그리고 가장 성공적인 리볼버 권총을 개발한 총기회사가 콜트이다. 또한 올리버 윈체스터(Oliver Winchester)가 설립한 윈체스터사는 레버액션(Lever Action)이라는 수동 재장전방법을 채택한 소총인 1860 헨리 소총을 개발했다. 윈체스터의 소총은 남북전쟁에도 등장했지만, 이후 인디언전쟁에 더 많이 사용되었기 때문에 콜트의 리볼버와 함께 서부영화에 단골로 등장하는 총기가 되었으며, 콜트의 리볼버 권총과 윈체스터의 레버액션 소총은 지금까지도 '서부를 정복한 총기'로 불리고 있다.

총기의 발전은 연발 사격이 가능한 반자동총에 그치지 않고 기관총으로 발전했다. '대량살상무기를 이용한 전쟁의 종식'이라는 다소 모순적이면서 현대적인 개념을 일찍이 생각했던 사람은 미국 남북전쟁 당시 의사이며 발명가였던 리차드 조던 개틀링(Richard Jordan Gatling)이었다. 의사였던 개틀링은 남북전쟁 초기부터 팔과 다리가 잘린 수많은 부상자들을 볼 수밖에 없었다. 그래서 그는 전쟁의 의지 자체를 꺾을 수 있는 대량살상무기가 필요하다는 생각으로 개틀링 기관총을 발명했다. 다수의 총열을 원형으로 붙여놓고 사수가 손잡이를 돌리면 총열이 회전하면서 빠른 속도로 총알을 퍼부을 수 있는 무기가 개틀링 기관총이다. 이전에 볼 수 없었던 아주 강력한 대량살상무기였지만, 전쟁 의지 자체를 꺾을 수준

의사이자 발명가였던 개틀링과 그가 개발한 기관총

의 대량살상무기는 아니었다. 개틀링은 순진하게도 인간의 폭력성을 너무 과소평가하는 실수를 범했다. 거기다 개틀링 기관총은 전장에서 보편적으로 사용되는 데 실패까지 한다. 당시의 화약은 연소될 때 너무 많은 매연을 발생했기 때문에, 몇 발을 쏘지 못하고 총열이 탄매(彈煤)에 막히는 고장이 빈번했기 때문이다. 그러나 20세기 중반 이후 개틀링 기관총이 부활했다. 무연화약 덕분에 총열 막힘은 더 이상 문제가 되지 않았고, 수동 대신 전기모터로 총열을 돌리는 개틀링 기관포가 널리 채택되기 시작했다. 그리고 개틀링 기관포는 다수의 총열을 채택하고 있기 때문에 총열의 냉각과 과열방지에 탁월해서 양호한 지속발사 성능도 가지고 있다. 따라서 화력의 집중투사에 적합한 화기로 인식되고 있다. 이른바 '벌컨(Vulcan)'이라 부르는 M61 20mm 대공포와 더불어 A-10 공격기와 골키퍼(Goalkeeper) 근접방어체계(CIWS)에 장착된 GAU-8 어벤저 30mm 기관포가 개틀링 기관총을 현대적으로 재해석한 기관포이다.

발명가 하이럼 맥심과 맥심 기관총

무연화약과 때를 맞춰 등장한 무기가 19세기 말에 개발된 맥심 기관총이다. 미국 태생의 발명가인 하이럼 맥심(Hiram Maxim)이 개발한 맥심 기관총은 총탄을 발사할 때 생기는 가스압의 반동력을 이용했기 때문에 탄약의 재장전을 위해서 외부의 힘이 필요하지 않았다. 그저 방아쇠만 당기고 있으면 기관총이 알아서 계속 총탄을 발사할 수 있었다. 그래서 개틀링 기관총과 달리 하나의 총열만으로도 연발 자동사격이 가능했고, 총열의 과열을 방지하기 위해서 총열의 외부에는 수냉식 냉각기까지 장착됐다. 무연화약과 결합된 맥심 기관총은 진정한 의미의 기관총일 뿐만 아니라 인류 최초의 대량살상 총기라고 할 수 있다. 그렇기 때문에 당연하게 모든 나라들이 사고 싶어하는 무기였다. 전쟁의 기운이 감도는 유럽에서 맥심 기관총을 더 잘 팔기 위해서 하이럼 맥심은 영국으로 귀화했다. 그리고 강대국들은 맥심 기관총에 영감을 받아 유사한 기관총을 개발해서 보유하기 시작했다.

기관총의 진정한 위력이 발휘된 첫 전쟁이 제1차 세계대전의 참호전이었다. 독일제국군대는 교차사격이라는 전술을 개발하여 단 2대의 기관총으로 독일군 진지로 돌격하는 수백 수천의 영국과 프랑스 연합군 병사들을 섬멸했다. 더 이상 보병만으로 전선을 돌파하는 것이 불가능한 시대가 온 것이다. 그래서 프랑스의 해안가에서부터 알프스산맥까지 참호와 요새로 아주 복잡하게 연결된 움직이지 않는 전선이 형성되었

존 브라우닝

다. 그리고 장군들은 교착상태의 전선을 돌파하기 위해서 매달 수십만 명의 젊은이들을 상대방의 기관총 진지로 돌진시켜 죽음으로 내몰았다. 그렇지만 철조망을 넘어 적진으로 돌격하는 것은 병사에게는 자살행위이며, 지휘관에게는 병사를 도살장으로 내모는 것과 다를 바가 없는 행위였다.

마침내 19세기 말에는 총기 혁신에 방점을 찍은, 총기 설계의 위대한 신이라 일컫는 존 브라우닝(John Moses Browning)이 등장했다. 총기의 개발에 관한 브라우닝의 내공은 AK47을 개발했던 소련의 미하일 칼라시니코프(Mikhail Kalashnikov) 정도만이 그 앞에 명함을 내밀 수 있을 정도로 다른 모든 총기개발자들을 압도한다. 그가 개발했던 총기들 가운데 상당수가 100년이 넘은 지금까지도 널리 사용되는 총기이며, 역사 속에 이름을 남긴 총기들도 즐비하다. 다음은 그런 총기들의 극히 일부 목록이다.

존 브라우닝이 남긴 대표적인 총기류. 좌로부터 원체스터 M1897 펌프액션 산탄총, 콜트 M1911 45구경 반자동권총, M2 브라우닝 중기관총, M1917 브라우닝 기관총

- 윈체스터 M1897 펌프액션 산탄총 : 일명 트렌치 건(Trench Gun)이라고도 불리며, 제1차세계대전의 참호전 이후 지금까지도 미국 육군에서 참호전용 총기로 사용하고 있다.[5]
- 콜트 M1911 45구경 반자동권총 : 브라우닝이 개발했던 .45 ACP탄을 사용하는 미군의 제식 반자동권총이다. 제1차 세계대전의 전쟁영웅 엘빈 요크 병장(Sergeant Alvin York)이 전공을 세운 권총으로 더 유명해졌다.
- M1917 브라우닝 기관총 : 1917년 브라우닝이 개발한 7.62mm탄을 사용하는 수냉식 기관총으로 외형은 맥심 기관총과 유사하지만 내부 작동방식은 다르다. 제2차 세계대전과 한국전쟁에서 널리 사용되었으며, 특히 미해병대의 전설적인 영웅 존 바실론(John Basilone)이 과달카날 전투에서 일본군을 격퇴하는 데 사용한 기관총으로 유명하다.

---

5 올리버 스톤 감독의 자전적 베트남전 영화 "플래툰(Platoon, 1986년작)"에서 케빈 딜런이 연기했던 버니(Bunny)가 참호전에서 트렌치건을 사용하는 장면이 나온다.

- M2 브라우닝 중기관총(Browning Machine Gun, BMG) : 이른바 캘리버(Caliber) 50이라고도 부르는 50 BMG탄을 쓰는 중기관총으로 미국 동맹군에서 100년 넘은 지금까지 사용하는 중기관총이다. 한국군이 사용하고 있는 K6 중기관총도 BMG의 파생형이다.

존 브라우닝은 그 밖에도 윈체스터 M1886 레버액션 소총, M1918 브라우닝 자동소총(BAR), M1919 30구경 기관총, 안중근 장군이 이토 히로부미를 저격할 때 사용하였던 FN M1900권총, 제1차 세계대전의 도화선이 된 사라예보 사건에서 사용된 총이어서 '1천만 명을 죽인 총'이라는 별명까지 붙은 FN M1910 권총(브라우닝 M1910) 등 수를 셀 수 없을 정도로 많은 역사적인 총기를 개발했다.

그러나 그의 유산이 단지 총기에만 있는 것은 아니다. 그가 말년에 기술적으로 도와준 총기회사가 서유럽 최대의 총기회사인 FN Herstal이다.[6] FN Herstal은 미육군의 제식화기인 M-16 및 M-4 계열 소총과

---

6 FN Herstal은 Fabrique Nationale Herstal의 약자로서 에르스탈이라는 도시에 있는 국립제작소를 의미한다. 따라서 우리 식으로 이름을 붙인다면 '에르스탈 조병창' 정도가 될 수 있다. 1889년에 벨기에 정부에 의해

FN Minimi(미군 제식명 M249) 경기관총, M60 기관총의 후계 기관총인 FN MAG(미군 제식명 M240) 7.62mm 기관총 등을 생산하는 서방권에서 가장 영향력이 있는 총기회사로 자리잡고 있다.

브라우닝 이후 총기의 개발사에 중요한 작품이라면 나치 독일군의 MG42 기관총, 칼라시니코프의 AK47과 유진 스토너(Eugene Stoner)의 AR-15 계열 돌격소총 정도에 지나지 않는다. 물론 전자광학식 조준경 등 조준 및 격발 자동화에서 많은 발전이 있어 왔지만, 돌격소총(Assault Rifle)의 등장을 제외한 대부분의 총기 개념 또는 기술은 존 브라우닝이 거의 완성했다고 봐도 무방하다.

미국의 고질병, 총기의 범람

총기문제라는 미국의 태생적 결함은 아직도 현재 진행형이다. 그것도 단순 현재 진행형이 아니라 나날이 심화되고 있는 고질병이다. 총기문제의 태생적 원인을 알기 위해서는 미국이 영국의 식민지에서 독립하는 과정까지 거슬러 올라가야 한다.

미국이나 브라질 같은 신대륙의 식민지가 독립하는 과정은 모두 식민 모국이 식민지에 의무는 과도하게 부과하면서도 그에 합당한 권리를 부여하지 않은 착취가 직접적인 원인이었다. 당연히 아메리카 식민지 인민들은 영국의 지배를 폭정으로 받아들였으며, 무력을 통해 독립을 쟁취했다. 먼저 1775년부터 영국군을 상대로 독립을 쟁취하기 위한 전쟁이 시작되었으며, 식민지의 13개 주는 1776년 7월 4일 열린 대륙회의

설립된 벨기에 조병창을 그 전신으로 출범했지만, 현재는 이름만 국립이고 실제로는 민간기업이다.

에서 독립을 선언했다. 그리고 1783년 요크타운에서 영국군의 항복을 받아내고 미국은 영국으로부터 완전히 독립할 수 있었다. 1787년 필라델피아에서 열린 제헌의회에서는 삼권분립에 기초해서 연방정부를 구성하는 성문 헌법인 미국헌법(Constitution of the United States)이 제정됐으며, 의회에서 선출된 조지 워싱턴이 1789년 4월 30일 초대 대통령으로 취임했다. 그가 대통령에 취임한 이후 2년이 지난 1791년 12월 15일 이른바 'Bill of Rights(권리장전)'라고 부르는 제1차 수정헌법 10개 조가 공표되었으며, 이들 10개조 가운데 제2조가 아직도 논란의 중심에 있는 '총기 소지의 자유'이다.

지금도 치열한 논란의 대상이 되고 있는 '총기 소지의 자유'에 관한 미국의 수정헌법 제2조는 정확하게 다음과 같이 쓰여져 있다.

- A well regulated Militia, being necessary to the security of a free State, the right of the people to keep and bear Arms, shall not be infringed.

- 잘 규율된 민병대(Militia)는 자유로운 주(State)의 안보에 필수적이므로, 무기(Arms)를 소장하고 휴대할 수 있는 인민의 권리는 침해될 수 없다.

지극히 애매모호하게 표현되어 있는데 (그럼에도 영어 표현 가운데 가장 강한 부정의 의미가 담긴 'shall not'이 있음), 사실 여기서 말하는 민병대란 식민지 치하에서 식민지에 폭정을 자행했던 영국 국왕의 상비군과 대비되는 식민지 인민들의 자발적인 참여로 구성된 일종의 의병에 해당된다. 무기 소지의 권리가 부여된 객체가 민병대인지 인민 각자인지 의견이 갈리는 상태에서, 2008년 미국의 연방대법원(SCOTUS, Supreme Court of the United States)은 인민 개개인이 무기 소지의 권리를 갖는다고 판결했다. 덕분에 총기규제정책을 이용해서 총기 범람의 문제를 해결하거나 완화하는 것은 사실상 물 건너갔다고 볼 수 있다.

수정헌법 제2조 뿐만 아니라 제1차 수정헌법에 담긴 대부분의 조항들이 영국의 폭정에 대항했던 식민지 인민의 기본권을 재확인하는 차원에서 제정되었다는 점을 고려한다면, 민병대의 필요성을 인정한 근본적인 동기는 언제 있을지 모를 영국의 재침략과 미국정부의 독재정부화를 견제하기 위해서였다. 그러나 미국이 세계적 강대국으로 등극한 남북전쟁 이후에는 외국으로부터 침략을 받을 가능성이 원천적으로 사라졌고, 미국 자체가 제국주의에 물들고 있기 때문에 무기 소지의 명분은 바로 미국정부의 폭정에 대항하는 것으로 바뀔 수밖에 없다.

인구밀도가 낮은 미국의 산간지역에는 자체적으로 민병대를 조직해서 정기적으로 훈련을 하면서 정부가 부당하게 자신들의 권리를 침해한다고 생각하면 무력으로 저항하는 것을 주저하지 않는 세력들이 아직도 산재해 있으며, 종종 테러 또는 공공기관 점거를 통해서 그들의 존재감을 과시하곤 한다. 미국의 독립정신을 상징했던 수정헌법 제2조가 시나브로 자생적 테러조직이 번성하는 단초가 된 것이다.[7] 그리고 미국이 현재 벌이고 있는 '테러와의 전쟁'의 상대가 미국의 독립정신을 상징한다는 'Bill of Rights'에서 폭정에 대항하기 위해서 싸웠던 인민들이 조직한 민병대와 비슷한 입장에 서 있다는 것은 역사적 아이러니가 아닐 수 없다. 미국 스스로가 자신들의 국가적 정체성을 부정하는 철학적 모순

---

7 미국의 가장 대표적인 자생적 테러사건은 1995년 오클라호마 연방정부 건물에 2톤 이상의 비료폭탄(보다 정확히는 ANFO라고도 불리는 Ammonium Nitrate + Fuel Oil 폭약)을 터뜨려서 168명이 죽고 680명이 부상당한 티모시 맥베이(Timothy McVeigh)가 자행한 폭탄테러사건이다. 그가 폭탄테러를 결심한 계기는 텍사스 웨이코(Waco)에 있는 사교집단에 대한 불법총기거래 혐의의 수색 및 체포영장을 집행하는 과정에서 점거농성이 벌어졌으며, 결국은 사교집단의 종교시설 전체에 화재가 발생해서 총 86명(4명의 ATF요원 포함)이 사망한 사건이 발생했다. 미국의 극단적 독립성을 추구하는 민병대 집단은 이를 연방정부의 폭정으로 규정하는 경향이 있으며, 이런 생각에 동조한 티모시 맥베이 일당이 오클라호마주에 있는 연방정부 건물에 폭탄테러를 자행했다.

에 빠지게 된 것이다. 현재의 미국의 모습이 독립전쟁 당시 그들의 조상이 맞서 싸웠던 레드코트(Red Coa)t[8]를 쏙 빼 닮았다는 것이다.

그러나 총기 문제를 구제불능의 단계로까지 악화시킨 계기는 전미총기협회(NRA, National Rifle Association)의 철학적 변절이다. 남북전쟁 당시 북군이 남군에 비해 사격 실력이 너무 형편없다는 것을 절감하고, 남북전쟁 이후 남북간의 사격 실력 격차를 따라잡기 위해 남북전쟁에 참전한 북군 장교들이 '총기의 올바른 사용'을 교육하기 위해서 NRA를 창설했다. 그래서 NRA의 원래 모토는 '총기 안전 교육, 사격 훈련, 사격을 통한 여가선용(Firearms Safety Education, Marksmanship Training, Shooting for Recreation)'이었으며, '총을 소유하는 것은 권리이지만 총을 써야 한다면 제대로 안전하게 쓰자'는 것이 목적이었기 때문에 본래의 NRA는 총기규제에 매우 적극적인 단체였다.

그러나 1960년대 미국의 베트남전 반대운동과 흑인인권운동이 달아오르고, 특히 말콤 엑스(Malcom X) 및 흑표당(Black Panther Party)처럼 흑인의 권리를 직선적이고 전투적으로 주장하는 단체가 등장하면서 미국 사회에 200년 이상 잠재해왔던 치명적 고질병이 제 모습을 드러내기 시작했다. 노예제는 독립선언문 작성 과정에서도 문제였으며, 이런 해묵은 문제를 풀기 위해서 남북전쟁이라는 참혹한 전쟁을 치르기도 했다. 그러나 미국인들의 상당수가 비록 노예제를 반대한다 할지라도 흑백이 완전히 평등하지는 않다는 생각을 가지고 있다는 사실을 미국사회가 더 이상 숨길 수 없게 되었다. 다인종 국가인 미국이 가지고 있던 인종주의적 허위의식이 임계점을 넘어 외부로 터져 나오기 시작한 것이다.

---

8 독립전쟁 당시 영국군의 군복 상의가 붉은 색이었기 때문에, 영국군을 레드코트라고 부른다.

수정헌법 2조에 따르면 흑인들도 미국정부의 폭정에 대항해서 무기를 소지할 권리가 있다. 하지만 동등한 권리를 주장하는 흑인들의 무장을 핑계로 백인 우월주의 생각을 가지고 있는 신보수주의자들이 1970년대부터 NRA를 접수했다.[9] 이후 NRA는 총기의 안전한 사용을 확산하는 단체가 아니라 총기를 통한 백인종의 배타적 권리를 옹호하는 단체로 변질되었다. 더 나아가 NRA가 미국의 인종적 간극과 반목을 증폭하는 촉매제로 작용하기 시작했다.

미국의 총기 문제는 해결될 수 있는 단계를 오래 전에 넘어섰으며, 앞으로도 더 악화될 수밖에 없다. 자생적 테러조직으로 성장하는 민병대, 알량한 백인우월주의에 위안을 삼는 (그리고 총기전시회 참가를 무슨 애국적 행위 내지 가족행사처럼 취급하는) 총기 소지 옹호자, 1차원적 반공주의와 배금주의에 물든 아시아계 이민자 그리고 그 틈새를 파고드는 네오나치 같은 전투적 극우파들이 총기를 범람시키는 한편, 총기에 맛을 들인 범죄자들도 점차 흉포해지면서 조직화되고 있다. 이도 부족해서 수십 수백 명의 사상자가 발생하는 무작위적인 총기난사사건도 해마다 심심치 않게 벌어지고 있다. 범죄와 우발적 인종갈등으로부터 자신을 보호해야 한다는 불안심리 때문에 수정헌법 2조에 집착하지 않는 일반 미국시민마저도 총기를 선택의 문제가 아니라 생존의 필수품이라고 여기게 된 것이 오늘날 미국의 실정이다. 그래서 나는 총기문제가 미국이라는 나라의 태생적 결함의 현재화임과 동시에 미국 사회의 발전이 말기적 단계로 진입했음을 보여주는 신호라고 생각한다.

---

9 NRA 내부의 신보수주의자들이 1977년 NRA 컨벤션에서 목표를 던짐으로써 NRA 수뇌부를 완전히 물갈이했다. 여태까지 교육 계몽에 주력하였던 NRA 수뇌부는 전원 축출되고 과격파들이 NRA를 장악한 것이다. 이를 오늘날의 NRA는 "신시내티 봉기(Revolt at Cincinnati)"라고 부른다.

프랑스의 기술 혁신

 군사 기술의 발전에서 프랑스의 기여는 지대하다. 단 주변에 있는 영국이나 독일과 전쟁에서 자주 졌기 때문에 프랑스의 군사력이 많은 사람들에게 강력한 인상을 주지 못할 따름이다. 그러나 영국과 독일이라는 깡패 국가를 이웃에 둔 것이 문제였지, 프랑스의 군사력은 그렇게 부실하지 않았다. 깡패 국가들에 포위된 프랑스의 이런 면은 우리의 처지와도 많이 닮았다고 할 수 있다.

 18세기 말 대혁명을 성공시킨 프랑스는 국내외 반혁명 세력의 도전에 직면했다. 갓난아이 같은 공화정을 지키기 위해서 프랑스 국민이 택할 수 있었던 유일한 대응책은 직업 군인 아닌 일반 국민으로 구성된 국민 군대로 반혁명 세력에 맞서 싸우는 것이었다. 이렇게 일반 국민 모두가 권력을 나눠 갖고 군대까지 구성하는 진정한 의미의 근대적인 국민국가가 프랑스에서 처음 탄생했다. 그렇기 때문에, 인민 각자의 무장을 중시했던 미국의 군사기술이 총기의 발전으로 이어진 반면, 프랑스의 군사 기술은 (무기 시스템을 포함하는) 군사적 시스템의 발전으로 이어졌다.

 18,19세기 수학자, 화학자, 물리학자, 공학자들이 프랑스에서 많이 배

출되었던 것처럼, 프랑스의 무기개발은 제도화된 연구기관을 통해서 배출된 사람들이 주도했다. 덕분에 현대적 무기시스템으로 발전하는 단계에서 꼭 필요했던 기술 혁신의 상당 부분이 프랑스에서 이루어졌다. 그리고 현대에도 미국과 러시아를 제외하고, 육해공 3군의 핵심적인 무기체계에 대해서 완전한 자립화에 성공한 나라는 프랑스가 유일하다는 점에서 프랑스 군사기술의 시스템적 우수성을 확인할 수 있다. 다음은 프랑스가 이룩한 혁신적 군사기술의 일부에 대한 이야기이다.

미니에 탄

미니에 탄(Minie Ball)은 프랑스 육군장교 클로드-에티엔 미니에(Claude-Etienne Minie)의 이름을 딴 전장식 라이플용 탄환이다. 미니에 탄을 개발하기까지 여러 사람들의 기술적 혁신이 있었지만, 탄을 최종적으로 완성한 사람이 미니에이기 때문에 미니에 탄이라고 부른다.

과거의 머스켓 탄들은 납구슬이었기 때문에 공역학적 성능이 나빴으며, 결과적으로 정확성과 사거리가 좋지 못했다. 이런 단점을 개선하기 위해서는 다음과 같은 여러 개선책이 필요했다.

① 프랑스에서 개발한 첫번째 개선책은 구형 대신 원추형의 탄이었다. 당연히 공역학적 성능은 개선되었지만, 탄의 무게중심이 뒤에 있고 공기저항은 탄의 앞에 집중적으로 작용했기 때문에 탄이 멀리 비행함에 따라 전도되는 문제점도 발생했다.

② 원추형탄이 전도되는 문제점을 극복하기 위한 개선책으로 탄의 뒷부분에 원주를 따라 홈을 파서 공기저항을 뒤쪽에 작용시켜서 직선운동의 안정성을 개선한 탄이 개발되었다.

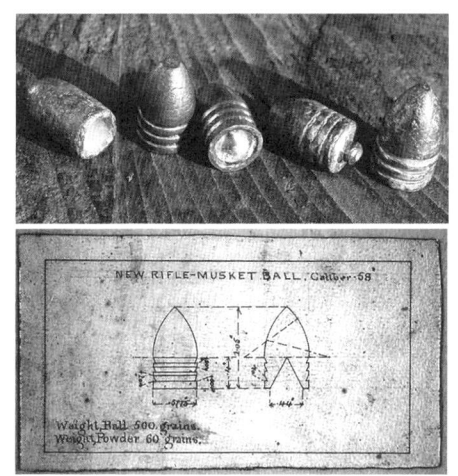

(상) 다양한 형태의 원추형 탄, (하) 성능개선을 위한 원추형 탄의 형상

③ 그리고 영국에서는 탄의 뒷면을 파서 화약의 연소로 생긴 압력을 탄으로 확장시켜서 강선에 밀착할 수 있는 방안까지 개발되었다. 또한 더욱 안정적으로 탄을 팽창시키기 위해서 탄의 뒷면 홈에 나무로 만든 쐐기까지 삽입하기도 했다.

앞에서 거론한 탄에 대한 모든 개선사항을 집대성해서, 프랑스의 미니에가 만든 원추형의 탄이 바로 미니에 탄이다. 원추형 탄의 뒷부분에는 원주방향으로 세개의 홈을 팠으며, 뒷면은 팽창하기 쉽도록 홈이 파져 있고, 마지막으로 그 홈에 금속제 고깔을 삽입했다. 미니에 탄은 격발 시 뒤쪽 오목한 부분에 삽입된 금속제 고깔이 폭압으로 확장되면서 탄의 가장자리가 강선에 밀착되게 만들어졌다. 덕분에 미니에 탄은 탄의 직경이 총열의 내경보다 작기 때문에 (1) 쉽고 빠르게 장전할 수 있다. 그리고 미니에 탄은 격발 후 탄이 확장돼서 총열에 밀착돼 가스의 누출까지 방지하기 때문에 (2) 사거리와 정확성이 획기적으로 개선되었으며, (3) 총열에 낀 탄매까지 청소할 수 있는 장점을 가지고 있었다. 결국 미니에 탄을 사용하는 전장식 라이플은 기존 활강식 머스켓과 비슷하거나 뛰어난 장전속도를 가지면서도 유효 사거리가 400야드(~365m)에 달하는 놀라운 성능을 보여주었다. 즉 장전할 때는 약간 헐거워서 쉽게 탄을 장전할 수 있지만, 발사되면서 강선에 밀착돼서 강선총의 장점을 제대로 살릴 수 있는 전장식 소총탄이 바로 미니에가 완성한 미니에 탄이다. 또한 미니에 탄은 인체에 명중되면 탄두가 깨져서 구슬형 탄환과 비교해서 압도적인 살상력까지 보여주었다.

엄청난 사거리, 정확성 그리고 살상력에서 오는 미니에 탄의 위력은 남북전쟁 초기부터 확실하게 드러났다. 그래서 활강식 머스켓 시대의 전열보병식 전투가 남북전쟁이 시작되고 얼마 되지 않아서 바로 사라졌다. 미니에 탄의 강력한 살상력 덕분에 피탄된 병사는 바로 죽으면 다행이고 살아난다면 사지 가운데 하나는 절단해야만 했다. 실제로 남북전쟁의 사망자 가운데 반수 이상이 전투 중 사망이 아니라 괴저(壞疽, gangrene)와 같은 부상후유증으로 사망했다. 그래서 부상당하거나 수술한 부위의 소독을 위한 브롬액과 같은 통칭 빨간약으로 불리는 소독제가 남북전쟁의 야전병원에 처음 등장하게 되었다.

무연화약

흑색화약은 탄의 추진제로서 많은 단점이 있다. 먼저 미연성분인 연기가 많이 발생해서 사수 또는 포수의 시야를 가리는 문제점이 있었으며, 또한 탄매가 많이 생성되어서 여러 발을 발사하면 총신 또는 포신이 막히기 일쑤였다. 개틀링 기관총이 도입 초기에 실패한 가장 큰 이유도 흑색화약에서 발생한 탄매 때문에 총신이 자주 막혔기 때문이다. 따라서 매연이 덜 발생하는 화약을 개발하는 것은 화약이 처음 등장했을 때부터 총기와 화포의 성능을 개선하는 데 가장 중요한 이슈였다.

무연화약 개발 과정에서 가장 중요한 도약은 건코튼(Guncotton)이라고도 불렸던 나이트로셀룰로즈(Nitrocellulose)의 발견이었다. 독일계 스위스 화학자 크리스티안 쇤바인(Christian Schoenbein)은 부엌에서 질산과 황산으로 실험을 하던 중 엎지른 액체를 부엌에 있던 면직물로 닦았는데, 그 면직물을 불에 말리려고 하다 폭발적으로 불이 붙는 것을 보고 나이트로셀룰로즈를 발견했다.

이후 나이트로셀룰로즈는 여러 차례의 개선을 거쳐서 다양한 형태의 화약으로 발전했다. 1884년에는 프랑스의 폴 빌레(Paul Vieille)가 Poudre B (Poudre Blanche)로 부르는 정제된 형태의 나이트로셀룰로즈 화약을 개발했는데, (무연화약이라는 의미의 이름을 가진) Poudre B가 최초의 무연화약으로 알려지고 있다. Poudre B는 기존의 흑색화약과 비교해서 (1) 연기가 아주 적게 발생하고 (2) 탄매가 적게 남으며, (3) 약 3배의 화력을 가지는 비교 불가한 우수한 성능을 보여줬다. 당연히 전장의 우열을 한번에 뒤바꿀 수 있는 엄청난 발명이었으며, 막 개발되었던 맥심 기관총과 찰떡궁합을 보이면서 이후 전쟁의 양상 자체를 근본적으로 바꿔버리게 된다.

무연화약은 당연히 아주 큰 돈이 될 수밖에 없는 상품이다. 따라서 화약업계의 큰손 알프레드 노벨은 발리스타이트(Ballistite)라는 무연화약을 1887년에 출시했으며, 영국은 코다이트(Cordite)라는 무연화약을 1889년에 개발해서 채택했다.

1897식 75mm 야포

1897년식 75mm 야포는 프랑스가 1891년부터 1896년까지 개발하고 1897년에 제식화한 세계 최초의 현대적인 야포(Field Artillery)이자 현

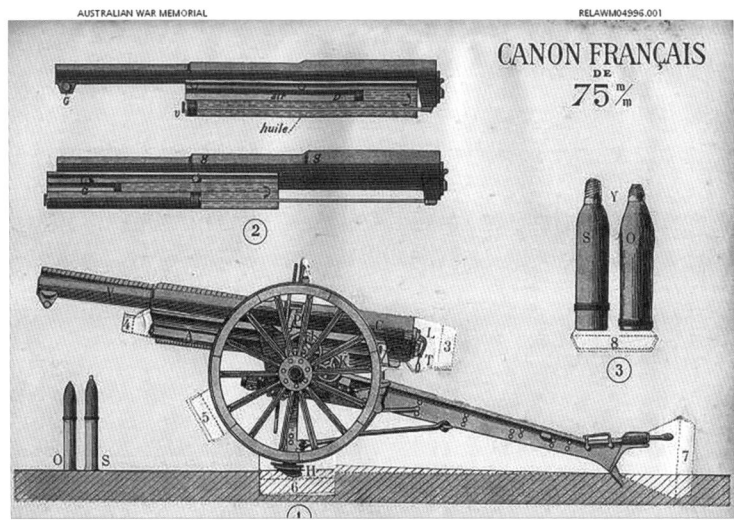

M1897 75mm 야포: (상) Australian War Museum에 전시된 M1897의 실물 사진, (하) 유압식 주퇴복좌기와 포의 작동 메커니즘을 보여주는 드로잉

대 포병의 시작이었다고 해도 좋을 무기이다. 세계 최초의 현대적인 야포라고 부르게 된 이유는 현대 야포의 핵심적 특징들이 모두 구현되었기 때문이다. 당연히 후장식(後裝式, Breech Loading) 야포였기 때문에 빠른 장전이 가능했고, 결정적으로 **세계 최초로 유기압식 주퇴복좌기(hydro-pneumatic recoil mechanism)를 장착**해서 포탄 발사시의 반동을 최

소화시켜 발사 후 표적을 새로 조준할 필요도 없었다. 그때까지의 야포는 발사시의 반동으로 야포가 뒤로 많이 밀려나서 대포의 위치 자체가 바뀌었기 때문에 목표를 다시 조준해야 했다. 그래서 잘해야 분당 2발 발사가 고작이었지만, 주퇴복좌기가 장착된 1897식 75mm 야포는 분당 10발까지 발사하는 것이 가능했다.

생산은 1897년부터 시작하여 1940년에 종료되었다고 추정되며 생산된 총 문수는 21,000문에 이른다. 다양한 파생형이 등장했는데, 기본인 야포에 전차포 모델(1917년에 개발된 생샤몽 전차에 장착), 대전차포 모델 및 대공포 모델도 등장했다. 영국군은 1915년부터 대공포 모델을 수입하여 영국제 대공포가 개발될 때까지 사용했다.

르노 FT-17 경전차

프랑스가 제1차 세계대전 막바지에 경전차로 개발한 (르노 FT 또는 F-17로 더 자주 부르는) Char Renault FT는 전차의 혁신을 불러일으킨 명전차로서 이후 거의 모든 전차의 기본형이 되었다.

르노 FT-17의 기계적 구성의 특징은 (1) 360도 회전이 가능한 포탑, (2) 포탑에 집중된 무장, (3) 포탑에 장착되는 주포는 1문 (이 부분은 레오나르도 다빈치의 전차에 대한 드로잉과 명백한 차이점을 보인다), (4) 전차장용 큐폴라 탑재 및 (5) 차체 후방에 분리된 엔진룸을 둔 것을 들 수 있다. 대부분의 무장은 포탑에 그리고 엔진은 분리된 엔진룸에 설치한 전차의 구조 덕분에 소음과 열로부터 승무원을 보호할 수 있었고, 결과적으로 원활한 의사소통, 전투 효율 제고, 정비의 편의성 및 높은 가동률이라는 실질적 전투력 향상의 효과를 만들어냈다. 비록

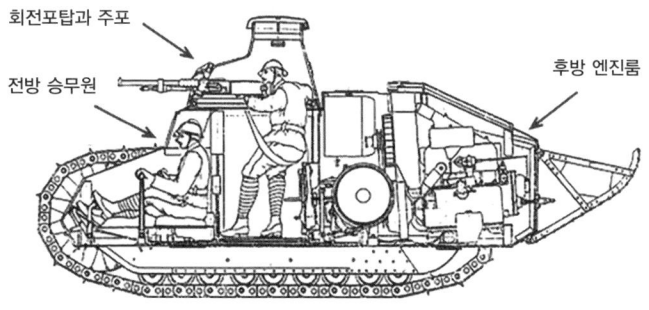

르노 FT-17 경전차: (상) 보빙톤 전차 박물관에 전시된 실물, (하) 분리된 엔진룸과 360도 회전 포탑에 핵심 기능이 집중된 전차 개념에 대한 드로잉

앙증맞은 장난감 같은 느낌이 들기는 하지만 르노 FT-17은 이후 개발된 모든 전차가 준수하는 기계적 구성요소를 완성한 명전차로 평가받고 있다.

이후 미국, 소련, 이탈리아, 일본 등 제2차 세계대전에서 서로 맞서 싸웠던 나라들이 전차의 운용과 생산을 르노 FT-17을 통해서 처음 배웠다고 한다. 대한민국의 주력 전차인 K-2 흑표 전차도 설계 당시 프랑스에서 개발한 본격 3.5세대 전차 르클레르(LeClerc)의 영향을 많이 받은 것이 결코 우연이라고 볼 수는 없다. 특히 통합전투체계와 자동장전장치를 채택해서 K-2 흑표 전차의 운용인력을 4명에서 3명으로 줄인 것은 르클레르의 직접적인 영향으로 알려져 있다.

프리츠 하버의 등장

중국의 도사(道士)들이 화약을 처음 만들었을 때, 화약의 핵심 원료는 숯가루, 황 그리고 초석 또는 염초라고 부르던 질산염이었다. 이들 원료 가운데 가장 구하기 어려웠던 재료가 질산염이었다. 공기에 풍부하게 존재하는 질소는 3중결합을 가지고 있는 아주 안정된 분자이기 때문에 질소가 고정된 액체 또는 고체 형태의 화합물을 잘 만들지 않는다. 따라서 자연계에 존재하는 질산염의 양은 매우 한정적일 수밖에 없다. 그리고 질소는 모든 생물의 성장에 절대적으로 필요한 원소이기 때문에 질산염은 화약의 원료일 뿐만 아니라 비료로서 수요가 항상 많았지만 공급이 따라주지 못했다. 그래서 조선시대에는 화약을 만들기 위해서 인분을 숙성시키면서까지[10] 초석을 얻었다. 즉, 화약이 매우 중요한 군사적 자원임에도 불구하고, 원하는 만큼 공급될 수 없는 나름 귀한 전략자원이었다. 그러나 20세기 초반 프리츠 하버(Fritz Haber, 1868~1934)가 암모니아 합성을 통해 질소 고정화에 성공함에 따라서 비료와 화약을 공업

---

[10] 즉, 인분 속 탄화수소를 발효시켜서 메탄으로 배출시키면 질산염을 농축 시킬 수 있다. 그래서 거름을 만드는 과정에도 사람 또는 가축의 분뇨를 볏짚과 함께 숙성시킨다.

적으로 생산해서 풍족하게 공급할 수 있는 세상이 열린 것이다. 하버의 발명을 통해서 인류는 식량난을 극복함과 동시에 전쟁에서 거의 무한정의 화력을 동원할 수 있게 되었다.

19세기 식량위기의 본질은 질소 격차

19세기에 질산염에 대한 전 세계적 갈구는 화약 때문이 아니라 식량부족 때문이었다. 산업혁명 이후 개선된 경제사정 덕분에 세계 인구는 급격히 증가하기 시작했으며, 당시 세계도 급격하게 늘어나는 인구를 먹여 살리려고 식량증산을 위해 부단히 노력했다. 그래서 작물도 개량하고, 관개시설도 확충했지만, 시도 때도 없이 찾아오는 식량난을 막을 수 있을 만큼의 충분한 식량을 생산할 수는 없었다. 식량 증산이 인구 증가를 도저히 따라갈 수 없을 거라는 위기론이 바로 "인구는 기하급수적으로 증가하지만, 식량은 산술급수적으로 증가한다"는 토마스 맬서스(Thomas Malthus)의 인구론이다.

19세기 세계가 경험한 식량위기는 식물의 성장에 절대적으로 필요한 고정화된 질소를 자연계의 순환을 통해서 공급하는 데 한계가 있었기 때문이다. 즉 식량생산을 위해 필요한 고정화된 질소에 대한 자연계의 공급과 인류의 수요 사이의 격차라고 할 수 있는 '질소 격차(Nitrogen Gap)'가 19세기 식량위기의 본질이라고 할 수 있다. 그렇게 산업혁명의 태동기부터 공업적 질소고정화기술이 개발된 20세기 초반까지 인류는 질소 격차에서 발생한 식량위기의 공포에 떨어야만 했고, 질소 격차를 메워줄 고정화된 질소의 공급원을 찾아서 전 세계를 뒤지고 다녔다.

질소 격차에 잠시나마 해결책이 될 수 있었던 것은 남미의 구아노

프리츠 하버 (1919년경)

(Guano)였다. 남미의 태평양 연안에는 훔볼트 해류 덕분에 형성된 풍요로운 해양생태계를 먹이로 바닷새들이 번성했다. 그래서 바닷새들의 배설물이 퇴적된 구아노 광상이 당시의 페루와 볼리비아의 해안지대와 섬들에 널리 분포하고 있었다. 구아노는 질소와 인이 풍부해서 비료로 직접 이용될 수 있었을 뿐만 아니라, 구아노에서 정제된 초석은 화약의 원료로 없어서는 안될 물질이었다. 그래서 당시 구아노의 경제적 가치는 요즘의 석유 또는 천연가스와 같은 위치라고 봐야 한다. 19세기 말에 칠레는 페루와 볼리비아의 연합군을 상대로 전쟁(1879~1883)을 일으켜서 결국 구아노가 풍부한 볼리비아와 페루 해안지대를 빼앗았다.[11] 그것이 지금의 볼리비아가 해안선이 없는 내륙국가가 된 계기이다.[12]

19세기에는 새들이 모아 논 새똥까지 파내서 식량을 생산했지만, 지속적으로 늘어나는 인구를 먹여 살리기는 쉽지 않았다. 그리고 구아노의 매장량도 바닥을 보이기 시작했다. 누군가는 인공적으로 질소를 고정할 수 있는 기술을 개발해서 질소 격차를 해소해야만 했다. 바로 그런 순간에 등장한 인물이 과학의 역사에서 가장 큰 논란의 대상인 프리츠 하버이다.

---

11 구아노(초석 포함)를 놓고 싸운 전쟁은 역사상 많이 발생했다. 그래서 19세기말 칠레가 벌린 전쟁을 많은 초석전쟁들 가운데 태평양 전쟁이라고 부른다.
12 태평양의 해안선을 되찾겠다는 의지를 지금도 불태우고 있는 볼리비아는 내륙국가임에도 불구하고 해군을 보유하고 있다. 현재 볼리비아 해군은 티티카카호수에 배치되어 있다고 한다.

'Mad Scientist'의 원형, 프리츠 하버는 누구인가?

프리츠 하버는 1868년 12월 9일 프로이센의 브레슬라우(Breslau, 지금은 폴란드의 브로츠와프)의 부유한 유대인 가정에서 태어났다. 브레슬라우에서 고등학교를 졸업하고, 화학을 공부하기 위해서 베를린으로 떠난 하버는 1891년 프리드릭 빌헬름 대학(지금의 베를린 훔볼트 대학)에서 학위를 받았다. 학위를 받는 과정에 하이델베르크, 베를린 및 취리히의 대학들에서 공부하기도 했고, 잠시나마 아버지의 화학공장에서 일하기도 했다. 비록 아버지와 사이가 나빠서 오래 일하지는 않았지만, 그때의 공학적 경험이 암모니아 합성법 개발에 도움이 됐을 것이다. 아버지의 공장을 떠난 이후, 그는 본격적으로 교편을 잡기 시작해서 1892년부터는 예나 대학(University of Jena) 그리고 1894년부터 1911년까지는 카를스루에 대학(University of Karlsruhe)에서 강의와 연구를 했다. 그리고 카를스루에 대학에서 이룩한 암모니아 합성의 업적을 인정받아, 1911년부터 (나치를 피해서 독일을 떠난) 1933년까지는 베를린의 카이저빌헬름 물리화학·전기화학연구소(Kaiser Wilhelm Institute for Physical Chemistry and Electrochemistry)에서 소장으로 재직할 수 있었다.

프리츠 하버는 과학기술이 인류에게 줄 수 있는 최고와 최악의 업적을 동시에 준 극단적 양면성의 상징과도 같은 존재이다. 그러나 프리츠 하버의 양면성은 누군가가 강요한 것이 아니라 자신이 선택한 삶의 결과이다. 그는 인류에게 생명과 죽음을 동시에 선사한 과학자일 뿐만 아니라, 국수적 민족주의의 추종자였으면서도 나치라는 또 다른 국수적 민족주의로부터 탄압을 받았다. 유대인 가정에서 태어난 그는 자의에 의해서 기독교로 개종했지만, 말년에는 시온주의자에게 의탁하는 신세가 되었다는 점에서 유대주의의 자기모순적 속성까지 담고 있다. 이런 점에서 과학과 지성이라는 것에 내재된 양면적 모순을 프리츠 하버만큼 적나라하고 극단적으로 우리에게 보여준 인물도 없다.[13]

프리츠 하버가 이룩한 가장 중요한 업적은 당연히 암모니아 합성법인 하버 공정(Haber Process)을 개발한 것이다. 이것이 인류를 식량위기에서 구했으며, 현대 화학공업의 초석이 되었다. 한편 하버가 남긴 악마적 속성은 현대적인 화학전을 고안하고 실전에 적용하는 과정에서 잘 드러난다. 그는 과학자로서 단지 염소가스와 수포작용제라는 화학무기를 개발한 것에서 멈추지 않고, 화학탄을 금지한 헤이그 협약을 피해서 화학전을 수행할 수 있는 방안과 화학무기의 효과를 극대화할 수 있는 살포방법까지 개발해서 전선에서 직접 화학전 수행까지 지휘했다. CBR 즉 화학-생물-방사능으로 대변되는 현대적 대량살상무기의 개념과 수단을 개발하고 전투의 현장에 직접 적용한 사람이 프리츠 하버이다.

제1차 세계대전 중에도 그는 화학전의 아버지라는 악명을 날렸다. 그래서 그의 아내까지 자살했다. 제1차 세계대전이 독일의 패전으로 끝났음에도 불구하고 그의 전쟁범죄는 처벌 받지 않았고 전쟁 종결 직후 그는 오히려 노벨 화학상을 수상하기까지 했다. 그 만큼 하버가 개발한 암모니아 합성법이 인류의 역사에 중요했다는 것이다.

하버 공정(Haber Process 또는 하버-보쉬 공정, Haber-Bosch Process)으로 부르는 암모니아 합성법은 현대적 화학공업의 시작으로 평

---

13 지금도 대중문화에서는 악마적 과학자의 이미지를 프리츠 하버에서 차용하곤 한다. "007 제임스본드" 영화 시리즈의 1편인 "살인번호(Dr. No)"의 주인공 악당인 Dr. No, 5편인 "007 두 번 산다 (You Only Live Twice)"에 등장하는 스펙터의 두목인 블로펠트, 그리고 마이크 마이어(Mike Myer)의 "오스틴 파워 (Austin Powers)" 시리즈의 악당인 닥터 이블(Dr. Evil) 모두 프리츠 하버의 이미지를 빌려온 캐릭터라고 할 수 있다.

가받는 공법이기 때문에, 암모니아 합성의 기본 개념은 잘 알아둘 가치가 충분하다. 암모니아 합성을 화학식으로 가장 간단하게 표시하면 아래와 같다. (잘 이해가 되지 않으면 다음 섹션으로 바로 넘어가도 좋다)

$$N_2 + 3H_2 \rightleftarrows 2NH_3 \ (\Delta H^0 = -91.8\,kJ/mol) \quad (3)$$

위의 반응은 화학평형의 관점에서 크게 두가지 특징을 가지고 있다. (1) 4몰의 반응물(질소와 수소)이 2몰의 생성물(암모니아)을 만드는 '몰수가 줄어드는 반응'이고, (2) 형성엔탈피가 -91.8 kJ/mol인 암모니아는 반응물보다 에너지 준위가 낮아졌기 때문에 형성 엔탈피의 감소분만큼 열을 배출하는 '발열반응'이다. 하버 이전에는 몰수가 줄어드는 발열반응을 통해서 화합물을 만들기 어려웠지만, 하버는 반응의 온도와 압력 그리고 촉매를 최적화해서 공업화할 수 있는 암모니아 합성법을 개발하는 데 성공했다.

암모니아 합성의 원리를 이해하기 위해서는 화학의 평형에 관한 르샤틀리에의 법칙(Le Chatelier's Principle)을 먼저 이해해야 한다.[14] 르샤틀리에의 법칙은 (1) 압력이 증가(감소)하면 몰수가 줄어드는(늘어나는) 반응 쪽으로 평형이 이동하고, (2) 온도가 올라(내려)가면 흡열반응(발열반응) 쪽으로 평형이 이동한다는 것이다. 즉, 화학반응은 원상태를 회복시키는 방향으로 평형이 이동한다는 것이다. 만약에 압력이 증가했는데 몰수가 늘어나는 반응으로 평형이 이동한다면 압력은 오히려 더 증가한다. 그러면 몰수가 또 다시 증가해서 압력이 상승적으로 증가하는 과정을 반복하기 때문에, 압력이 제어 불가능한 수준까지 상승해서 반응기

---

[14] 르샤틀리에 법칙은 열역학 제2법칙에 의해서 모든 반응은 엔트로피가 최대화되는 상태(달리 말하면, 자유에너지가최소화되는 상태)로 돌아가려 한다는 것을 현상적으로 쉽게 설명한 것과 동일하다. 따라서 어느 화학평형(심지어 핵반응)도 결코 르샤틀리에의 법칙을 거스를 수 없다.

가 폭발할 수밖에 없다. 따라서 압력이 증가하면 몰수가 줄어드는 방향으로 반응이 이동해야만 반응시스템이 평형상태에 머무를 수 있다. 온도에 대한 평형의 관계도 이와 비슷하게 설명될 수 있다. 온도가 증가(감소)하면 흡열(발열)반응 쪽으로 반응이 이동해야만 전체 반응시스템이 폭발하지 않고 평형상태에 머물 수 있다.

르샤틀리에의 평형 법칙을 이용해서 개발한 하버 공정은 암모니아의 생산 효율을 높이기 위해서 다음과 같은 특징을 갖는다.

- 200기압의 높은 압력 : 암모니아 생성이 몰수가 줄어드는 반응이므로, 압력을 높여서 암모니아의 생성에 유리한 방향으로 화학평형을 이동시킨다. 하버 공정에서는 통상 약 200기압 정도의 아주 높은 압력이 필요하다. 이것이 하버 공정이 성공할 수 있었던 가장 핵심적인 요소였다.
- 400~500℃의 높은 온도 : 암모니아 생성이 발열반응이라서 높은 온도가 평형의 관점에서는 불리하지만, 낮은 온도에서는 암모니아 생성 반응이 너무 느리기 때문에 어쩔 수 없이 온도를 높여야 한다. 하버 공정에서는 400~500℃의 온도에서 암모니아 합성반응이 진행된다. 반응온도를 너무 높이면 평형에 불리하기 때문에 촉매의 활성도를 유지할 수 있는 수준까지만 반응온도를 높였다.
- 철계 촉매 사용 : 평형의 관점에서 반응온도를 무작정 높일 수 없으므로 촉매를 이용해서 반응의 속도를 높였다. 촉매는 삼중결합으로 묶여 있는 질소분자를 촉매표면에서 활성화된 질소원자로 깨주는 결정적인 작업을 수행해야 한다. 하버 공정에서는 철광석이 부분 환원된 마그네타이트(Magnetite, Fe_3O_4)와 뷔스타

이스(Wüstite, FeO)로 구성된 촉매를 사용했다고 한다. 반응온도 400~500℃는 철계 촉매에 최적화된 온도라고 한다.
- 암모니아를 반응로에서 추출 : 반응로에서 암모니아를 신속하게 추출해서, 반응로 내부의 암모니아 농도를 낮게 유지한다. 암모니아 농도가 낮아지면 생성물인 암모니아의 농도를 회복하기 위해서 평형조건이 암모니아 생성방향으로 이동한다. 결과적으로 암모니아의 생산 효율이 높아진다.

위와 같이 구성된 암모니아 생산공정은 1910년 당시 칼 보쉬(Carl Bosch)가 근무하던 BASF에서 상업화에 성공했으며, BASF는 1913년부터 암모니아를 공업적으로 생산할 수 있는 첫 화학공장을 운영하기 시작했다. 물론 BASF의 암모니아 공장은 제1차 세계대전 당시 독일제국의 폭약 생산에 지대한 공헌을 한다.

앞에서 설명한 바와 같이 암모니아의 합성은 화석연료에서부터 출발한다. 화석연료는 수소의 원료일 뿐만 아니라 공기에서 질소를 분리하는 공기분리기와 암모니아 합성을 위한 고온 고압의 반응로를 운전하는 데 필요한 동력 생산에도 반드시 필요한 요소다. 그렇기 때문에 현재 우리가 먹는 식량에 들어 있는 질소성분은 화석연료에서 왔다고 해도 과언이 아니다. 과학자들의 추정에 따르면 현재 인체에 들어 있는 질소성분의 약 50% 정도가 하버-보쉬 공정을 통해서 고정화된 질소에서 왔다고 한다.

일단 암모니아가 있으면, 질산을 만드는 것은 훨씬 쉽다. 암모니아로부터 질산을 만들 수 있는 오스트발트 공정(Ostwald Procees)은 암모니아 합성 공정이 개발되기 8년 전에 이미 개발됐다. 그리고 질산은 양이온과 결합해서 다양한 질산염을 만들 수 있고, 이렇게 만들어진 질산염은 비료뿐만 아니라 폭약의 산화제, 식품첨가제 등 현대 사회에 꼭 필요한 화학물질로 이용된다. 암모니아 합성법이 얼마나 중요한 화학 공정이었는지, 공정의 개발자인 하버와 보쉬 모두 노벨 화학상을 수상했다. 그것도 공동 수상이 아니라 각각 다른 해에 따로 수상했다.[15]

대량살상무기의 등장

기관총의 진정한 위력이 발휘된 첫 전쟁이 제1차 세계대전이다. 단 2대의 기관총의 교차사격만으로도 돌격해오는 수백 수천의 보병을 섬멸하는 것이 가능해졌다. 더 이상 보병만으로 전선을 돌파하는 것이 불가능한 시대가 온 것이다. 제1차 세계대전의 전선이 교착됨에 따라서 전선을 돌파하기 위한 시도의 하나로서 완전히 새로운 개념의 대량살상무기가 도입된다. 그것은 화학전이었다. 화학전은 인류의 전쟁사에서 항상 있어 왔다. 그렇지만 진정한 의미의 대량살상수단으로서 화학전을 고안하고 개발해서 실전에 적용한 사람은 20세기 최고의 화학자인 프리츠 하버이다. 암모니아 합성으로 인류를 식량난이라는 종말의 공포에서 구해준 바로 그 프리츠 하버가 화학무기라는 새로운 종말의 무기를 우리에게 선사했다는 것은 인류 역사상 최고, 최악의 아이러니가 아닐 수 없다.

프리츠 하버의 화학전은 그때까지 있어 왔던 화학전보다 훨씬 발전된 과학 지식을 가지고 수행된 현대적 화학전의 원형이라고 할 수 있다. 제1차 세계대전 중에도 화학탄을 사용하는 것은 1899년 맺어진 헤이그

---

15 프리츠 하버는 1918년에 암모니아 합성의 공적으로 노벨 화학상을 수상했으며, 암모니아 합성법을 공업적으로 성공시킨 칼 보쉬는 고압화학공정의 개발에 대한 공적으로 1931년 노벨 화학상을 수상했다. 칼 보쉬의 삼촌이 전 세계 자동차공업에서 절대적 영향력을 갖고 있는 (주로 점화 및 분사시스템 생산하는) 자동차엔진 부품회사 보쉬(Bosch)를 설립한 호베흐트 보쉬(Robert Bosch)이다.

이프르에서 화학전 수행을 현장 지휘하는 하버(손가락으로 지시하는 사람이 프리츠 하버이다).

조약 때문에 국제법상 위법이었다. 그러나 1899년의 헤이그 협약은 화학탄의 사용만을 금지한 것이기 때문에, 프리츠 하버는 화학탄이 아닌 실린더의 독가스를 틀어서 확산시키는 방법으로 국제법을 우회하면서 화학전을 수행할 수 있는 방안까지 고안해냈다. 거기에 더해서 그는 독가스 살포의 살상 효과를 극대화하기 위한 과학적 꼼수까지 고안했다. 상대방이 독가스의 살포를 쉽게 눈치채지 못하도록 아주 낮은 농도의 독가스를 밤새 확산시켜서 적군을 쥐도 새도 모르게 죽일 수 있는 방법이었다.[16] 즉 치사량의 독가스를 한번에 노출시키는 것이 아니라 오랜 시간 동안 서서히 노출시켜서 상대방을 무슨 일이 벌어지는지 알지도 못한

---

16   이것을 '하버의 법칙(Haber's Rule)'이라고 한다. 10ppm의 농도에 1시간 노출되는 것과 1ppm의 농도에 10시간 노출되는 것이 동일한 독성의 효과를 나타낸다는 것이다. 하버의 법칙은 독성 가스의 위해성을 평가하는 가장 기본적인 법칙이며, 독성가스의 치사량과 노출한계치는 지금도 농도와 시간의 곱인 값으로 정의되고 있다.

2장 지옥의 서곡, 현대전의 탄생

채로 전멸시키는 작전이다.

하버는 그런 화학전 전술을 고안한 것에 그치지 않고, 제1차 세계대전 최초의 화학전 현장이었던 제2차 이프르 전투(2nd Ypres Battle, 1915년 4월 22일 ~ 5월 25일)에서는 직접 전선에 나가서 화학전의 수행을 현장 지휘했다. 이프르 전투에서 사용한 독가스는 염소가스였지만, 하버는 이후 현대적 화학무기의 효시가 되는 머스타드 가스(Mustard Gas)라는 수포작용제도 개발해서 제1차 세계대전에 광범위하게 사용하게 만들었다. 머스타드 가스는 사람을 즉사시키기 보다는 고통에 괴로워하다가 서서히 죽게 만들거나 살아나더라도 실명을 포함한 영구불구를 만들어서 평생 고통받으면서 살아가게 만드는 아주 잔혹한 무기이다. 그래서 지금도 가난한 자들의 대량살상무기로서 더러운 전쟁의 양민학살도구로 자주 사용되고 있다. 하버의 화학전 이후 독일, 프랑스, 영국 할 것 없이 전쟁의 모든 당사자들이 전선에 화학탄을 퍼붓는 것을 주저하지 않게 되었다. 양진영의 참호지대 사이에 퍼붓는 기관총탄과 포탄과 화학탄이 만들어낸 광란적 살육의 현장이 바로 제1차 세계대전의 참모습이었으며, 링컨이 시작한 총력전의 양상이 시간이 지남에 따라 훨씬 더 효율적으로 잔혹해지는 과정의 한 가운데였다.

정보전 시대의 서막

정보전은 고대부터 항상 있어 왔다. 그래서 인류가 전쟁을 시작한 이래 스파이의 중요성이 간과된 적은 단 한 번도 없다. 그러나 과학기술이 발달함에 따라서 정보를 획득하고 가공하고 생산할 수 있는 양적 질적 역량이 획기적으로 개선되면서 정보전을 수행할 수 있는 능력이 군사력의 핵심적인 부분으로 자리잡기 시작했다.

제1차 세계대전에도 마타하리 같은 인물이 유명세를 얻을 만큼 스파이가 중요했지만, 막 등장하기 시작했던 비행기를 이용한 항공 정찰을 통해서 얻은 2차원적인 전장 정보가 점점 더 큰 위력을 발휘하기 시작했다.

제2차 세계대전에서는 레이더(RADAR, RAdio Detection And Ranging)와 소나(SONAR, SOund Navigation And Ranging)라는 센서를 이용해서 수집한 적 항공기, 전함 그리고 잠수함의 위치 및 이동에 대한 준3차원적 정보가 전투의 양상을 바꿔놓기 시작하는 한편, 개념이 정립되기 시작한 컴퓨터를 활용한 정보전까지 싹트고 있었다. 디지털 컴퓨터가 제 모습을 드러내지 못했던 제2차 세계대전에서 컴퓨터의 가능성을 시험한 무대가 바로 암호 해독이었으며, 이런 새로운 전장에서 컴퓨터의 가능성을 세상에 알린 인물이 앨런 튜링(Alan Mathison Turing, 1912~1954)이다.

컴퓨터 시대의 선구자, 앨런 튜링

앨런 튜링은 컴퓨터 과학(Computer Science), 인공지능(Artificial Intelligence, AI) 그리고 수리 생물학(Mathematical Biology)이라는 수리과학분야의 개척자라고 할 수 있는 영국의 요절한 천재 수학자이며, 20세기 후반부터 과학기술의 대세로 등장한 IT(정보통신기술)와 BT(생명공학기술)의 시대를 예언한 사람이라고도 할 수 있다.

내가 앨런 튜링의 이름을 처음 들은 것은 대학교를 다니던 1980년대 초반이었다. 기계가 지능을 가지고 있는지 여부를 테스트하는 시험 방법의 하나로 튜링 테스트가 있다는 이야기를 들었다. 그리고 1980년대 후반에 잠시 운영되었던 석사장교(정식명은 예비역사관후보생)[17] 군복무 훈련을 받던 당시 인공지능을 연구하던 동기생에게 들은 것이 전부였다. IT와 BT가 과학기술분야의 대세로 떠오르던 20세기 후반만 하더라도 앨런 튜링은 대중적 인지도가 전혀 없었던 오직 소수의 전문가에만 알려진 천재적 선구자였다.

내가 기계공학 (특히 열유체공학), 고전물리학, 미적분학을 포함하는 해석학 등에 대해서는 상당한 내공을 가지고 있지만, 대수학, 전자기학, 컴퓨터과학 등에 대해서는 별로 아는 것이 없어서 튜링의 과학적 업적에 대해서는 깊이 있게 언급하지 않고자 한다. 반면 튜링이 시작했던

---

17   석사학위를 받고 (연간 1000명 정도) 시험을 통과하면 6개월 훈련만 받고 예비역 소위로 제대할 수 있는 '육개장'이라고도 불렀던 특혜 가득한 병역 프로그램으로, 정권의 고위층 자식들을 위해서 만들어진 것으로 알려져 있다. 당연히 전두환과 노태우의 아들과 사위들이 모두 육개장을 통해서 병역을 필했다.

수리생물학 분야는 내 전문 연구 분야와 직접적인 관계가 있어서 1990년대부터 튜링에 대한 상당한 정보를 접했으며, 당시에 접했던 내용을 요약한 논문을 국내 학술지에 게재했을 수준으로 비선형 역학과 관련된 그의 업적은 비교적 정확하게 꿰고 있다.

앨런 튜링 (1951년경)

케임브리지 대학교에 입학한 앨런 튜링은 가장 일반적인 컴퓨터의 개념이라고 할 수 있는 튜링 머신에 대한 논문을 발표했고, 이후 컴퓨터에 대한 깊이 있는 연구를 계속하기 위해서 '불완전성 정리(Incompleteness Theorem)'를 증명한 쿠르트 괴델(Kurt Goedel)과 훗날 디지털 컴퓨터 개발에 성공한 존 폰 노이만(John von Neumann, 1903~1957) 등과 교류할 수 있는 프린스턴대학으로 유학을 갔고, 그곳에서 박사학위를 받았다. 그러나 제2차 세계대전이 임박하자 1938년 가을 그는 영국으로 돌아와서 독일군의 암호해독을 위한 조직인 GC&CS(Government Code and Cypher School)에서 근무하기 시작했다. 한편 미국에 있던 폰 노이만은 원자탄 개발을 위한 맨해튼 프로젝트에 참가한다.

코드 브레이킹

제2차 세계대전 중 독일군이 가장 널리 사용하던 암호화기계가 그 유명한 에니그마(Enigma)라는 머신이다. 에니그마는 로터(Rotor)와 플러그보드(Plug Board)를 이용해서 통신문의 내용을 암호화한다. 26개의 알파벳에 대응하는 최소 3개의 로터가 차례로 회전하면서 입력된 철자와 다른 철자가 생성되며, 플러그보드의 와이어링으로 로터가 이미 암호화한 두 개의 철자쌍을 맞바꿀 수도 있다.

모든 암호는 결국 해독이 된다. 단지 시간이 걸릴 따름이다. 암호 통신문의 보안성을 강화하는 가장 쉬운 방법은 암호 통신문이 유효할 때까지 해독하지 못하도록 경우의 수를 늘리는 것이다. 에니그마의 초기형은 로터만으로 통신문을 암호화했다. 초기형 에니그마의 취약성을 충분히 인식하고 있던 독일은 1930년부터 플러그보드를 추가해서 암호화 세팅에 대한 경우의 수를 획기적으로 증가시켰다. 독일군은 에니그마의 보안성을 개선하기 위해서, 로터 조합과 플러그보드 와이어링 조합의 경우

나치 독일군의 에니그마 암호화 기계

의 수를 지속적으로 증가시켰다. 로터 조합의 경우의 수를 늘리기 위해서 먼저 박스에 담긴 로터의 개수(n)를 3개부터 8개까지 늘리고, 박스에서 선택할 수 있는 로터의 개수(m)도 3개부터 5개까지 늘렸다. (덕분에 로터를 선택할 수 있는 경우의 수가 nPm으로 증가했다) 또한 플러그보드의 와이어링을 6쌍

마리안 레예브스키 (1943년~1944년경)

에서 8쌍을 거쳐서 10쌍까지 증가시켜 플러그보드의 조합의 경우의 수도 늘려갔다. 제2차 세계대전의 암호전쟁은 암호화하는 측과 해독하려는 측 사이의 끊임없는 시간과의 싸움이었다.

에니그마의 해독에 가장 결정적인 기여를 한 나라는 영국이 아니라 나치 독일의 군사적 침략에 첫번째로 희생된 폴란드였다. 독일군의 침략이 임박했음을 알고 있던 폴란드는 독일을 정탐하기 위해서 에니그마를 해독하려고 노력했다. 에니그마의 작동메커니즘을 역설계하고, 일부의 메시지가 반복되는 결함을 이용해서 에니그마를 해독하는 기계를 처음 개발하는 데 성공한 팀이 폴란드의 수학자 마리안 레예브스키(Marian Rejewski)를 리더로 하는 폴란드의 암호해독팀이었다. 왜인지는 아직 확실치 않지만 레예브스키는 그의 에니그마 해독기를 폭탄을 뜻하는 폴란드 단어인 '봄바(Bomba)'라고 불렀으며, 봄바로 해독한 독일군의 통신문과 더불어 '폴란드 봄바(Polish Bomba)'에 대한 정보는 영국 및 프랑스 정부와도 공유됐다. 비록 당시의 에니그마는 3개의 로터와 6개의 와이어링을 세팅하는 비교적 경우의 수가 작은 중기형 모델이었지만, 레예브스키가 개발한 봄바

가 에니그마 해독의 기본적인 방법론을 온전히 보여주고 있었다.

폴란드를 침공할 때 사용했던 중기형 에니그마의 취약함을 충분히 인식하고 있던 독일은 1939년 에니그마를 더욱 해독하기 힘들게 개선했다. 1939년말 채택된 해군 에니그마는 5개의 로터가 담긴 박스에서 3개의 로터를 선택하고, 거기에 더해서 플러그보드의 와이어링을 10쌍까지 증가시켰다.[18] 1939년 유럽에서 전쟁이 발발하고 영국이 독일에 선전포고를 한 이후 앨런 튜링은 암호해독학교의 시설이 있는 블렛츨리 파크(Bletchlely Park)에서 상근하기 시작했으며, 에니그마 가운데 가장 중요한 해군 에니그마를 해독하는 8번 막사(Hut 8)에 배치되어 에니그마의 암호 해독에 주도적 역할을 수행했다.[19]

날마다 바뀌는 에니그마의 세팅을 가능한 빨리 찾기 위해서 튜링은 일종의 특수목적 컴퓨터를 개발한다. 암호해독기의 기본 방법론 및 단위 소자기계는 레예브스키가 개발한 봄바이다. 그래서 영국이 개발한 암호해독기를 폴란드 봄바의 이름을 빌려서 '영국 봄브(British Bombe)'라고 부른다. 병렬적으로 확장된 봄바가 튜링을 비롯한 영국의 수학자들이 고안한 암호해독 알고리즘을 수행할 수 있는 전기기계적 컴퓨팅 머신인 영국 봄브로 조합되었으며, 날마다 감청되는 독일군 통신문의 에니그마 세팅 조건을 찾는 작업을 수행했다. 지속적으로 경우의 수를 늘리는 에니그마와의 시간 싸움에 이기기 위해서 소자기계, 전기적 회로의 연결방법 그

---

18 1939년 채택된 해군 에니그마의 거의 1.6×10^{20}에 달하는 엄청나게 큰 경우의 수 때문에 (그리고 이후 에니그마들도 경우의 수를 지속적으로 증가시켰기 때문에) 독일은 제2차 세계대전이 끝나는 순간까지 에니그마가 해독되고 있다는 사실을 전혀 눈치채지 못했다고 한다. 1939년 해군 에니그마는 레예브스키가 해독했던 에니그마 보다 약 9만배의 경우의 수를 가지고 있다. 그에 따라서 암호해독에 필요한 시간도 증가할 수밖에 없다.

19 해군 에니그마가 영국의 생명줄이라고 할 수 있는 미국의 대서양보급을 차단하는 U-Boat 전단인 울프팩(Wolf Pack)에 대한 작전지시를 하달하는 암호통신문을 보냈기 때문에 해군 에니그마의 해독이 우선순위가 가장 높은 암호해독 작업이었다.

블렛츨리 파크에 있던 에니그마 해독기계인 영국 봄브

리고 수행 알고리즘이 지속적으로 개선돼야만 했을 것이다. 그리고 암호해독장치가 (비록 보편적 계산기계는 아닐지라도) 일종의 컴퓨터였다는 생각이 튜링이 암호해독에 열성을 쏟으면서 일했던 직접적인 동기였을 것이다.

 진주만을 기습 당한 이후 제2차 세계대전에 참전한 미국도 영국의 브렛츨리 파크에서 개발한 에니그마 해독기법에 바탕을 한 암호해독기계인 '미해군 봄브(US Navy Bombe)'를 개발했다. 미해군 봄브는 완전한 전자적 계산기계이기 때문에 전기기계적 계산기계였던 영국 봄브보다 훨씬 빠르게 에니그마의 로터와 플러그보드 세팅 조합을 찾아낼 수 있었다. 1943년 이후 미군과 영국군이 주로 사용한 에니그마 해독기계는 미국이 개발한 봄브들이었다고 한다.

대중매체에 넘쳐나는 튜링에 대한 전설들처럼, 튜링이 에니그마의 해독에 원맨쇼급의 절대적 기여를 했을까? 에니그마의 해독에 대한 튜링의 업적을 부정하는 것은 아니지만, 나는 에니그마 해독의 가장 큰 공적은 레예브스키에게 돌아가는 것이 정당하다고 생각한다. 에니그마 해독의 기본 전략은 레예브스키가 개발했다. 물론 이후에 블렛츨리 파크의 영국인들에 의해서 에니그마 해독 능력이 비약적으로 발전했지만, 그래도 기본 원형은 폴란드 암호해독가들의 노력의 산물이다. 또한 양적으로 가장 빠른 계산을 수행했던 암호해독기는 미해군 봄브였다. 폴란드 봄바에서 영국 봄브로 그리고 미해군 봄브로 발전한 에니그마의 해독장치의 발전은 **"양적 발전이었지 질적 발전은 아니었다"**는 레예브스키의 언급이 과학적인 관점에서 더 정확한 평가일 것이다. 영국과 서방의 매체에 의해서 레예브스키의 공적이 간과당하는 것은 영국군의 몽고메리와 브라우닝이 책임져야 할 마켓가든 작전(Operation Market Garden) 실패의 희생양이 되었던 자유폴란드군의 소사보프스키(Stanislaw Sosabowski) 장군을 떠올리게 한다. 폴란드와 같은 변경국가의 국민들이 당해왔던 차별과 희생의 한 단면이 에니그마 암호 해독에도 드러나고 있다는 점은 같은 변경국가인 우리나라의 국민들도 결코 그냥 지나쳐서는 안되는 역사의 씁쓸한 단면이다.

블렛츨리 파크에서 수행된 암호해독이 전쟁에 얼마나 큰 기여를 했을까? 상당히 큰 기여를 했다는 것은 틀림없다. 심지어 전쟁을 2년 단축시켰고 1400만 명의 목숨을 구했다는 주장까지 있을 정도이다. 이런 주장이 과장인지 아닌지는 논외로 하더라도, 제2차 세계대전 중 영국의 생명줄이었던 대서양 보급항로가 U-Boat 전단에 막대한 피해를 입고도 유지될 수 있었던 1등 공신이 에니그마 해독이었다는 것은 누구도 부인할 수 없는 사실이다. 그런 면에서 레예브스키를 포함하는 폴란드의 암호해독가들 그리고 앨런 튜링과 더불어 블렛츨리 파크에서 일했던 수많은 암호해독가들은 제2차 세계대전 승리의 숨은 1등공신 가운데 맨 앞페이지에 있을 자격이 충분하다.[20]

튜링의 우울한 퇴장

제2차 세계대전이 종전된 순간 튜링은 컴퓨터의 이론과 설계에 대한 전세계 최고의 전문가 가운데 하나였다. 그러나 종전 이후, 튜링의 진짜 컴퓨터 개발, 즉 프로그램을 수행할 수 있는 보편적 계산기계를 개발하는 연구는 영국 정부의 지원을 거의 받지 못한다. 아마 무기대여법(Lend-Lease Act)을 통해서 막대한 전쟁물자를 지원했던 미국이 그에 대한 반대급부로 영국의 암호해독에 대한 노하우를 완전히 접수하는 과정에서 영국의 컴퓨터 개발에 일정한 제약을 가했을 가능성을 부인할 수 없다. 종전 이후 블렛츨리 파크에 들이닥친 미국 정보부의 요원들이 온갖 정보를 내놓으라고 했다고 한다. 그래서 담당자가 윈스턴 처칠에게 대응방안을 문의했을 때 처칠이 "Give them what they want!(원하는 것을 줘라!)"라고 쓴 자필 메모를 보냈다고 한다. 그런 관점에서 향후 군사적 그리고 산업적으로 무한한 가치를 가지는 컴퓨터분야를 독점적으로 주도하겠다는 의도가 확실했던 미국이 튜링의 컴퓨터 개발연구를 달가워하지 않았

---

20 최근에는 앨런 튜링의 조카인 12대 튜링 준남작(Baronet) 더맛 튜링(Dermot Turing)이 그의 책과 공공 강연을 통해서 폴란드의 암호해독팀이 에니그마 해독에 결정적 돌파구를 열었다는 사실을 적극적으로 알리고 있다. 늦게 나마 앨런 튜링의 조카의 노력으로 에니그마 해독에 대해서 잘못 알려진 역사적 사실이 바로 잡히고 있는 것은 폴란드 암호해독팀과 앨런 튜링의 명예를 위해서 매우 다행스런 일이다.

을 수도 있고, 제2차 세계대전으로 재정적 파탄에 직면한 영국 정부에게 튜링의 컴퓨터 개발을 지원할 수 있는 능력 자체가 부족했을 수도 있다.

컴퓨터 연구가 큰 진전을 보지 못하는 상태에서, 그의 성정체성 문제가 붉어졌다. 동성애가 불법으로 규정된 영국을 피해서 북유럽의 동성애자 모임에서 만난 노르웨이 출신 애인과 지중해 여행을 다녀오기도 했다. 그러나 튜링과 같은 국가 전략 자산으로 볼 수 있는 인물의 일거수 일투족이 정보부의 감시망을 피할 수는 없다. 1952년에는 풍기문란죄(Labouchere Amendment)로 유죄를 선고받고 화학적 거세형을 받는다. 그리고 1954년 청산가리가 든 사과를 먹고 죽게 된다. 한 시대를 열었던 천재 수학자의 매우 비극적이고 쓸쓸한 퇴장이 아닐 수 없다.

앨런 튜링의 자살을 어떻게 볼 것인가?

앨런 튜링은 컴퓨터 말고 생물학에도 지대한 기여를 했다. 1952년에는 'The Chemical Basis of Morphogenesis(형태 생성의 화학적 토대)'라는 수리생물학과 비선형역학의 중요한 근간이 되는 논문까지 발표했다. 연소공학을 전공했던 필자는 화염 내에서 발생하는 화학반응과 확산의 불균형에서 기인하는 불안정성에 대한 연구가 주특기인데, 이런 류의 불안정성도 튜링 불안정성(Turing Instability)의 범주에 속하는 문제이다. 덕분에 필자는 1990년대 튜링이 대중적으로 널리 알려지기 이전부터 그에 대한 자료를 찾아볼 기회가 많았다. 20세기 말 튜링에 대한 자료의 전체적 뉘앙스는 지금과는 어느 정도 거리가 있었다고 보는 것이 필자의 시각이다.

1990년대에 알려진 튜링의 사인에 대해서는 크게 세 가지 설이 있다.

당시에도 가장 유력한 설은 동성애와 관련된 사회적 핍박 때문에 발생한 우울증으로 독이 든 사과를 먹고 자살했다는 것이다. 그러나 영국 정보부에 의한 타살설도 상당한 지지를 받고 있었으며, 심지어 튜링의 어머니는 그가 어려서부터 위험한 화학물질을 가지고 장난 또는 실험을 하길 즐겼기 때문에 튜링이 사고로 죽었을 것이라는 소수 의견까지 주장했다. 그러나 현재의 분위기는 동성애와 관련된 자살설에 의문을 제기하는 것 자체가 마치 동성애자의 인권을 탄압하는 행위처럼 금기시되기까지 하는 느낌을 지울 수 없다.[21] 그럼에도 불구하고 영국 정보부에 의한 타살설 또한 그냥 한 귀로 흘려버릴 수만은 없는 정황이 충분하다.

1950년대는 냉전이 시작된 시기로서 미국에서는 매카시의 빨갱이 사냥 광풍이 불던 시기였다. 영국에서는, 존 르 카레(John le Carre)의 소설에 자주 등장하는 것처럼, 튜링의 모교인 캠브리지 출신 공산주의 동조자들이 소련의 이중간첩으로 MI6에 암약하고 있었고, 맨해튼 프로젝트에 참가했던 클라우스 푹스(Klaus Fuchs)가 소련의 스파이로 드러나기도 했다. 그런 시대적 상황에서 영국 MI6가 그들 조직의 암호해독능력을 구축하는 데 핵심 역할을 수행한 튜링이 동성애인과 함께 북유럽과 지중해를 여행하는 것을 위태로운 상황으로 인식하는 것은 너무나도 당연한 것이다. 동성애인에게 유인 당해서 그가 소련으로 변절하거나 납치되는 최악의 상황이 일어나는 것을 미연에 방지하기 위해서 영국 정보부가 자살을 가장해서 그를 암살했다는 설은 단순한 음모론 이상의 타당한 정황을 가지고 있다. 단 그의 죽음에 대한 진실은 케네디 암살의 진실처럼 영원한 미스터리로 남아 있을 것이지만.

---

21 이런 방식의 성정체성에 대한 원리주의적 주장은 시온주의에 대한 합리적 비판을 반유대주의로 몰아세우는 배타적 유대주의와 닮은 점이 많다는 것이 필자의 생각이다.

오히려 나는 20세기 내내 대중적 관심을 받지 못했던 튜링이 어느 날 갑자기 아이돌급 유명세를 얻게 된 상황이 부담스럽다. 언제부터인지 암호해독과 컴퓨터의 개발에 대한 모든 이야기가 기승전튜링의 구조를 가지기 시작했다. 심지어 그가 직접적으로 기여했다는 확실한 증거가 없는 콜로서스(Colossus) 개발까지도 언급되고 있는 실정이다.[22] 미국과 유럽의 사회문화계에서 큰 힘을 가지고 있는 동성애자 그룹에 의해 튜링이 어느덧 동성애자의 권리를 위해 순교한 성인의 반열에 오른 느낌마저 든다. 그리고 영국정부가 그의 1952년 동성애 혐의를 재빠르게 사면한 것도 어쩌면 그의 암살에 연루되었다는 의혹을 지울 수 있다는 얄팍한 속셈 때문일 수도 있다. 어쨌든 지금의 앨런 튜링은 컴퓨터 과학의 선구자인 천재 수학자이자 동성애자인 튜링이다. 물론 극적 방점은 '동성애자'라는 성적 정체성에 찍혀 있는 것이지 그의 과학적 업적에 찍혀 있는 것은 아니다.

블렛츨리 파크의 또 다른 정보전의 선구자, 고든 웰치먼

블렛츨리 파크는 단지 에니그마의 암호만 해독한 시설이 아니라, 독일과 일본을 포함한 추축국의 모든 통신문을 감청·해독·분석해서 보고하는 기능을 수행한 종합적인 정보분석 시설이었다. 그리고 정보분석업무는 Hut이라고 부르는 막사마다 역할분담을 해서 수행했다. 앨런

---

[22] 독일 최고사령부에서 사용하던 로렌츠 암호생성기(Lorenz Cypher Machine)를 해독하기 위해서 개발된 콜로서스(Colossus)는 봄바라는 전기기계적 장치가 아니라 진공관을 이용해서 암호해독 연산을 수행하는 기계로서 영국 우편국(General Post Office)의 토미 플라워즈(Tommy Flowers)라는 엔지니어가 만든 계산 기계이다. 튜링이 로렌츠의 암호해독에 부분적으로 기여를 한 것은 맞지만, 그것은 콜로서스 이전의 전기기계적 로렌츠 해독기인 히스로빈슨(Heath Robinson)에 대한 기여였다. 영국 과학계의 일각에서 세계 최초의 컴퓨터였다고 주장하는 콜로서스의 개발을 이론적으로 주도했던 인물은 튜링이 아니라 맥스 뉴먼(Max Newman, 1897~1984)이라는 수학자였다.

튜링이 소속된 해군 에니그마를 해독하는 업무는 Hut 8이 맡았으며, Hut 6는 육군과 공군의 에니그마를 해독하는 역할을 수행했다. 그리고 Hut 6에서 가장 핵심적인 역할을 수행한 인물이 고든 웰치먼(Gordon Welchman)이다.

캠브리지대학의 트리니티 칼리지에서 수학을 공부한 고든 웰치먼도 상당한 내공을 가지고 있던 수학자이면서, 암호해독에서 튜링 못지 않은 업적을 이룩한 사람이다. 오히려 정보업무 일반에서 그의 역할은 튜링을 능가하고 지금도 전 세계인의 일상에 엄청난 영향을 끼치고 있다.

암호해독과 관련한 고든 웰치먼의 가장 중요한 업적은 에니그마 통신문의 서지사항, 즉 발신자와 수신자 정보, 통신 시간 등 통신문의 기본 데이터를 분석해서 독일군의 지휘체계를 완벽하게 파악했다는 것이다. 지휘명령이 흐르는 네트워크를 파악했기 때문에 지구의 주변에 떠 다니는 수없이 많은 통신문 가운데 어느 통신문을 가로채서 암호해독을 해야하는지에 대한 우선순위를 확실하게 매길 수 있었으며, 독일군의 전략적 흐름까지 예측할 수 있었다. 블렛츨리 파크에서 고든 웰치먼이 수행한 업무가 현대 사회에서 일상적으로 수행되고 있는 네트워크 감시체계의 출발점이었으며, 학문적으로는 네트워크 이론의 시작이었다.

전후 고든 웰치먼은 미국으로 이주해서 MIT에서 강의도 했지만, 가장 중요한 것은 미국 정보부를 위한 컨설팅이었다. 그가 수행한 컨설팅의 정확한 내용은 기밀사항이라서 잘 알려지지는 않았지만, 통신보안 및 통신감청과 관련된 업무였을 것으로 짐작하는 것은 결코 어렵지 않다. 즉 현재 미국 CIA와 NSA가 수행하는 전 세계를 대상으로 하는 감청망의 구축에 상당한 기여를 했을 것이라는 점이다.

지금도 우리는 그의 유산과 매일 접하고 있다. 이른바 메타데이터

(Metadata)라고 부르는 인터넷 교신 및 이동 통신의 모든 서지사항이 각국의 정보기관에 감시당하면서 각 개인의 인적 네트워크뿐만 아니라 사적인 취향까지 노출되고 있다. 우리가 취급하는 정보의 실제 내용을 볼 필요도 없이 메타데이터만으로도 한 개인의 특성에 대한 정보의 대부분을 파악할 수 있는 것이다. 또한 정보통신회사는 이른바 빅데이터(Big Data)라는 이름으로 메타데이터에서 추출된 개인 정보를 모아서 그들의 이익에 활용하고 있다. 좋게 이야기하면 인터넷 유비쿼터스 나쁘게 이야기하면 전 세계적 감시 네트워크의 밑그림을 완성한 사람이 블렛츨리 파크에서 독일군 지휘체계를 밝혀낸 고든 웰치먼이다.

종전 이후 미국으로 들어간 웰치먼의 상황은 영국에 남아 있던 튜링보다 좋았다. 그렇지만 정보기관의 진면목을 몰랐던 그의 몰락 역시 비참했다. 1982년 그는 블렛츨리 파크에서 그가 수행했던 일에 관한 책인 《The Hut Six Story》라는 책을 발간했다. 책이 나오고 얼마 지나지 않아서 그의 집 현관 앞에 FBI가 들이 닥쳤으며, 곧 그의 신원조회(Security Clearance)가 취소됐다. 그는 미국 정부를 위한 컨설팅 업무를 수행할 자격을 상실했으며 사회적으로는 기피인물로 전락했다. 그리고 3년 후 그는 아주 쓸쓸하게 사망했다.

전후 미국으로 이주한 고든 웰치먼의 삶으로부터 우리는 미국이 영국의 정보자산을 얼마나 철저하게 접수했는지를 짐작할 수 있다. 미국에게 블렛츨리 파크에서 활약했던 코드 브레이커들은 언제든지 이용하다 버릴 수 있는 장기판의 졸과 같은 존재였다. 그렇기 때문에 제2차 세계대전 이후 컴퓨터의 중심에서 멀어질 수밖에 없었던 튜링의 쓸쓸한 퇴장과 죽음에 영국 정보부와 그 뒤에 있는 진짜 배후인 미국 정보부가 개입되었을 것이라는 음모론이 결코 사라질 수 없는 것이다.

수학이 가장
강력한 무기가 되는 시대

튜링과 더불어 20세기 후반의 사회 모습을 설계하는 데 결정적 기여를 했던 수학자가 존 폰 노이만이다. 그를 통해서 수학이라는 과학적 도구가 현대전에서 두뇌싸움을 하는 가장 강력한 무기가 되었다.

20세기의 또 다른 설계자, 존 폰 노이만

오스트리아-헝가리 제국의 부다페스트에서 Neumann Janos Lajos[23]라는 이름을 가지고 태어난 폰 노이만은 20세기 과학 전반에 걸친 최고의 다재다능한 천재로 알려져 있으며, 수학, 물리학, 화학, 컴퓨터과학, 경제학 등에 수도 없이 많은 업적을 남겼다. 20세기 초반에는 헝가리 출신 유대계 과학자들의 약진이 뚜렷했는데, 보통 폰 노이만, 에드워드 텔러(Edward Teller), 유진 위그너(Eugene Wigner) 그리고 레오 실라르드(Leo Szilard) 4인방이 가장 유명하며, 거기에 더해서 항공역학을 확립했

---

23 훈족과 마자르족의 역사적 영향이 많이 남아 있는 헝가리는 우리처럼 성이 먼저 나오는 이름의 구조를 가지고 있다.

존 폰 노이만과 IAS 컴퓨터. (출처: Alan Richards/Shelby White and Leon Levy Archives Center, Institute of Advanced Study)

던 테오도르 폰 카르만(Theodore von Karman)도 영향력이 컸던 헝가리계 유대인 과학자 가운데 하나이다. 그들 가운데 호전적 반공주의자로 유명했던 에드워드 텔러 못지않게 폰 노이만도 호전적 반공주의자로 알려져 있으며, 덕분에 스탠리 큐브릭이 1964년에 만든 영화 '닥터 스트레인지러브(Dr. Strangelove)'의 호전적 광기가 있는 과학자인 스트레인지러브 박사의 원형에 해당하는 인물로 에드워드 텔러와 항상 언급되곤 한다.

존 폰 노이만은 세상의 모든 현상에 관심을 가졌고 계산하고 증명하면서 업적을 남겼다. 심지어 너무나 당연해서 증명하기 어려운 문제까지 증명하면서 아주 쉽고 단순해 보이는 현상과 행위의 깊은 곳에 숨겨져 있던 중요한 사실까지 밝혀냈다. 그런 대표적인 사례가 그의 게임이론이다. 사실 두 사람이 게임을 하는데 거기에 무슨 심오한 수학적 원리가 숨어 있다고 생각을 할지 몰라도, 그는 미니맥스정리(Minimax Theorem)를 통해서 게임이론을 창시한 사람임과 동시에 그것을 경제학에 적

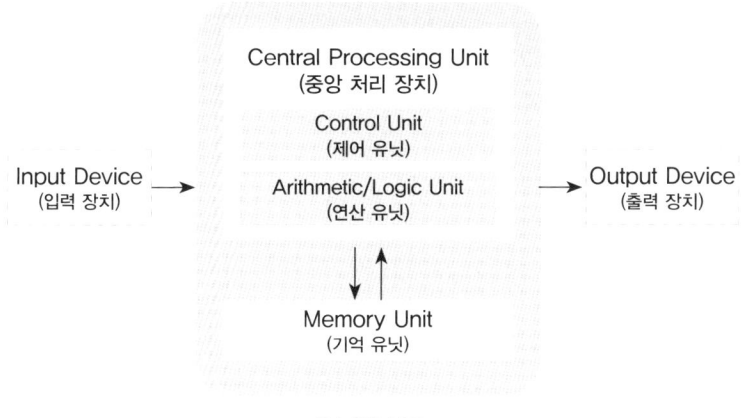

폰 노이만 구조

용하는 데 성공하기도 했다.

제2차 세계대전이 벌어진 이후에 미국정부는 당연히 그를 맨해튼 프로젝트에 불러들여 원자탄 개발에 참여시켰다. 그가 원자탄 개발에 기여한 가장 중요한 부분은 내폭(Implosion)이라는 원자탄 기폭 방법을 고안한 것이다. 그래서 폭발이라는 분야에는 ZND이론 및 von Neumann Spike라는 그의 이름이 아로새겨져 있다.[24] 그는 수소폭탄의 기폭방법도 제안했지만, 미국에서 채택한 수소폭탄의 기폭방법은 에드워드 텔러와 스타니스라프 울람이 제안한 텔러-울람 설계(Teller-Ulam Design)였다.

제2차 세계대전 종전 이후 그는 이전부터 연구하던 컴퓨터 이론을 구체화한 폰 노이만 구조(von Neumann Architecture)라는 현재 우리가

---

24 ZND이론은 폭발파인 Detonation Wave의 구조에 관한 이론으로 소련, 미국 및 독일에서 독립적으로 데토네이션의 구조를 파악한 Zel'dovich, von Neumann 그리고 Döring의 이름의 첫글자를 따서 지은 이름이다. ZND 구조에서 충격파 바로 뒤의 물리적 상태를 von Neumann spike라고 부른다.

알고 있는 디지털 컴퓨터의 구조를 완성했다. 입력과 출력장치, 제어유닛과 연산유닛으로 구성된 중앙처리장치 그리고 기억유닛을 가지고 있는 현대의 디지털 컴퓨터의 가장 보편적인 구조가 바로 폰 노이만 구조이다. 미-소간 냉전시대 당시 핵전쟁에 대한 전략연구로 유명한 RAND Corporation도 그의 수학적 이론에 바탕해서 미정부에 전략자문을 수행한 브레인차일드(Brainchild)의 하나이다.

그는 약간은 무미건조한 대부분의 과학자들과 달리 아주 화려함을 즐겼고 또한 냉소적 유머를 가지고 있는 인물로도 유명하다. 그래서 그의 게임이론을 통해서 얻어진 핵전쟁 억지 전략인 Mutually Assured Destruction(상호확증파괴)의 약자가 미쳤다는 의미의 'MAD'였으며, 그의 컴퓨터 구조론으로 로스알라모스 국립연구소(Los Alamos National Laboratories)가 개발한 컴퓨터인 Mathematical Analyzer Numerical Integrator And Computer의 약자도 미치광이라는 의미의 'MANIAC' 이었다는 것에서 우리는 그의 다크 유머를 엿볼 수 있다.[25]

그의 브레인차일드라고 할 수 있는 워싱턴DC의 전략연구소들과 월스트리트의 투자자들이 지배하는 지금의 세상에서 그의 영향력은 날마다 우리의 일상 속으로 파고 들어온다. 심지어 수학과 경영학으로 무장한 MLB 야구단의 신세대 단장 및 경영자들도 폰 노이만의 추종자라고 볼 수 있기 때문이다. 세상에 넘쳐나는 폰 노이만의 추종자들에게 야구 또는 미식축구와 같은 전략적 스포츠 경기는 폭력적 본성을 어디론가 분출해야 하는 키덜트(Kidult)들이 빠져들기 아주 좋은, 사람이 죽지 않는 전쟁놀이인 것이다.

---

25 MAD와 MANIAC이라는 약자 이름을 만든 이가 폰 노이만이라는 것이 정설로 굳어져 있다.

복잡계와 시스템 이론

폰 노이만의 브레인차일드라고 할 수 있는 전략연구소들은 좋든 싫든 복잡계(複雜係, Complex System)를 다루는 시스템 이론(System Theory)이라고 부르는 이해하기 힘든 다학제적 수학도구에 의존해서 보고서를 생산하면서 돈을 벌어들이고 있다.

복잡계란 말 그대로 복잡한 시스템이다. 복잡한 시스템이란 시간적으로 그리고 공간적으로 아주 넓은 범위에 분포된 물리적 현상들이 상호작용해서 발생하는 현상들을 포함하는 시스템을 말하는 것이며, 복잡하기 때문에 특성을 예측하는 것도 어렵다. 당연히 예측성이 좋은 결정론적 시스템은 그다지 중요한 전략적 연구대상이 될 수 없다. 한편 **미래의 상태가 현재의 초기조건에 예민한 복잡한 시스템은 비교적 짧은 시간에 예측성을 상실하는 대신, 미래 상태의 확률적 특성은 오히려 초기조건과 무관하게 보존되는 특성이 있다.** 비록 미래의 정확한 상태를 예측할 수는 없지만 확률적 가능성은 예측가능하기 때문에 그런 복잡계의 특성으로부터 전략적 이점을 찾기 위해서 전 세계의 모든 전략연구소들은 복잡계를 다룰 수 있는 고등 수학자들을 아주 많은 연봉을 주면서 고용하고 있다.

위키피디아를 검색해보면 시스템 이론(System Theory) 항목에 복잡계를 서술하는 도식 하나가 있다.[26] 그림에 도시된 복잡계의 구성요소를 보면 튜링의 절대적인 기여가 있었던 형상생성(Pattern Formation), 웰치먼이 기여했던 네트워크(Networks), 폰 노이만의 게임이론(Game The-

---

26 https://en.wikipedia.org/wiki/Complex_system#/media/File:Complex_systems_organizational_map.jpg

ory) 등이 주요 꼭지의 하나로 자리잡고 있으며, 나머지에는 일리야 프리고진(Ilya Prigogine) 같은 비선형(열)역학자들이 정립한 카오스(Chaos) 이론 등도 포함되어 있다.

즉, 현대 전략연구소들이 전략을 생산하기 위해서 비선형역학과 고등 대수학을 합쳐 놓은 수학의 최첨단 도구들을 사용한다는 것이다. 이제 수학이 고대의 그리스와 로마처럼 학문의 도구이자 군사적 도구였던 위치로 다시 돌아왔다고 볼 수 있을 것이다.

정보부를 위해서 일하는 간판 없는 수재들

튜링과 웰치먼의 말년이 불행했던 가장 큰 원인은 그들이 정보 업계의 가장 중요한 속성에 너무도 무지했기 때문이다. 정보업계에서 가장 강력한 무기는 내가 상대방의 정보를 알고 있다는 것을 모르게 만드는 것이다. 즉, 기만(Deception)이 정보기관이 추구하는 궁극의 목표이다. 그래서 제2차 세계대전 이후 영국과 미국 정부는 블렛츨리 파크에서 행해졌던 암호해독 작업에 대해서 숨길 수 있는 모든 것을 숨기려고 했다. 그렇지만, 수학자였지 정보분야의 문외한이었던 튜링과 웰치먼은 자신들의 존재를 숨기지 못했다. 그리고 자신들의 존재가 외부로 드러나는 그 순간부터 그들은 정보기관의 관점에서는 청산(Liquidation)의 대상으로 인식될 수밖에 없었다. 그래서 정보기관은 존재가 드러나지 않은 인재를 고용해서 일을 처리하는 것을 좋아한다.

미국 컴퓨터·정보통신 업계의 속설에 따르면 IT분야의 진정한 물주는 미국 CIA와 NSA라는 것이다. 그들이 전 세계의 통신 네트워크를 감청하고, 암호를 해독하고, 첩보위성으로 신호를 획득하고 처리해서 정보를 생산하기 위해서 투입하는 연구비가 CIA 예산의 가장 큰 부분을 차지한다고 한다. 당연히 007이 좋아하는 아스톤 마틴 스포츠카의 구입비는 이런 연구개발 예산과 비교하면 새발의 피조차도 될 수 없는 수준이면서, 예산집행의 우선순위에서도 한참 뒤에 밀려나 있다. 그리고 CIA에서 투자하는 정보기술에 대한 개발 예산이 있었기 때문에, 미국이 정보통신분야에서 압도적인 우위를 유지할 수 있었다.

물론 CIA가 집행하는 예산의 많은 부분이 박사학위로 치장된 고급인력들이 많은 대학, 연구소 및 기업에 투입되기도 하지만, 자신의 존재를 드러내기 싫어하는 정보기관의 속성상 그들은 간판이 없는 무명의 인재들을 고용해서 조용하게 그들의 일을 처리하는 것을 더 좋아한다. 우리는 CIA가 키워낸 이름없는 인재들의 한 단면을 CIA와 NSA의 불법적인 인터넷 감시활동을 외부에 폭로해서 유명해진 에드워드 스노든(Edward Snowden)을 통해서 일부나마 들여다 볼 수 있다. 에드워드 스노든의 학력은 고졸이다. 그것도 고등학교를 졸업한 고졸 학력이 아니라 검정고시로 얻은 고졸 학력이다. 그러나 그의 대담에서 누구나 느낄 수 있는 바와 같이 그의 지적 활동 및 경력의 수준은 정보분야의 탑클래스 교수나 개발자의 그것을 한참 넘어선다. 영화 '제로 다크 써티(Zero Dark Thirty)'에서 빈 라덴의 소재를 추적하는 요원인 마야 해리스(Maya Harris, Jessica Chastain이 연기)도 고졸의 학력을 가진 요원으로 나온다. 실제로 고졸 학력을 가진 우수한 인재들이 정보업계의 실무 현장에 많다고 한다. 그들이 자신을 드러내지 않고 충성을 다해서 묵묵히 일을 처리하기 때문이다. 그리고 그들의 학문적 전문성이 그럴 듯한 학벌로 무장한 전문가들에게 결코 뒤질 것이 없다고 한다.

영국 맨체스터대학교에 개인적으로 친한 수학과 교수 한 명이 있다.[27] 약 30여 년 전에 그의 박사과정 학생이었던 'LH'는 지금까지 내가 봤던 수도 없이 많은 박사학위 논문 가운데 비교 자체를 거부하는 엄청난 수준의 논문을 쓰고 졸업한 인물이다. (내 전공분야에서 지난 50년간 나온 박사학위논문 가운데 단연 원탑이다) 그런데 그가 박사학위논문만 쓰고, 논문을 학술지에 하나도 게재하지 않은 채, 엄청나게 많은 연봉을 주는 영국의 전략연구소로 바로 직행했다고 한다. 그 이후 LH에 대해서 이야기를 들은 사람은 아무도 없다.

그의 박사학위 논문의 주제는 열유체역학문제 가운데 가장 어렵다는 난류연소에 침투이론(Percolation Theory)을 적용한 것이었다. 침투이론은 무작위적으로 수많은 구멍(Hole)이 있는 매질(Medium)을 통해서 전자기적 정보, 화학반응에 대한 정보 또는 환경물질에 대한 정보와 같은 물리화학적 현상이 전파될 수 있는지를 다루는 수학적 이론으로 이해하면 된다. 물리화학적 정보가 무작위로 뚫린 구멍이 많은 매질을 통과할 수 있는지를 판단하기 위해서는 미시적 단계와 거시적 단계에서 물리 현상과 구멍이 상호작용하는 과정을 규명해야 한다. 즉, 침투이론이 해결하고자 하는 문제의 목표는 미시적인 관점에서는 물리적 현상이 구멍과 마주칠 때 상호작용에 의해서 구멍이 확장될지 아니면 수축될지를 먼저 알아내는 것이며, 거시적인 관점에서는 무한히 반복되는 상호작용의 결과로 물리적 정보가 전파될 수 있는 확률적 평형상태, 즉 기대값을 도출하는 것이다. LH는 난류에 의해서 부분적으로 꺼진 화염면의 구멍이 거동하는

---

[27] 과거에는 UMIST(University of Manchester Institute of Science and Technology)라는 대학이었지만, 맨체스터 대학(University of Manchester)과 통합되어 지금은 University of Manchester가 되었다. 그리고 맨체스터대학의 수학과가 튜링이 교수로 있던 학과였기 때문에 그 친구의 집무실과 연구실은 Turing building에 있다.

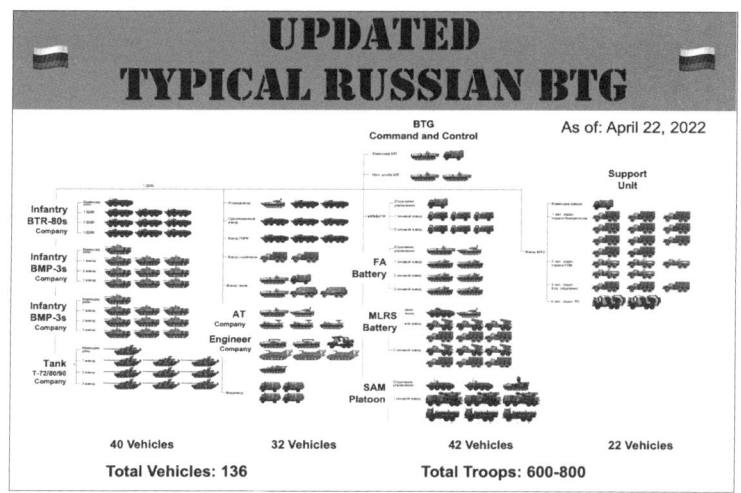

러시아군의 대대전술그룹(BTG) 구성도

미시적 모델에서부터 난류와 화염구멍 사이 상호작용의 통계적 평형을 도출하는 거시적 모델까지 침투이론의 모든 요소를 그의 박사학위논문에 성공적으로 구현했던 군계일학의 수학적 재능을 보여줬다.

2022년 벽두에 터진 러시아-우크라이나 전쟁은 침투이론의 중요성을 아주 잘 보여준다. 러시아 지상군의 주력은 10대의 전차와 40대의 보병전투차량(IFV, Infantry Fighting Vehicle)으로 무장한 대대전술그룹(BTG, Battalion Tactical Group)으로 구성된다. 그러나 러시아-우크라이나 전쟁의 결과에서 볼 수 있는 바와 같이, 대대급의 기동전력은 상부타격능력을 갖춘 대전차미사일로 무장한 우크라이나 지상군의 매복 공격을 극복하고 전선을 돌파할 수 있는 임계 전력에 못 미친다는 것이 사실로 드러났다. 만약 러시아가 미국의 BCT(Brigade Combat Team)처럼 여단급 기동부대를 운영했다면, 전선을 돌파하는 데 성공했을 가능성도 분명히 존재한다.

여기저기에서 발생하는 전투의 결과와 더불어 전투에서 입은 피해를 회복하고 보충하는 전투력 관리의 반복적 과정에 대한 통계적 기대값을 도출할 수 있는 대표적인 수학적 도구가 침투이론이다. 이런 전쟁의 결과에 대한 수학적 예측 과정을 우리는 워게임(War Game)이라고 부르기도 한다. 그리고 워게임을 통해서 우리는 전쟁의 결과를 예측하려고 노력할 뿐만 아니라 피해를 최소화하면서 승리할 수 있는 확률을 극대화하기 위한 무기체계와 더불어 연계된 전술과 전략까지 개발할 수 있다. 러시아군의 BTG가 우크라이나전선에서 처참하게 격파된 것에서 볼 수 있는 바와 같이 전쟁 수행 전략을 도출하는 무기인 수학은 이미 어떠한 무기체계보다 강력한 군사력의 필수적인 구성요소가 됐다.

침투이론과 게임이론 등을 포함하는 포괄적인 복잡계 이론에 기반한 전략 개발은 우리에게도 아주 절박한 문제이다. 북의 정권이 언제라도 내부에서 붕괴될 수 있기 때문에, 우리는 항상 준비해야 한다. 물론 우리가 먼저 북침을 감행할 필요는 없지만, 북쪽에 정치적 진공상태가 형성될 때를 대비해서 언제라도 급변 상황에 임할 상시적 준비태세는 갖춰야 한다. 그러한 급변 상황이 발발할 경우, 가장 신속하게 상황을 승리로 끝내기 위해서는 지금이라도 미시적인 관점과 거시적인 관점에서 결과적 기대값을 극대화할 수 있는 무기체계 및 전술과 전략을 지속적으로 개발해야 한다. 그런 과정을 거쳐야만 GDP 3% 이하의 국방비라는 경제적 제약조건을 만족하면서 미래의 언제 우리에게 다가올지 모르는 역사적 임무를 충실하게 대비할 수 있는 것이다.

미국과 영국의 전략연구소들은 수학 인재를 모으는 데 큰 힘을 쏟고 있는 반면, 한국의 수학과 졸업생들은 정보통신업계의 프로그래머는 고사하고 입시학원의 수학강사로 나서면 그나마 다행이다. 혹여 국방관련 연구기관에서 전략연구를 한다고 어깨에 힘을 주는 철부지들의 수학 실력은 복잡계에 대해서 나름 경쟁력 있는 내공을 갖춘 내가 보기에는 거의 일자무식에 가깝다고 할 수 있다. 우리가 배우는 수학이 진짜 수학이 아니고 단지 대학 입학을 위한 시험문제 풀기에 지나지 않았기 때문에, 수학의 진정한 가치를 이해하는 사람들이 살아남기 어려운 환경이 우리 사회의 현실이다. 거기에 더해서 수포자들이 바글바글한 정책 라인과 언론계의 전략적 무지는 공포영화를 보는 느낌마저 들게 한다. 이런 수포자들의 전략적 무지와 기회주의 때문에 CNN 같은 미국 방송사의 김정은 사망에 관한 가짜뉴스에 휘둘리는 것이며 태영호 류의 입방정에 국가 정보능력이 북쪽에 노출되는 불상사까지 발생한 것이다. 미국과 영국 같은 나라의 정보기관 관점에서 보면 이런 자들은 청산의 대상에 지나지 않는다.

다시 말하지만 정보전에서 가장 중요한 것은 '내가 알고 있다는 것을 적이 알지 못하게 하라'이다. 임진왜란 때 전사하던 이순신 장군도 말하지 않았던가 '내 죽음을 알리지 말라'고.

3장

무기의 기본은 화력이다

무기에는 여러 가지 덕목이 있다. 화력, 정확성, 기동력, 방어력, 정보력, 운용성 등이 중시되는 덕목이다. 마치 무하마드 알리처럼 위의 모든 덕목을 다 갖춘 무기가 있으면 최선이겠지만, 이 가운데 오직 하나만을 선택하라고 하면 그래도 화력 만한 덕목이 없다. 무기가 갖춰야 하는 여러 특징들이 독립적이지 않고 서로 긴밀하게 영향을 미치기 때문에 화력 하나만으로 그 무기의 좋고 나쁨을 판단할 수는 없지만 화력이 동반되지 않은 무기는 결코 무기라고 할 수가 없다. 화력이 부족한 무기라면 화력을 투사할 수 있는 다른 무기체계와 협업을 해서라도 무기로서의 존재감을 찾아야만 한다.

화력은 고폭탄과 철갑탄처럼 물리력을 제공하는 탄두의 위력과 화포나 로켓 같은 탄두 운반수단의 성능으로 결정된다. 탄두와 운반수단이 물리적 위력을 제대로 투사할 수 있어야만 무기 또는 무기 시스템이 제 역할을 다 할 수 있는 것이다. 이번 장에서는 무기의 기본이 되는 화력 투사 능력의 출발점인 폭탄과 화포와 로켓을 포함하는 운반수단의 작동원리 및 개발의 역사를 알아본다.

폭탄의 기초

화약이 발명된 지는 1,000년이 넘지만 폭발 현상을 제대로 이해하기 시작한 지는 채 100년도 안 된다. 19세기 말에는 다이너마이트와 무연화약이 산업과 군사 분야에서 널리 쓰이기 시작했지만, 폭발에 대한 과학적 지식은 광산 엔지니어와 포병 장교들의 경험을 통해서 아주 느리게 발전하고 있었다. 그러나 20세기 중반 폭발이라는 현상의 물리학적 이해를 단번에 현대의 수준으로 끌어올린 인물이 등장했으니, 그가 바로 소련의 물리화학자 야코프 보리소비치 젤도비치(Yakov Borisovich Zel'dovich, 1914~1987)이다.

폭발의 물리학의 등장

젤도비치는 폭발뿐만 아니라 폭발과 관련된 모든 주변 학문에 지대한 업적을 남긴 인물이다.[1] 그의 초기 연구주제는 연소였다. 그의 박사학

---

1 젤도비치가 기여한 분야를 일부만 들자면, 폭발, 연소, 연쇄반응, 충격파, 원자탄의 임계질량, 빅뱅과 같은 우주적 폭발현상 등 끝도 없이 나온다. 너무 많은 주제를 다뤄서 스티븐 호킹은 젤도비치가 소련의 익명의 연

젤도비치 (1950년경)

위 논문의 주제가 미세먼지의 원인 물질이기도 한 질소산화물(NOx)이 연소과정에서 생성되는 젤도비치 메커니즘(Zel'dovich Mechanism)이라는 연쇄반응 메커니즘이었다. 현재 연소공학 교과서에서 가르치는 모든 챕터의 주제에 대한 이론을 완성했으며 (그래서 모든 챕터에 등장하는 첫번째 이름이 그의 이름이며), 당연히 폭발도 그런 주제에 포함된다. 쉽게 말하면 폭발 및 연소에 관한 모든 핵심적 기초이론에는 그의 이름이 들어 있다고 생각하면 된다. 그의 20대였던 1930년대 말에 그는 이미 연소와 폭발에 대해서 압도적인 세계 1인자였기 때문에 소련의 핵폭탄 프로그램에서도 중추적인 역할을 수행했다.[2]

소련의 핵폭탄 프로그램에 참가한 이후 그는 우주에서 발생하는 폭발현상으로 관심을 돌렸으며, 빅뱅의 흔적으로 알려진 우주배경복사를 예측하는 모델이 젤도비치가 개발한 Zel'dovich-Sunyaev 모델이다. 그의 연구결과가 철의 장막을 넘어 서방에 잘 알려졌더라면, 그는 찬드라

구그룹이 논문을 발표할 때 쓰는 집단적 가명이라고 생각했다고 한다. (수학분야의 집단적 가명으로 니콜라 부르바키가 유명하다)

2 소련의 원자탄 프로그램에서 연쇄반응이론과 폭발한계이론을 통해서 핵물질의 임계조건을 계산했다. 당시 소련의 핵물리학과 폭발에 대한 물리학적 수준이 상당히 높았기 때문에, 클라우스 푹스의 맨해튼 프로젝트에 대한 정보제공이 없었어도 핵폭탄을 개발하는 데 큰 지장은 없었을 것이라고 필자는 예상하고 있다. 또한 수소폭탄의 기폭방법을 제안하기도 했다. 이후 안드레이 사하로프(Andrei Sakharov)가 소련의 수소폭탄 기폭원리를 정립한다

세카(Subrahmanyan Chandrasekhar)와 함께 1983년 노벨 물리학상을 공동 수상했을 가능성이 컸다.

전 세계의 모든 대학에서 폭발을 하나의 독립적 과목으로 가르치는 경우는 매우 드물다. 폭발의 유체역학적 특성, 특히 폭발에 항상 동반되는 충격파(Shock Wave)는 초음속 유체역학에서 가르치고, 폭발 현상의 물리적 구조와 한계 조건에 대한 부분은 연소공학에서 가르치는 것이 일반적이다. 그래서 폭발의 물리적 현상 전반에 대한 지식을 갖추고 있는 사람은 의외로 찾아보기 어렵다. 광산 및 산업 안전 같은 분야의 폭발 전문가들은 경험적 지식에 많이 의존하고 있으며, 군사분야의 폭발 전문가는 유체역학에서 출발한 전문가들이 많은 편이다. 이런 상황은 국내라고 다를 것이 없어서, 방산기업과 연구기관에서도 폭발현상에 대한 균형 잡힌 기초가 있는 전문가들이 매우 드문 것이 현실이다.

연소공학을 전공한 필자는 폭발에 대해서 폭넓은 지식을 전수받을 기회가 있었다. 캐나다의 맥길대학(McGill University)에서 1960년대부터 폭발 분야를 전문적으로 연구하고 강의한 존 리(John H.S. Lee, 중국명 李克山) 교수로부터 한 학기 동안 폭발에 대한 특별 강의를 들을 기회가 있었다. 그가 1990년대 초반 필자의 박사과정 모교인 UCSD(University of California at San Diego)에서 안식년을 보내기 위해 방문했을 때, 사람들의 강력한 요청으로 폭발에 대한 특별강좌를 개설했다. 존 리교수는 1956년에 맥길대학에 입학했고, 1965년부터 기계공학과 교수로 재직하고 있었기 때문에, 1960년대 맥길대학의 교수였던 슈퍼건(Supergun)의 주창자 제럴드 불과도 상당한 만남이 있었을 것으로 추측할 수 있다.

존 리 교수는 한국과도 제법 인연이 있어서, 에너지 시설에서 발생하는 폭발사고 문제를 자문하기 위해서 몇 년에 한번씩 한국을 방문하기도 한다. 또한 그가 배출한 박사들 가운데 한 명은 북핵 프로그램에 관련되기도 한 매우 특이한 인연도 있다. 2003년 북핵 프로그램에 참가했던 경원하 박사가 호주로 망명했는데 그가 존 리 교수가 초기에 배출한 박사 가운데 한 명이다. 존 리 교수 말에 따르면 경원하는 이북이 고향으로 월남한 이후 브라질을 거쳐서 캐나다로 이주해서 자신으로부터 박사학위를 받았다고 한다. 그는 박사학위를 받고 캐나다에서 취직을 했지만 북한의 고향을 그리워해서 몇 번 방문했다가 1970년대 중반쯤 아예 북으로 이주했다고 한다. 경원하가 북에서 호주로 망명했을 때, 그가 기계공학과를 졸업했기 때문에 북핵 프로그램에 참가하지 않았을 것이라는 마니아들의 댓글이 인터넷기사에 달리기도 했지만, 경원하의 박사학위 논문 주제가 구형 내폭파(Spherical Implosive Wave)의 안정성이기 때문에 북핵의 기폭장치 개발에 참가했을 가능성은 충분하다. 그가 북핵 프로그램에 기여한 정도를 정확히 판단하기는 힘들지만, 북쪽 정보부의 감시를 피해 호주로 망명까지 할 수 있었다는 점을 고려한다면, 북핵 프로그램에서 그의 기술적 기여도가 매우 한정적이었거나 이미 그의 이용가치가 사라졌을 가능성도 제법 있다.

고폭약과 저폭약

폭약은 크게 고폭약(High Explosive)과 저폭약(Low Explosive)으로 나뉜다. 그렇다고 고폭약과 저폭약이 화학적으로 다른 물질은 아니고 거의 동일한 물질이다. 다만 화약을 연소시키는 속도에서 큰 차이가 있기 때문에 폭약을 연소시킨 이후의 물리적 결과에서 질적으로 큰 차이가 날 따름이다.

폭약의 연소도 다른 연소현상과 마찬가지로 연료와 산화제가 만나서 안정적인 화합물을 만드는 과정이어서, 연소 전후의 형성 엔탈피의 차이에 해당하는 만큼의 연소열을 발생시킨다. 이때 연료와 산화제가 아주 작은 크기까지 잘 섞여 있으면[3], 연료와 산화제가 섞여 있는 매질을 통해서 화학반응이 일어나는 아주 얇은 면이 전파될 수 있다. 화학반응이 일어나는 얇은 면을 화염면(火炎面)이라고 한다. 그리고 화염의 전파와 동반된 압력파의 전파가 우리가 폭약을 연소해서 얻고자 하는 물리적 결과이다. 그러나 연료와 산화제가 골고루 혼합되어 있지 않으면, 화학반응의 속도가 확산에 의한 연료와 산화제의 혼합 속도에 제약을 받기 때문에 화학반응이 전파되지 못하고 확산에 의해서 연료와 산화제가 혼합되는 면에서 아주 느리게 화학반응이 일어난다. 그리고 화염면이 전파하지 않기 때문에 압력파도 발생하지 않는다. 따라서 연료와 산화제가 분자적 수준에서 결합된 것이 아니라면, 연료와 산화제를 충분히 고르게 혼합하는 것이 폭약 제조의 첫번째 조건이다. 그래야 폭약으로서 제 기능을 할 수 있다.

연소 속도에 따라서, 폭약의 연소는 폭굉(爆轟, Detonation, 이후 데토네이션으로 부르겠음)과 폭연(爆燃, Deflagration)으로 구분한다. 데토네이션은 화학반응의 전파에 앞서서 충격파가 전파되는 연소 현상이다. 폭약에 충분한 점화에너지가 전달되면 충격파가 발생할 수 있다. 만약에 충격파가 충분히 강력해서 충격파 후류의 온도와 압력이 20기압과 1500°C 수준 이상의 고온고압이라면 화학반응이 음속의 5~7배 정도에 달하는

---

[3] 연료와 산화제가 분자단계까지 섞여있으면 가장 좋지만, 대체로 10~50㎛ 이하의 수준까지 비교적 균일하게 섞여 있기만 해도 화학반응이 전파될 수 있다.

속도로 전파되는 충격파를 쫓아갈 수 있다. 이런 폭약의 연소구조를 데 토네이션이라고 한다. 데토네이션의 핵심적인 물리적 특성은 ⑴ 음속의 5~7배에 해당하는 약 2~10km/s의 데토네이션 구조의 빠른 전파속도[4]와 ⑵ 약 20~25배 정도에 해당하는 데토네이션 전후의 압력 상승이다. 아직 구체적인 물리적 원인이 규명된 것은 아니지만, 데토네이션의 전파속도는 Chapman-Jouguet 조건(C-J 조건이라고도 표기됨)에 해당하는 속도를 가지고 전파한다. 따라서 데토네이션의 전파속도, 압력비 및 온도비 등은 폭약의 화학적 반응속도를 고려하지 않고 열역학적 물성치에서 바로 계산할 수 있다.

폭약에 강력한 점화에너지를 더하지 못하면, 충격파가 발생하지 않기 때문에 폭약이 설치된 상온상압조건에 대응하는 느린 화학반응이 폭약을 통해서 전파된다. 상온 상태의 대기압 조건에서 화염은 수 cm/s에서 수 m/s 정도의 아주 느린 속도로 전파되기 때문에 화염전파가 충격파를 생성할 수는 없다. 단 폭연의 결과로 주변 압력대비 최대 5~8배 정도의 압력파가 발생하는데, 이런 압력파는 전적으로 연소에 의한 온도 상승의 결과이다. 그리고 연소열로 생성된 압력파는 화염보다 빨리 음속으로 전파된다. 그러나 폭연도 전파속도를 수백 m/s까지 높일 수 있는데, 이는 화학반응의 속도가 증가했기 때문이 아니라 화학반응이 일어나는 면이 난류에 의해서 마치 프랙털(Fractal)의 구조처럼 무수히 반복되는 미세구조를 통해서 수십 수백 수천 배로 화염면을 늘릴 수 있기 때문이다. 폭연의 이러한 특성을 이용해서 개발된 폭탄이 최근에 군사분야에서 커다란 관심을 끌고있는 열압탄(熱壓彈, Thermo-Baric

---

[4] 기체에서 발생하는 데토네이션은 약 2km/s 정도의 전파속도를 가지고, 액체와 고체에서 발생하는 데토네이션의 전파속도는 최고 10km/s까지 될 수 있다. 따라서 폭약의 데토네이션 속도는 2km/s 보다는 훨씬 크다

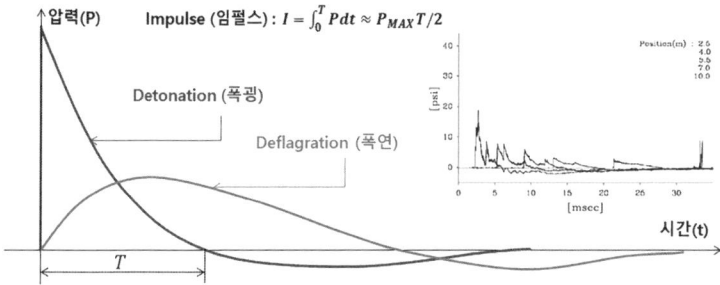

데토네이션(폭굉)과 데플러그레이션(폭연)에서 발생되는 압력파: 우상단에 삽입된 그래프는 필자가 측정한 데토네이션의 압력파

Ordnance)이다. (열압탄에 대한 부분은 뒤의 'MOAB vs FOAB' 섹션에서 구체적으로 다룬다)

고폭약이란 데토네이션의 구조를 가지고 연소되는 폭약을 말한다. 데토네이션 구조 덕분에 압력이 아주 빨리 그리고 높게 상승되기 때문에 파괴력을 극대화할 수 있다. 따라서 폭탄의 작약(炸藥)이 바로 고폭약에 해당한다. 그러나 고폭탄으로 포탄 또는 총탄을 추진하는 것은 매우 위험하다. 아주 높은 압력과 더불어 충격파가 발생하기 때문에 총포의 약실과 포신(또는 총신)을 손상시킬 수 있다. 따라서 총포의 추진을 위한 장약(裝藥)은 저폭약에 해당한다. 물론 고폭약과 저폭약은 화학적으로 동일할 수 있으므로, 폭약의 쓰임새에 따라서 적절한 점화조건을 맞춰줘야 한다. 고폭약에서는 강력한 점화에너지를 얻기 위해서 프라이머(Primer), 부스터(Booster) 등의 다단계 점화용 화약을 사용하거나 충분히 강력한 전기적 펄스를 작용시켜야 한다. 한편 저폭약에서는 커다란 점화에너지가 필요하지 않기 때문에 프라이머만으로도 점화가 가능하다. 최근에는 포탄의 추진제로 둔감장약을 사용하기 시작하면서, 활성화에너지가 높은 둔감 장약을 점화하기 위해서 부스터를 두기도 한다. 하

지만 데토네이션을 점화할 만큼의 에너지를 방출하지 않게 부스터를 설계해야 한다.

폭발의 물리적 결과로 폭압(Blast)이 발생한다. 앞의 그림은 폭굉과 폭연으로 발생한 폭압의 일반적인 형태를 보여준다. 폭굉의 경우, 데토네이션 선단의 충격파 덕분에 폭압이 급격히 상승했다가 서서히 감소한다. 이와 같은 폭굉이 유발한 폭압파(Blast Wave)의 특성은 그림의 우측에 삽입한 필자가 시험했던 폭압의 측정자료에서도 확인할 수 있다. 한편 폭연의 경우 충격파가 존재하지 않기 때문에 연소열에 의한 가스의 팽창으로 발생한 압력파의 점진적 증가와 감소가 관찰된다.

폭압과 더불어 폭발의 위력을 측정하는 다른 중요한 물리적 인자가 임펄스(Impulse)이다. 임펄스(I)는 폭압과 시간의 적분으로 정의된다. 폭약의 에너지가 동일하면, 연소의 형태가 폭굉이든 폭연이든 상관없이 임펄스가 거의 비슷한 값을 가진다. 즉, 폭굉은 폭압이 높은 대신, 폭연은 지속시간이 더 길기 때문이다. 폭발에 의한 피해는 피해 대상에 따라서 폭압에 의해 결정되거나 임펄스에 의해 결정될 수 있다. 즉 폭압이 폭발의 위력을 결정하는 유일한 물리적 인자가 아니라는 것이다.

폭탄이 위력을 발휘하는 메커니즘

폭탄을 터뜨리는 목적은 목표물에 물리적 피해를 입히기 위함이다. 목표에 커다란 피해를 입히기 위해서 단지 더 큰 폭탄을 터뜨리는 것은 매우 비효율적이다. 폭발의 물리적 위력을 효율적으로 이용하기 위해서는 목표의 크고 작음 그리고 무르고 단단함에 따라서 적절한 물리력을 가해야 한다.

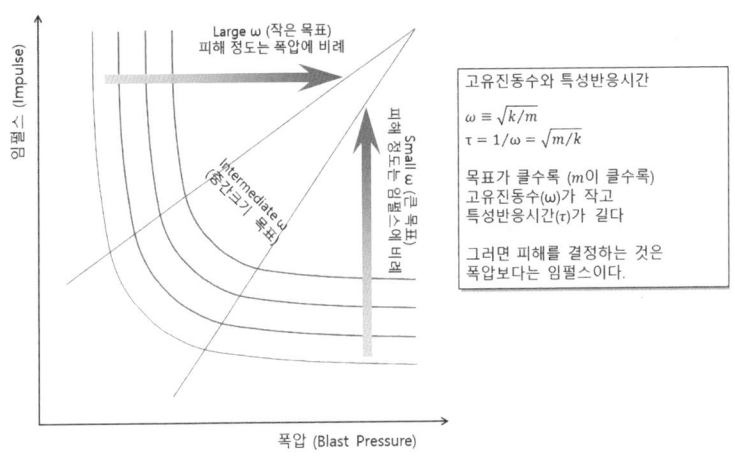

폭압파(Blast Wave)로 목표에 피해를 가하는 메커니즘

모든 물리적 현상이 결과를 만들려면, 시간이 필요하다. 폭탄도 위력을 발휘하기 위해서는 목표의 특성반응시간에 맞춰서 물리력을 작용해야 한다. 목표의 특성반응시간(τ)은 목표의 크기를 대표하는 질량(m)과 탄력의 정도를 대표하는 탄성계수(k)를 이용해서 목표의 특성진동수(ω)로 위 그림 속에 있는 수식과 같이 표시될 수 있다. 즉, 질량이 많이 나가고 탄성이 낮은 목표는 고유진동수가 낮아서 반응시간이 길고, 질량이 작고 탄성이 높은 목표는 고유진동수가 높아서 반응시간이 짧다. 그리고 목표의 특성반응시간에 따라서 목표에 효과적인 피해를 주는 방법이 다르다.

크기가 작은 목표는 특성반응시간도 짧다. 작은 목표물에 대해서는 폭압의 지속시간에 크게 상관없이 충분히 강한 폭압을 작용시킬 수 있으면 큰 피해를 입힐 수 있다. 즉 작은 목표에 대한 피해 정도는 폭발의 임펄스(즉, 지속시간)와 무관하게 폭압으로 결정된다. 그러나 크기가 매우 큰 목표는 특성반응시간이 아주 길기 때문에, 폭압이 충분히 오랫동안 작용해야만 목표물에 피해를 발생시킬 수 있다. 결과적으로 큰 목표의 피해 정도는 폭압에 무관하게 폭발의 임펄스로 결정된다.

목표의 특성반응시간과 피해 정도의 관계를 가장 잘 이용한 사례가 천안함 사건을 통해서 우리에게도 아주 익숙해진 이른바 '버블제트(Bubble Jet)'라고도 부르는 어뢰의 선저(船底) 폭발이다[5]. 어뢰가 충분히 큰 선박의 선체를 직격한다면, 직격된 부분을 관통할 수는 있겠지만 선박 자체를 침몰시킬 수 있는 커다란 파괴를 보장하지는 않는다. 따라서 선박에 더욱 큰 피해를 입히기 위해서 어뢰 폭발의 물리력이 선체에 작용하는 시간을 늘릴 수 있도록 선체를 직격하지 않고 선체의 밑에서 어뢰를 폭발시키는 공격방식이 제2차 세계대전 당시 독일군에 의해서 개발됐다고 한다. 어뢰가 선체 아래에서 폭발하면 폭약의 폭발로 발생한 연소가스에 의해 매우 큰 기포(Bubble)가 형성된다. 비록 기포 내부의 압력이 직격했을 때의 폭압보다는 작지만, 선체의 넓은 면적에 걸쳐 더 오랫동안 선체를 꺾는 힘으로 작용될 수 있다. 즉 지렛대의 원리를 이용해서 작은 압력으로 큰 힘을 오래 지속시키는 것이다. 그리고 일단 팽창했던 기포가 수압으로 수축하면 이제는 선체를 반대방향으로 꺾는 힘이 작용한다. 이와 같이 선체를 반복적으로 꺾어 줌으로써 폭발로 발생한 임펄스를 선체를 두 동강내는 전단력으로 최대한 활용할 수 있다. 어뢰, 기뢰 및 폭뢰를 포함하는 수중 폭탄의 버블제트 효과는 폭발의 피해 메커니즘의 물리적 원리를 현명하게 활용한 좋은 사례이다.

한편 목표에 직격한 폭탄이 목표를 관통하는 위력을 발휘하기 위해

---

[5] 일부 사람들이 혼동하는 것과 달리, 버블제트라는 무기는 없다. 버블제트는 어뢰, 기뢰, 폭뢰의 수중 폭발로 생긴 커다란 기포를 이용해서 폭압의 작용시간을 늘리는 방법을 가리키는 용어에 지나지 않는다.

서는 오히려 특성반응시간을 줄이는 방향으로 폭발력을 매우 작은 면적에 모아야 한다. 전차의 운동에너지탄 또는 성형작약탄은 폭발의 위력을 매우 좁은 곳으로 집중시켜서 (즉, 목표의 특성반응시간을 줄여서) 목표의 매우 좁은 지역을 힘으로 직접 관통하는 것이다. 즉, 목표의 구조물 전체에 피해를 입히는 것이 아니라 피해를 매우 좁은 지역에 집중시켜서 폭압의 작용 효율을 극대화하는 것이 전차의 운동에너지탄 및 성형작약탄의 원리이다. 한편 전차의 반응장갑(Reactive Armor)은 반응장갑의 폭압을 이용해서 피해가 작용하는 면적을 확산시켜서 탄두의 작용 효율을 떨어뜨리는 방어 메커니즘이라고 할 수 있다.

화력의 끝판왕, 핵폭탄

핵분열 폭탄을 만들기 위해서 착수된 맨해튼 프로젝트(Manhattan Project)는 인류의 역사상 유례를 찾아볼 수 없는 초대형 연구개발사업이자 무기개발사업이었다. 제2차 세계대전을 한 번에 끝낼 수 있는 원자폭탄을 만들기 위해서 미국 정부는 유럽과 태평양에서 동시에 전쟁을 수행하는 상황에서도 거의 무제한의 인적 물적 자원 동원을 감수하는 지원을 아끼지 않았다. 맨해튼 프로젝트는 미국 전역에서 전력을 끌어오고, 핵분열물질 농축시설을 건설하고, 수만 명의 과학자들이 모여서 일할 수 있는 연구소들을 설립했다. 다음 쪽 그림에 있는 인물들은 핵폭발장치의 개발을 맡았던 로스알라모스(Los Alamos) 연구팀의 수장이었던 로버트 오펜하이머(Robert Oppenheimer)와 프로젝트의 감독관이었던 레슬리 그로브스(Leslie Groves) 장군, 그리고 연쇄핵분열반응의 이론을 제공한 엔리코 페르미(Enrico Fermi)이다.

맨해탄 프로젝트의 주역 : (상) 로버트 오펜하이머, (중) 레슬리 그로브스, (하) 엔리코 페르미

미국 재무부 금고의 열쇠를 받아놓고 수행한 프로젝트라는 농담까지 있을 정도였다. 핵분열물질인 우라늄-235(U^{235})를 농축하기 위해서 1만3천 톤 상당의 은으로 만든 전자석이 들어간 핵분열물질의 농축시설을 지었다.[6] 그런데 충분한 농축 효율을 얻지 못했기 때문에, 가스확산과 열확산을 이용한 새로운 농축시설을 추가로 건설했다. 초대형 농축공장을 새로 지어야만 했던 실패를 경험하고서도, 맨해튼 프로젝트는 프로젝트 착수 3년 만에 프로젝트의 최종 결과물이라고 할 수 있는 원자폭탄을 완성할 수 있었다. 요즈음에는 상상할 수조차 없는 규모의 사업이자 속도전이었다. 전쟁이 과학기술의 발전을 얼마나 가속시킬 수 있는지를 보여주는 대표적인 사례가 맨해튼 프로젝트이다.

많은 연구조직이 맨해튼 프로젝트에 참가했지만, 프로젝트는 핵분열 물질을 생산하는 분야와 핵폭발 장치를

---

6 요즘 은값이 1kg당 100만원 정도이다. 따라서 전자석을 만들기 위해서 들어간 은값만으로 13조원이 들어갔다.

개발하는 분야 중심으로 수행되었다. 시카고대학 스쿼시코트에 설치한 시카고 파일(Chicago Pile)이라고 불렀던 흑연반응로(후에 아르곤(Argonne)으로 이전)와 플루토늄-239(Pu^{239})를 생산했던 워싱턴주의 핸포드(Hanford) 핵연료 재처리 시설 그리고 테네시주 오크리지(Oakridge)에 건설한 우라늄 농축시설을 통해서 핵폭탄을 만들 수 있을 정도로 정제된 핵분열물질이 생산됐다. 그리고 뉴멕시코주의 로스알라모스(Los Alamos)로 데려온 정상급 과학자들로 구성된 연구팀이 핵폭발 장치의 개발을 담당했다.

핵분열물질의 생산은 한마디로 시간과 돈을 상대로 하는 싸움이었다. 덕분에 핵분열물질의 생산이 원자폭탄 개발의 실질적인 병목이었으며, 지금도 핵물질 확보가 핵폭탄 개발의 가장 어려운 과정으로 남아 있다. 우라늄-235의 농축이 특히 어려웠다.

해럴드 유리와 우라늄 농축설비, 가스확산장치, 가스확산 농축시설 K-25, 열확산 농축시설 S-50. (위로부터)

우라늄에 0.7% 정도 포함된 U^{235}를 오직 1/79 정도 무거운 U^{238}과 분리하기 위해서는 수없이 많은 단계의 효율 낮은 농축 과정을 반복해야 한다. 약 1/79 정도 가벼운 U^{235}는 (1) 전자기력을 가하거나 (2) 온도구배를 인가하고 UF_6 가스로 확산을 시킬 때, (질량비의 제곱근에 해당하는 선택성을 얻을 수 있기 때문에) U^{238}보다 약 0.5% 정도의 빠른 속도로 움직일 수 있다. 따라서 분자적 이동속도에 대한 차별성이 아주 낮은 U^{235}의 농축 효율은 낮을 수밖에 없다. U^{235}의 농축 과정에서 단계마다 약 1% 정도 농축도를 높일 수 있다고 가정한다면, 거의 500단계의 농축과정을 반복해야만 폭탄을 만들 수 있는 90% 이상의 농도를 갖는 U^{235}를 생산할 수 있다. 또한 저농도에서는 처리해야 하는 우라늄의 양이 너무 많기 때문에, (우라늄 농축은 피라미드를 쌓는 것처럼) 수%까지 U^{235}의 농도를 올리는 농축 초기단계가 특히 시간과 돈을 많이 잡아먹었다. 따라서 농축 우라늄의 생산성을 높일 수 있는 유일한 방법은 농축 시설의 규모를 키우는 것밖에 없었다. 전자기력을 이용한 농축시설을 먼저 건설했지만 충분한 생산성을 확보하는 데 실패했기 때문에, U^{235}의 생산량을 높이기 위해서 해럴드 유리(Harold Urey)가 주도해서 개발한 가스확산법 및 열확산법을 이용한 농축시설들이 추가로 건설되었다.[7] K-25라는 암호명으로 부르던 가스확산 농축시설은 한 동안 전 세계에서 가장 큰 건물이었으며, 오크리지의 농축시설이 당시 미국 전체에서 생산된 전력의 1/7을 사용했다는 도시전설도 있다. 이들 세 개의 우라

---

[7] 가스확산법과 열확산법으로 우라늄235의 농축을 주도한 사람이 중수소 발견으로 노벨화학상을 받은 해럴드 유리이다. 열확산 현상은 TV가 설치된 벽면에 공기보다 무거운 먼지가 온도가 낮은 벽면에 많이 달라붙는 현상과 같은 물리적 현상이다. 해럴드 유리는 (1) 중수소발견, (2) 우라늄-235 농축, (3) 안정동위원소를 이용한 지질학적 분석(현재 지질학, 자원개발, 기후변화연구, 생명공학 등에 핵심적인 분석기술임) 그리고 (4) 원시대기에서 유기물(아미노산)의 생성 기원을 밝힌 밀러–유리 실험(Miller–Urey Experiment)으로 유명하다. 참고로 필자가 UCSD에 재직할 당시 연구실이 있었던 건물이 그의 이름을 딴 Urey Hall이었다

늄 농축시설에서 얻은 폭탄급으로 정제된 U^{235}를 모아서 히로시마에 투하한 원자탄 리틀보이(Little Boy)가 만들어졌다.

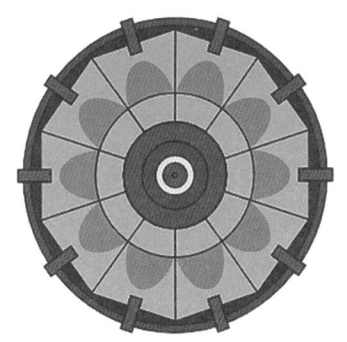

내폭장치의 개념도

핵분열 장치 개발의 핵심은 임계조건 아래의 핵분열물질을 폭압파(Blast Wave)로 압축해서 핵분열 연쇄반응의 임계조건에 도달할 수 있는 핵폭탄의 기폭 메커니즘을 개발하는 것이다. 핵분열물질의 압축 정도가 높아짐에 따라서 감속중성자의 이용 효율이 향상되기 때문에 연쇄반응의 임계조건을 낮출 수 있고 핵폭발의 수율까지 높일 수 있다. 그래서 내폭파(Implosive Wave)를 정밀하게 제어해서 핵분열물질의 압축효율을 극대화하는 것이 로스알라모스 핵폭발 장치 개발팀의 핵심 과제였다. 이런 목표를 달성하기 위해서 폰 노이만이 제안한 폭발렌즈(Explosive Lenses)가 설계됐다. 내폭장치의 핵심은 내폭파가 최대한 완전한 대칭의 구형으로 전파될 수 있도록 (1) 고폭약의 연소속도를 최적화하고 (즉, 전파거리가 짧은(긴) 부분은 데토네이션의 전파속도가 느린(빠른) 폭약 사용), (2) 고폭약의 점화를 100ns 이하의 오차로 동기화할 수 있는 전기적 점화장치를 개발하고, (3) 내폭파의 폭압을 흡수해서 핵분열물질을 압축할 힘을 전달하는 Tamper와 Pusher를 설계하는 것을 포함한다.

그리고 맨해튼 프로젝트가 시작되고 거의 3년이 되는 시점인 1945년 7월 16일 뉴멕시코의 사막에서 가젯(Gadget)이라고 부르던 최초의 핵분열 폭발 장치가 성공적으로 핵폭발을 일으켰다. (이 폭발시험을 트리니티

히로시마에 투하된 최초의 핵폭탄 리틀보이의 폭발 장면

(Trinity) 폭발이라고 한다.) 그리고 바로 8월 6일과 8월 9일 각각 히로시마와 나가사키에 포신형 우라늄 핵폭탄인 리틀보이(Little Boy)와 내폭형 플루토늄 핵폭탄인 팻맨(Fat Man)이 투하됐고, 연합국은 일본의 무조건 항복을 받아내면서 제2차 세계대전을 종식시켰다. 히로시마와 나가사키가 등장 자체부터 논란의 대상이었던 핵폭탄이 사용된 유이한 경우였지만, 핵폭탄은 제2차 세계대전을 조기에 종식하겠다는 당초의 목표를 충족하는 데는 성공했다.[8]

제2차 세계대전이 종식되고 4년 후인 1949년, 소련도 카자흐스탄의 시험장에서 원자폭탄을 성공적으로 폭발시켰다. 독일계 영국인 물리학자 클라우스 푹스가 소련에 넘겨준 설계도가 소련의 원자탄 개발에 결

---

8 일본이 8월 15일에 무조건항복을 받아들인 이유는 미국에게 두 발의 핵폭탄을 맞았기 때문이 아니라, 8월 9일 소련이 일본에 선전포고를 했기 때문이라는 주장도 충분한 설득력이 있다. 즉 핵폭탄보다 소련이 일본을 점령하는 것을 더 두려워했다는 것이다. 태평양 전쟁의 종전 시점에서 미국, 소련, 일본의 손익계산이 매우 복잡했다는 것을 보여주는 단적인 사례이다. 어느 경우라도, 자국민의 목숨마저 소모품처럼 취급한 일본 군국주의자들의 야만적 잔혹함은 용서될 수 없다

정적 역할을 했다는 이야기가 많이 거론되고 있다. 그러나 폭발에 관한 모든 이론에 이름을 올리고 있는 젤도비치가 있었던 소련이 비교적 빠른 시간에 원자폭탄을 개발할 수 있는 충분한 과학기술적 자체 역량을 가지고 있었다고 보는 것이 오히려 더 타당하다. 단 미국의 원자폭탄 개발의 성공 사례와 클라우스 푹스가 건넨 자료가 소련의 과학자들이 생각하고 있던 개념에 대한 확신을 불어 넣어줘서 개발 기간을 단축할 수 있었다는 생각은 충분히 타당하다고 볼 수 있다. 단 소련의 정밀가공기술이 미국에 미치지 못해서 미국 수준의 탄두 소형화에는 실패했다고 한다. 그래서 소련은 더 큰 탄도탄 로켓을 개발할 수밖에 없었다. 소련의 로켓 프로그램을 이끌었던 세르게이 코롤레프(Sergei Korolev)가 니키타 흐루쇼프를 설득해서, 애당초 크게 만들어지고 있던 소련의 탄도탄 로켓을 이용해서 1957년 인류 최초의 인공위성인 스푸트닉(Sputnik)을 미국보다 앞서 발사하는 데 성공할 수 있었다.

핵폭탄을 만드는 것이 기술적으로 아주 어려운가? 맨해튼 프로젝트의 경우 핵폭탄을 처음 만드는 것이라서 어려웠지, 핵분열물질만 있다면 원자탄을 만드는 기술의 난이도는 아주 높은 것이라고 보기는 어렵다. 핵폭탄을 만드는 과정에서 필요한 물리적 현상들의 많은 부분이 충분히 예측 가능하기 때문이다. 오히려 현상적 예측성이 떨어지는 액체 추진 고추력 로켓엔진이나 (항공기용을 포함하는) 가스터빈의 개발이 과학기술적으로 훨씬 어렵다. 일단 핵분열물질만 손에 넣으면, 핵폭탄을 만드는 것은 기술적으로 충분히 가능하다는 점이 현재 인류가 직면한 가장 큰 위협 요소의 하나이다.

페르미는 트리니티 폭발의 위력을 손으로 계산했을까?

엔리코 페르미는 감속중성자를 이용해서 연쇄적 핵분열반응을 일으킬 수 있다는 것을 밝힌 인물이기 때문에, 당연히 원자폭탄의 이론적 아버지라고 할 수 있다. 사람들은 그를 기초적인 과학적 방법만으로 문제에 대한 근사적 결과를 추정할 수 있는 과학적 통찰력의 소유자라고 칭송한다. 페르미 추정(Fermi Estimate)이라는 용어 자체가 그의 과학적 역량에 대한 최고의 찬사이다.[9] 아마 그가 과학적 추산의 대가로 인정받게 된 결정적인 계기는 그가 종이조각을 던져서 폭풍압에 의한 공기의 변위(Displacement)를 측정하고, 공기의 변위값을 이용해서 트리니티 폭발의 위력을 비교적 정확하게 계산했다는 일화였을 것이다.

그러나 문제는 트리니티 폭발에 대한 페르미 추정의 일화가 정확히 어떻게 세상에 알려졌는지 아무도 모르고 있다는 점과 페르미 추정의 구체적인 방법론을 아직까지 그 누구도 재현하지 못하고 있다는 점이다. 트리니티 폭발의 추정에 대한 페르미의 직접적인 언급은 없었고, 페르미의 아내인 라우라 페르미가 쓴 페르미의 일대기인 《Atoms in the Family (가족 안의 원자)》가 가장 유력한 출처일 따름이다. 그리고 페르미의 추정 방법 자체도 상당한 문제점을 가지고 있다. 먼저 날리는 종이 조각은 어느 방향으로 날아갈지 모르기 때문에 공기의 변위를 측정하기에 좋은 방법이 결코 아니며, 둘째로 폭풍압에 의한 공기의 변위값에서 폭발의 위력

---

9 페르미 추정과 같은 방법으로 대상이 되는 물리적 현상에 대해서 유효 숫자의 크기 또는 첫 자리 숫자를 맞추는 것이 진정한 과학적 고수의 내공으로 아직도 대접받고 있다. 페르미 추정을 성공적으로 수행하기 위해서는 대상이 되는 물리적 현상을 지배하는 메커니즘에 대한 완벽한 이해가 있어야한다. 그렇기 때문에 필자도 이 책에서 무기의 작동메커니즘을 가능하면 기초과학 수준의 현상적 이론을 적용해서 설명하고 하는 것이다. 그런 과정을 통해서 무기의 작동원리를 이해했다면, 그런 이해는 진짜 이해이기 때문이다.

을 추정할 수 있는 간단한 과학적 계산방법론을 아직 어느 누구도 설득력 있게 재현한 바가 없다. 즉 재현이 되지 않는 이론은 과학이 아니라 썰 또는 카더라에 불과하다. 우리가 페르미의 과학적 역량을 의심할 이유는 없지만, 트리니티 폭발에 대한 그의 일화는 아르키메데스의 유레카 에피소드와 마찬가지로 주변인 또는 후세에 의한 과학적 사실에 부합하지 않는 윤색이었을 가능성이 농후하다.

트리니티 폭발의 위력을 정확히 추정한 인물은 G.I. 테일러(Geoffrey Ingram Taylor)라는 유체역학에 지대한 공적을 남긴 영국의 물리학자이다.[10] 그는 맨해튼 프로젝트에는 참가하지 않았지만 최초의 핵폭발이었던 트리니티 시험에는 VIP로 참관했다고 한다. 그리고 1950년 《LIFE》 잡지에 실린 시간별 트리니티 폭발 화구의 크기를 보여주는 4장의 사진을 이

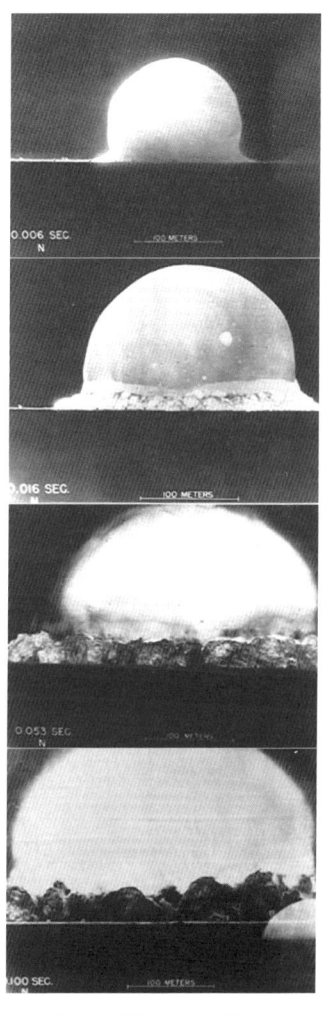

(G.I. 테일러가 이용한) 잡지 《LIFE》에 실린 트리니티 폭발의 연속사진

용해서 트리니티 폭발의 위력을 정확히 추정할 수 있는 폭압이론(Blast

---

10 지금도 그를 G.I. 테일러라고 부르기 때문에 그의 영어 이름 제프리를 쓰지 않았다.

3장 무기의 기본은 화력이다

Theory)을 밝혀냈다.

    G.I. 테일러가 밝혀낸 방법은 기본적으로 폭압파(Blast Wave)의 전파에 관계된 4개의 변수인 폭발에서 방출된 에너지(E), 공기의 밀도(ρ), 폭압파의 반경(R)과 시간(t)을 고려해서 개발되었다. 이들 4개의 변수가 하나의 관계식으로 연계되었다면, 관계식은 시간[T], 길이[L], 질량[M]의 3개의 차원이 서로 일치해야 한다. 차원해석으로부터 폭압의 반경에 관한 아래의 비례식을 얻을 수 있었다.

$$R \propto E^{1/5} \rho^{-1/5} t^{2/5} \tag{4}$$

또한 G.I. 테일러가 수행한 폭풍압의 전파에 대한 정확한 유체역학적 계산을 통해서 비례상수는 1에 아주 가까운 값으로 밝혀졌다.[11] 위의 비례식과 《LIFE》지에 실린 4장의 사진을 비교해서 G.I. 테일러는 트리니티 폭발의 위력을 TNT 상당량 22킬로톤으로 예측했으며, 이는 공식적으로 거론되고 있는 TNT 상당량 20킬로톤에 매우 근접한 추정값이다. (TNT 1kT의 에너지는 4.18×10^{12} J = 4.18 TJ에 해당하는 에너지이다)

    이후 미국의 폰 노이만과 소련의 레오니드 세도프(Leonid Sedov)도 폭압의 반경이 시간의 2/5-제곱에 비례한다는 G.I. 테일러의 예측과 동일한 관계식을 얻었으며, 폭발 위력에 대한 그들의 예측치도 테일러의 예측치에 아주 근접했다고 한다. 1950년 《LIFE》지에 실린 사진을 통해서 과학자들이 트리니티 폭발의 위력을 정확하게 예측할 수 있게 되자, 이후부터 미국정부는 핵폭발과 관련된 사진을 포함한 대부분의 측정자료를 외

---

11 G.I. 테일러의 원래 해석은 폭풍압에 대한 상사해(Similarity Solution)을 구하는 방법으로 시작했기 때문에 각 변수를 무차원화시키는 과정에서 위의 비례식이 자연적으로 도출될 수밖에 없다. 그리고 상사해를 통해서 구한 비례상수의 최대치는 1.0330이고 최소치는 0.89로 밝혀져서 비례상수가 1에 매우 가까운 값을 가진다는 것을 알 수 있다. 비례 상수의 차이는 공기의 비열비(정적비열에 대한 정압비열의 비)를 다르게 가정하면서 발생한다. 즉, 공기의 물성치에 대한 가정이 G.I. 테일러가 개발한 폭발위력의 예측방법에 있는 가장 큰 불확실성(Uncertainty)의 근원이며, 폭압의 기본 구조는 매우 정확하게 예측되었다.

부에 공개하는 것을 원천부터 통제하기 시작했다고 한다.

박정희의 핵폭탄개발계획은 얼마나 진행됐을까?

박정희(朴正熙, 1917~1979)를 죽음으로 몰고간 원인에 대해서는 사람마다 의견이 갈린다. 어떤 이들은 극단적 유신독재에 대한 민중의 저항과 권력층 내부의 균열이 김재규가 박정희를 암살하는 직접적인 계기가 되었다고 주장하지만, 필자의 견해는 핵폭탄을 개발하려고 시도했기 때문에 미국 정부에 의해서 암살이 기획되었다고 생각하는 쪽이다.

미국의 베트남전 패전 이후 첫 대통령으로 당선된 지미 카터(James Carter ; 39대 미국 대통령, 1977~1981)의 외교적 캐치프레이즈는 '인권외교'였다. 백악관에 입성한 직후부터 카터와 박정희의 관계는 좋지 않았다. 군사쿠데타와 유신독재를 통해서 전통적인 친미보수주의자들까지 무자비하게 탄압하던 박정희는 카터의 인권외교 정책에 눈엣가시와 같은 존재였다. 게다가 미국은 한국전쟁 동안 5만이 넘는 미군의 생명을 내주면서 구축한 냉전의 아시아 최전방 전초기지를 자신들의 통제에서 벗어나려는 인물에게 맡겨 둘 수 없었을 것이다. 그런 상황에서 핵무기와 미사일을 독자 개발하려는 박정희의 움직임은 미국의 국제전략상 넘어서서는 안 될 선을 넘은 것이다.

집권 이후 카터의 대외정책은 실패의 연속이었다. 1979년 이란에서는 이슬람혁명이 그리고 니카라과에서는 산디니스타혁명이 일어나서 세계 각지에서 미국의 전략적 입지가 나날이 위축되고 있었다. 이란과 니카라과에서의 실패로 무능한 대통령으로 낙인이 찍히고 있던 차에 박정희의 핵무기 개발은 그에게 참을 수 없는 모욕일 뿐만 아니라 미국의 전통적 이익에 대한 심각한 도전으로 인식되기 십상이었다. 아마 카터 행정부가 박정희와 핵무장 프로그램을 제거하는 방향으로 최종 결정한 시기는 늦어도 1979년 초반이었을 가능성이 매우 크다. 1979년 6월 30일부터 1박2일간 한국을 방문한 카터가 주한미군 철수를 거론하면서 박정희를 협박했지만, 그때도 박정희와 핵무장 프로그램을 제거하기 위한 미국의 작전은 이미 진행 중이었을 것이다.

박정희 당시 핵무기 개발은 어느 정도 진행되었을까? 이것을 알아보기 위해서는 1979년 카터 방한을 기점으로 핵개발 프로그램에 대한 압력이 증가하고 있던 정황을 박정희의 중화학공업과 방위산업 육성 프로그램을 기획한 핵심참모 오원철의 훗날 증언에서 확인할 수 있다.[12] 박정희 암살 이후 12.12 신군부 쿠데타 세력이 핵개발 프로그램 폐기에 관여된 정황에 대한 그의 증언은 상당한 설득력이 있다. 하지만 안타깝게도 신군부로 의심되는 세력이 청와대에 보관되었던 관련 자료를 완전히 폐기(또는 미국으로 유출)했기 때문에 명백한 진실은 영원히 밝히지 못할 가능성이 매우 크다.

박정희의 측근인사들은 1979년 2월 핵무기 개발이 약 88%의 진척도를 보였다고 주장하지만,[13] 이는 그들의 주군인 박정희의 업적을 과대 선전하기 위한 허황된 주장으로 보는 게 타당하다. 핵개발의 88%가 아니라 '핵개발 준비'의 88%라고 이야기하는 것이 더 정확할 것이다. 국방과학연구소와 원자력연구소에서 핵무기 개발과 관련된 기초적인 연구개발을 수행했고, KIST는 농축되지 않은 산화우라늄인 옐로우케이크(Yellow Cake)의 생산공정도 개발했다. 하지만, 본격적인 핵무기를 손에

---

12 2010년 주간조선 2089호 기사, "박정희 정권 핵개발 책임자 오원철 전 수석, 30년만에 입 열다"를 참조
13 1999.11.07, MBC가 방영한 〈이제는 말할 수 있다〉 8화 '박정희와 핵개발' 참조

넣기 위해서는 이후에도 최소한 4~5개의 커다란 산을 넘어야 하는 것이 당시의 핵무기관련 기술개발의 수준이었다고 보는 게 맞다. 핵무기 개발을 위해서 넘어야 하는 가장 큰 산인 폭탄급 핵분열물질의 생산은 시작조차 하지 않은 단계였다.

박정희의 암살과 핵개발 프로그램의 해체에 미국이 개입한 흔적을 완전히 지우기 위해서, 미국은 전두환이 이끌던 신군부 세력의 12.12 군사쿠데타를 전폭적으로 지원했을 것이다. 그렇게 정국을 장악한 신군부 세력은 미국이 작성해줬을 수행과제 목록 대로, 미국이 박정희 암살에 개입한 흔적이라고 할 수 있는 김재규 일당을 제거함과 동시에, 핵개발 프로그램에 대한 모든 문건을 파기(또는 미국으로 유출)하면서 핵무기 개발에 관련된 연구개발 프로그램을 해체하는 작업에 착수했다고 보는 것이 (오원철 등 당시 핵심 청와대 멤버들의 증언을 참조하지 않더라도) 가장 설득력 있는 정황 판단일 것이다.

카터행정부가 박정희 암살의 진짜 배후라는 것은 1970년대 말 핵무기 개발의 중추적 연구기관이었던 국방과학연구소(당시에는 '홍릉기계공업사'라는 위장명 사용), 원자력연구원과 한국과학기술연구소(KIST)가 카터의 도움으로 정권을 장악할 수 있었던 전두환 정권 초기 거의 해체 직전까지 가는 극심한 구조조정을 당했다는 점에서 일부나마 추측하는 것이 가능하다.

당시 홍릉기계공업사는 KIST의 남쪽을 면하고 있는 작은 부지에 자리를 잡고 있었다. 규모는 현재 국방과학연구원 대전 본원의 수십 분의 일에 불과하다. 오원철의 증언에는 1천 명 정도에 달하는 직원이 해고 등을 통해서 200명으로 줄었다고 하지만, 아마 정확한 내용은 아닐 것이다. 미사일과 핵무기 프로그램이 중지되었으니 개발업무 대부분이 사라졌으며 1980년대 대전 이전을 준비해야 했기 때문에 최소한의 핵심인 원만 필요했을 것이다. 핵심인력을 제외한 인원들은 각자도생의 길을 걷거나, 젊은 연구원은 유학의 길을 떠나거나, 파견된 지원인력들은 원대복귀 했을 것이다. 정부출연연구원에서 장기간 근무했던 내 경험에 비추어, 200명의 핵심인력은 당시 홍릉에 있던 국방과학연구소 건물의 규모와 거의 일치하는 인적자원의 규모에 해당하는 것으로 보인다. 어쨌든 1980년 국방과학연구소에는 하릴없이 책상만 지키는 인원 200명만 남아있었다는 것은 사실이다.

한편 원자력연구소는 옛 서울공대 자리(지금의 서울과기대가 있는 곳)의 남동쪽 코너(지금 원자력병원이 있는 자리)에 위치하고 있었다. 원자력연구소는 에너지연구소로 창씨개명을 당한 뒤에 1980년대 국방과학연구소가 이전한 거의 같은 시기에 대전으로 이전했다. 그리고 원자력이라는 연구원의 성씨를 되찾기 위해서는 노태우 정부 때까지 기다려야만 했다.

그리고 가장 심한 구조조정을 당한 기관은 필자가 20년 이상 근무했던 KIST였다. 전두환의 5공시절 내내 KAIST라는 대학원에 연구기관이 점령당했으며, 노태우 정부에서 옛 이름을 되찾고 다시 독립했지만 1980년까지 누렸던 한국 과학기술계의 컨트럴타워(Control Tower) 입지는 완전히 상실했다. 현재 한국의 연구개발시스템에 대한 가장 가혹하지만 정확한 평가는 고비용 저효율이다. 그리고 1980년 신군부의 정치적 목적을 위해서 추진한 연구기관에 대한 파괴적 구조조정이 우리나라 연구개발 시스템에 고비용 저효율이라는 꼬리표가 붙기 시작한 직접적인 계기가 되었다.

핵무기 개발과 관련됐던 한국의 국가연구기관들이 경험한 기구한 운명에서 알 수 있는 바와 같이, 핵무기 개발은 단순한 군사기술의 개발이 아니라 국가의 미래에 대한 경로까지 바꿀 수 있는 결코 가볍게 생각해서는 안 되는 심각한 연구개발 프로젝트이다. 제2차 세계대전이 끝나고, 맨해튼 프로젝트에 참가했던 시설, 기관 및 핵심 인물을 중심으로 미국 정부는 국립연구소를 설립했다. 이들 연구기관들이 지금도 물리학, (원자력)에너지 및 군사기술분야에서 미국 연구개발시스템의 근간이 되는 에너지부의 국립연구소(DOE National Laboratories)들이다. 하지만 국가의 운명이 외세에 휘둘린다면, 연구기관뿐만 아니라 과학기술 종사자들의 일상적 삶 마저도 스스로 결정할 수 있는 것이 별로 없다는 것을 핵무기 개발에 참가했던 국내 3개의 연구기관이 경험했던 고난의 행군에서 잘 알 수 있다.

MOAB vs FOAB

1991년 아버지 부시인 조지 H. W. 부시(George Herbert Walker Bush)가 벌인 걸프전의 첫 단계는 사담 후세인의 이라크 군대로부터 사우디 아라비아를 방어하고 연합국의 반격을 준비하는 '사막의 방패 작전(Operation Desert Shield)'이었고, 다음 단계는 이라크 군대를 쿠웨이트에서 몰아내는 '사막의 폭풍 작전(Operation Desert Storm)'이었다. 사막의 폭풍 작전에 대응하는 이라크 군대의 방어작전을 사담 후세인은 '모든 전투의 어머니(Mother of All Battles)'라고 명했다. 그러나 어머니의 간절한 소망과 달리 이라크 군대는 미국이 이끄는 연합국에게 완전하게 격파됐다.

그리고 2003년 아들 부시인 조지 W. 부시는 존재하지도 않는 대량살상무기를 핑계 삼아 이라크 전쟁을 벌였으며, 급기야 이라크를 점령했다. 2003년 미국이 이라크 전쟁을 시작하던 시기, 미국에서 MOAB이라고 불린 아주 특별한 폭탄 하나를 공개했다. 정식 제식명인 GBU-43/B 또는 'Massive Ordnance Air Burst(공중폭발대형폭탄)'로 부르지만, 오히려 MOAB이 'Mother of All Bombs(모든 폭탄의 어머니)'라는 사담 후세인에 대한 조롱 가득한 별명의 약자로 더 큰 유명세를 얻었다.

MOAB은 고폭탄을 이용하는 대부분의 폭탄과 완전히 다른 방식으로 물리적 위력을 발휘하는 폭탄이다. 일단 MOAB 내부에는 액체연료 또는 미세한 가루의 고체연료가 들어 있다.[14] MOAB은 두 단계를 거쳐서 폭발하는 폭탄이다. 먼저 MOAB 내부에 있는 장약을 터뜨려서 (고체 또는 액체) 연료를 공기 중에 확산시킨다. 그러면 아주 미세한 액체 연료의 분무 또는 고체 연료의 분진이 공기와 혼합되기 시작한다. 이때 분무 및 분진의 크기가 약 10~50μm 이하라면, 공기와 섞여 연소되면서 강력한 폭발을 일으킬 수 있는 연소성 증기운(Combustible Vapor Cloud) 또는 연소성 분진구름(Combustible Dust Cloud)이 형성될 수 있다.[15] 폭발할 수 있는 연소성 증기(분진)운이 형성되면 MOAB 폭발의 1단계가 완성된 것이다.

MOAB 폭발의 2단계는 충분히 큰 증기운이 형성되기까지 기다렸다가 증기운을 점화시켜서 아주 빠른 화염을 증기운이라는 매체를 통해서 전파시키는 과정이다. 증기운을 통과하는 화염은 폭굉(Detonation)의 구조를 갖지 않고 폭연(Deflagration) 구조를 가진다. 폭연의 화학반응면은 수십cm/s 수준의 아주 느린 속도로 전파한다. 하지만 아주 얇

---

14 알루미늄(Al), 마그네슘(Mg), 보론(B, 붕소) 등 산화되는 순수 금속의 가루는 큰 연소열을 내면서 아주 빨리 탈 수 있는 고체연료이다. 겨울철의 발열팩도 금속의 산화열을 이용한다.

15 산업현장에서 기체 또는 액체 연료의 증기운에서 일어나는 폭발현상을 증기운 폭발(Vapor Cloud Explosion)이라고 하며, 고운 밀가루 또는 석탄의 분진구름(Dust Cloud)이 폭발하는 것을 분진 폭발(Dust Explosion)이라고 한다.

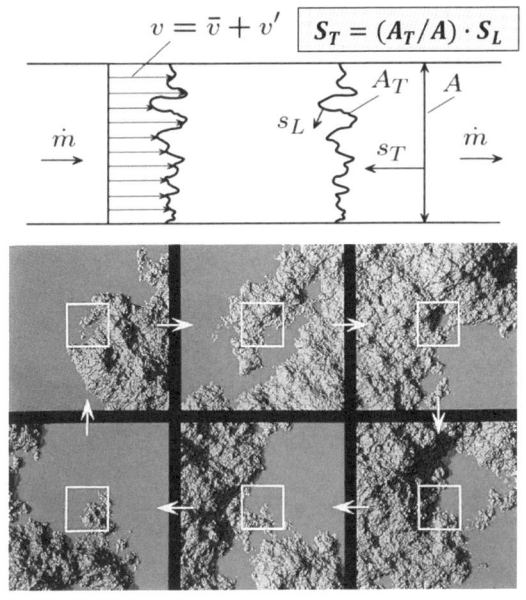

프랙털 구소를 가지는 난류화염면의 전파속도 증가 메커니즘. 아래의 사진은 해안선의 프랙털 구조 특성을 보여준다.

은 폭연의 화염면은 겉보기 면적(A)과 달리 아주 미세한 프랙탈 특성을 가지는 주름이 층층이 있기 때문에 실제의 총 면적(A_T)은 겉보기 면적 보다 아주 크다.

    프랙탈(Fractal)에 대한 비교대상으로 해안선을 고려해보자. 멀리서 찍은 사진에 나타난 해안선의 부분을 계속 확대하면 할수록 저해상도 사진에는 나타나지 않았던 미세한 해안선의 굴곡이 계속 나타나는 것을 알 수 있다. 즉 지도에 나타나는 해안의 겉보기 길이보다 실제 해안선의 길이는 아주 길다는 것이다. 마찬가지로 증기운에서 전파되는 화염의 면적도 겉보기 화염면과 달리, 아주 미세한 주름이 해상도를 높여감에 따라서 계속 나타난다. 따라서 증기운 폭발에서 화염의 난류전파속도(S_T)는 수십cm/s 정도가 되는 층류화염 전파속도(S_L)의 수천 배가 되는 수백

m/s 정도까지 증가할 수 있다. 비록 폭굉의 전파속도에는 미치지 못하지만, 음속과 비슷한 속도까지 화염이 가속될 수 있다. 음속과 비슷하게 전파되는 화염에서 발생하는 압력파의 폭압은 대기압과 유사한 크기를 가질 수 있다.[16]

증기운에 혼합된 산소의 양이 충분하지 못하기 때문에 화염이 지나간 이후에도 일부의 연료가 타지 못하고 남아 있을 수 있으며, 이 연료들이 화염전파 이후 유입된 공기와 혼합되어 서서히 타면서 추가로 열을 방출할 수 있다. 즉 MOAB이 피해를 일으키는 메커니즘은 화염의 전파에 따른 폭압뿐만 아니라 잔류 연료의 연소로 인한 열도 있다. 그래서 MOAB과 같은 방식으로 작동하는 연료폭탄을 다르게는 열압탄(熱壓彈, Thermo-Baric Ordnance)이라고도 부른다.

열압탄이 생성하는 1기압 수준의 폭압은 데토네이션의 폭압보다는 많이 낮은 수준이지만 인마살상 피해를 입히기에는 충분한 폭압이다. 또한 열압탄은 폭압을 (연소속도가 데토네이션보다 낮기 때문에) 오래 지속시킬 수 있어서 임펄스는 데토네이션에 결코 뒤지지 않고 오히려 훨씬 크게 만드는 것도 충분히 가능하다. 따라서 열압탄은 폭압에 대한 특성반응시간이 긴 대형 목표의 파괴에도 매우 효과적일 수 있다. 열압탄은 고폭탄을 사용하는 통상적인 폭탄과 비교하여 다음과 같은 장점이 있을 수 있다.

① 강력한 위력: 연료의 단위질량당 발열량은 폭약의 발열량보다 약 5~10배 이상 크다. 대부분의 연료가 kg당 10,000Kcal 수준의 열량을

---

16 유체역학의 베르누이의 정리를 적용하면 동압(Dynamic Pressure)의 크기는 전파속도와 $\Delta p \sim \rho u^2/2$ 의 관계를 가진다. 그리고 전파속도가 음속(a)와 비슷한 크기를 가지면 "$\Delta p \sim \rho a^2/2 \sim 1\ atm$"의 관계로부터, 폭압의 크기가 1기압 수준으로 커질 수 있다. 즉 음속은 전파 매질의 열역학적 상태에 대응하는 압력파의 전파속도라는 것이다.

가지고 있는 대신 폭약의 열량은 TNT의 경우 1,000Kcal이며, RDX와 HMX도 TNT의 1.6~1.7배 정도이다. 열압탄은 산소를 포함하고 있지 않고 공기에서 산소를 취하기 때문에 폭탄의 단위 무게당 발생할 수 있는 발열량이 훨씬 크다. 통상적인 증기운 폭발에서 열량의 약 10% 정도가 폭압으로 전환된다고 알려졌지만, 연료의 확산과 점화지연시간을 최적화한다면 수십%의 폭발 에너지 수율을 얻는 것도 가능하다. 또한 연소시간이 길기 때문에 임펄스의 수율은 폭압의 수율보다 훨씬 좋다. 미국의 MOAB은 폭탄의 중량과 거의 1:1인 TNT 상당량의 위력을 얻었다고 하지만, 러시아의 열압탄인 FOAB은 폭탄중량의 6배가 넘는 TNT 상당량의 위력을 발휘했다는 주장도 있다. 따라서 열압탄은 인마살상용 무기로서의 성능도 준수하지만 대형시설의 파괴용 무기로서 훨씬 큰 위력을 발휘할 수 있다.

② 강력한 확산성: 고폭탄의 경우 거의 점폭발에 가깝기 때문에 엄폐를 통해서 폭발의 피해로부터 자신을 방어하는 것이 가능하다. 그러나 열압탄은 분무와 분진이 속속들이 확산된 이후에 화염이 전파되기 때문에 엄폐를 할 수 있는 공간이 현저하게 줄어든다. 그렇기 때문에 열압탄 탄두가 갱도진지의 공격에 아주 적합한 무기인 것이다. 갱도 깊숙이 엄폐했다고 하더라도 열압탄의 폭압이 고폭탄보다 훨씬 깊이 전파될 수 있기 때문이다. 당연히 MOAB도 갱도진지 공격을 위해서 개발된 폭탄이며, 대한민국 국군도 열압탄 탄두를 장착한 갱도진지 공격용 미사일을 보유하고 있다.

③ 열 발생: 열압탄은 화염이 증기운을 통과한 이후에도 잔류 연료를 남길 수 있으며, 잔류 연료는 공기와 혼합해 매우 서서히 열을 발생한다. 즉, 일반 고폭탄은 폭압이 지나가고 나면 폭발의 위력이 사라

지지만, 열압탄은 폭압이 지나가고 나서도 열이라는 아주 느리게 작용하는 2차 위력이 도사리고 있다. 즉 열압탄은 가지고 있는 화학에너지를 완전하게 오래 활용할 수 있는 무기이다.

④ 산소의 고갈: 열압탄은 공기로 연료를 연소하기 때문에 폭탄이 떨어진 주변의 산소를 고갈시킬 수 있다. 특히 열압탄을 폐쇄된 공간에 투입한다면, 산소 고갈의 효과로 폭압과 열로부터 살아남은 인원까지 사실상 무력화할 수 있다. 적을 직접 살상하지 않고도 제압하는 것이 가능한 무기이다. 그렇기 때문에 열압탄은 갱도진지 공격이나 근접전투(Close Quarter Battle, CQB)에서 매우 적합한 무기가 될 수 있다.

⑤ 파편이 거의 없다: 거의 최소한의 파편이 발생하기 때문에 근접전투에서 부수적 피해(collateral Damage)를 최소화시킬 수 있다. 열 발생, 산소고갈 및 파편이 적은 이점 때문에 갱도진지 공격 이외에 근접전투에서도 활용도가 높은 무기이다.

⑥ 위력의 선택성: 점화지연시간을 선택할 수 있는 신관을 채택한다면, 폭압과 열 가운데 어떤 위력을 중심으로 열압탄을 사용할지 조절하는 것도 가능할 수 있다. 시설을 파괴할 경우에는 점화지연시간을 늘려서 폭압과 임펄스를 극대화하고, 근접전에서는 열과 산소고갈의 효과를 극대화할 수 있다.

미국이 MOAB를 대외적으로 공개하고 몇 년이 지난 시점에, 러시아도 대형 열압탄을 공개했다. 그 폭탄은 '모든 폭탄의 아버지(Father of All Bombs, FOAB)'라고 부르는 ATBIP(Aviation Thermobaric Bomb of Increased Power)이었다. MOAB과 FOAB을 다음 표에 비교했다.

MOAB (미국)	FOAB (러시아)
▪ 2003년 도입 ▪ 9.8톤 & 길이 9.2m, 직경 103cm ▪ 폭발 수율 : 11톤-TNT	▪ 2007년 도입 ▪ 7.1톤 & 길이 7m, 직경 93cm ▪ 폭발 수율 : 44톤-TNT

    MOAB과 FOAB의 특성의 차이에서 미국과 러시아의 무기개발의 다른 방향성을 엿 볼 수 있다. 먼저 러시아의 FOAB이 미국의 MOAB에 비교해서 월등히 큰 폭발 수율을 보여주고 있다. 소련과 러시아의 무기개발은 물리적 개념에 매우 충실한 특성이 있다.[17] 열압탄의 위력을 극대화하기 위해서는 증기운에 충분한 공기가 혼합될 수 있도록 점화지연시간을 길게 가져가야 한다. 또한 증기운의 고른 확산에 유리하게 FOAB의 탄체가 원형에 훨씬 가깝다. 덕분에 FOAB이 훨씬 강력한 폭압을 생성한다는 것을 유튜브에 게재된 동영상에서도 쉽게 확인할 수 있다. FOAB의 폭발에서는 충격파의 전파가 확실하게 보여지는 반면 MOAB의 폭발에서는 눈에 띄는 충격파가 화면에 나타나지 않는다. 그러나 FOAB 전체 무게의 6배가 넘는 44톤의 TNT 상당량의 폭발 수율을 얻었다는 것은 FOAB의 발열량 거의 전부가 증기운 폭발로 배출되었다는 것을 의미하기 때문에 물리적 실현성이 매우 약하다. 단 폭압의 관점이 아니라 임펄스 관점이라면 좀 더 높은 수율을 예상할 수 있다. 하지만 44톤의 TNT 상당량은 상

---

17 구소련의 무기설계 사상은 과학적 실용성을 강조했기 때문에, 실전적으로 우수한 무기가 많이 개발됐지만, 최근 러시아의 신무기들은 그렇지 않다는 주장도 있다. 대표적으로 Su-57 스텔스전투기 및 T-14 아르마타 전차가 그런 경우인데, 일단 겉보기 스펙은 우수하지만 구소련의 무기설계사상과 다르고, 또한 기술적 문제점들이 아직도 해결되지 않고 있다.

당히 과장되었을 가능성이 있으며, 미국측의 예측치인 20톤 정도가 오히려 더 수긍할 수 있는 FOAB의 폭발위력이라고 필자는 판단한다.

미국이 개발한 MOAB의 폭발위력이 FOAB보다 상당히 낮은 것은 크게 두가지 이유가 있을 수 있다. 먼저 MOAB은 갱도파괴용폭탄(Bunker Buster)으로 개발되었기 때문에 열 발생을 위해 폭발의 위력을 의도적으로 줄였을 가능성이 있다. 그러나 미국 무기 개발팀의 물리적 개념에 대한 이해가 러시아측에 미치지 못하는 점도 열압탄이 가지고 있는 포텐셜의 최대치를 끌어내지 못한 원인일 수 있다.

러시아는 열압탄의 가능성을 미리 눈치채고 도시전에 특화된 무기로 적극 개발하고 있다고 한다. 조만간 박격포, 유탄발사기 및 손으로 투척할 수 있는 열압탄 탄두들이 등장하는 근접전투가 흔해질 가능성이 매우 크다. 러시아가 체첸전쟁과 같이 반군과 민간인을 구별하지 않는 무제한적 대테러전쟁에 열압탄을 적극적으로 활용할 가능성이 농후하다. 열압탄 하나를 보더라도, 미국과 러시아 사이의 근본적으로 다른 패권주의적 군사전략 개념을 확인할 수 있다.

열압탄은 성형작약탄의 등장 이후 폭탄의 개발사에서 가장 중요한 기술 발전이라고 할 수 있다. 그러나 성형작약탄은 무기뿐만 아니라 산업적 활용도도 매우 큰 폭탄이었던 반면, 열압탄은 산업재해와 같은 재앙적 결과만 가져오지 산업적 순기능이 거의 없는 오직 파괴 기능만 가진 무기로 남을 것이다.

화포의 기초

아무리 강력한 폭탄이 있더라도, 목표까지 정확하게 운반하지 못하면 목적한 효과를 얻을 수 없다. 여기에서는 폭탄의 운반수단에 대한 이야기를 하고자 한다. 우선적인 관심은 스탈린이 '전장의 신'이라고 평가했다는 화포에 있다. 하지만 현대에 들어와서 점차 그 중요성이 더해지고 있는 로켓에 대해서도 뒷부분에 간단하게 언급할 예정이다.

화포의 물리학

화포 특히 곡사포(曲射砲, Howitzer)는 화력을 투사할 수 있는 가장 경제적인 수단이다. 곡사포가 추구하는 핵심 특성은 긴 사거리, 높은 정확성, 빠른 발사속도 그리고 가성비이다. 다음에서는 화포의 기술적 목표를 달성하기 위해서 꼭 필요한 기초적인 지식을 알아본 이후에 폭탄 운반수단의 발전이 어떤 방향을 향하고 있는지에 대해서도 간단하게 알아보고자 한다.

포탄을 더 멀리 날리고, 포탄의 궤적을 정확히 예측하는 것은 화포가 등장한 순간부터 물리학의 가장 중요한 문제 가운데 하나였다. 그래서 역사적으로 이름이 있는 과학자들 가운데 화포에 대해 연구하지 않은 사람을 찾아보기 힘들다. 무기 엔지니어이기도 했던 레오나르도 다빈치도 포탄의 궤적을 예측하는 일을 수행했으며, 현대 물리학의 아버지라고 할 수 있는 아이작 뉴턴도 포탄에 작용하는 항력에 대해서 연구했다.

화포로 포탄을 날리기 위해서는 먼저 약실(Chamber)에 들어 있는 추진제를 연소해서 고온·고압의 연소가스를 생성해야 한다. 그러면 팽창하는 연소가스가 포탄을 가속시켜서 포구(Muzzle) 밖으로 날려보낼 수 있다. 즉, 연소가스가 포탄을 밀어내는 것은 일종의 피스톤운동이기 때문에, 화포는 연소와 팽창 행정만 가지고 있는 단행정 내연기관으로 볼 수 있다. 화포가 내연기관과 거의 유사한 물리적 작동메커니즘을 가지고 있다는 것을 이해했다면, 화포의 성능을 개선하는 기술적 방법론도 충분히 추론 가능하다.

화포의 포신을 엔진의 실린더라고 생각하고, 포탄을 피스톤이라고 생각하면서, 포탄의 운동을 고려해보자. 모든 운동은 뉴턴의 운동방정식으로 서술될 수 있다. 다음 페이지의 표는 앞으로 우리가 포탄의 운동을 예측할 때 필요한 관계식들과 그에 등장하는 변수들을 나열한 것이다.[18] (고등학교에서 배운 단순한 수식이니 겁 먹을 필요가 전혀 없다)

뉴턴의 운동방정식은 시간을 독립변수로 서술한다. 하지만 포신 내부에서 움직이는 포탄의 운동을 시간 관점에서 서술하는 것은 어렵기

---

18   물론 포신 내에 있는 가스가 초음속으로 팽창하기 때문에 포신내 압력이 일정하지는 않다. 그러나 연소가스가 초음속 운동으로 흡수하는 운동 에너지는 탄의 운동에너지의 10% 이하의 작은 값이기 때문에, 앞으로 보여줄 아주 단순화된 포탄의 운동모델의 오차는 아주 크지는 않다. 특히 단순한 필산을 통해서 전체적인 물리적 과정을 명확히 이해할 수 있기 때문에, 운동성능 개선에 대해서는 보다 명확한 방법론을 알려줄 수 있다.

- 운동 방정식

$$F = ma = PA = P \times (\pi d^2/4)$$
$$a = dv/dt \quad \& \quad v = ds/dt$$

- 독립변수의 변환 : $t \to s$

$$dv = adt = a(ds \times dt/ds) = ads/v$$
$$\Rightarrow vdv = ads = (F/m)ds = (PA/m)ds$$

- 포의 운동에너지

$$dK = mvdv = PdV = dW$$
$$K_M \,(\equiv mv_M^2/2) = \int PdV = \int_0^{\ell d} PAds = W$$

변수	정의
F	힘 (Force)
m	탄의 질량
a	가속도
v	속도
s	탄이 이동한 거리
t	시간
P	압력
A	포신의 단면적 ($\equiv \pi d^2/4$)
d	포신의 직경
ℓ	포신의 구경장
K	운동에너지 ($\equiv mv^2/2$)
W	일 (Work, $dW \equiv PdV$)
V	체적 ($dV \equiv Ads$)

때문에, 위에 주어진 관계식의 두번째 단계처럼 독립변수를 시간(t)에서 포신 내 거리(s)로 변화해야 포신 속 위치에 따른 포탄의 운동을 서술할 수 있다. 그러면 포구(Muzzle, 그래서 하첨자 "M"은 포구의 조건을 나타냄)를 탈출할 때까지 추진제의 연소가스가 포탄에 작용한 일(Work)을 통해서 포탄의 운동에너지(K_M)를 아래의 식과 같이 얻을 수 있다.

$$K_M \,(\equiv mv_M^2/2) = \int PdV = \int_0^{\ell d} PAds = W \tag{5}$$

위의 관계식을 간단한 예제에 적용해서 포탄의 운동에너지에 대한 감을 잡아 보도록 하자. 먼저 포 가운데 가장 강력한 가속이 가능한 가스건(Gas Gun)을 생각해보자.[19] 가스건은 대용량 고압가스 저장탱크에서 추출된 극히 일부의 가스만이 탄의 가속에 이용되기 때문에, 탄이 발사되는 과정에서 탄에 작용하는 압력이 일정하다고 가정할 수 있다. 가

---

19 가스건은 실험실에서 작은 펠렛을 아주 빠른 속도로 가속시키기 위해서 사용하기도 하며, 증기압을 이용해서 전투기를 항공모함에서 이륙할 수 있도록 가속시켜주는 카타펄트(Catapult)도 일종의 가스건으로 볼 수 있다.

스건의 정압팽창 조건을 K9 155mm 자주곡사포의 가장 기본적인 포탄인 KM107 고폭탄에 적용해보자. KM107 고폭탄의 질량은 41.86kg이며, K9 155mm 자주곡사포로 발사할 경우 포구에서 탄속이 684m/s이므로, 포구에서의 운동에너지는 9.79MJ이다.[20] 52구경장을 가지는 155mm 곡사포 포신의 단면적(A)은 0.01887m^2이고, 포신내 체적(V_B)은 0.1521m^3이 된다. (여기에서 하첨자 'B'는 포신 전체를 의미하는 Barrel에서 따왔음) 따라서 포구에서 운동에너지 9.79MJ을 만들어낼 수 있는 평균유효압력(P_{eff})은 운동에너지를 포신내 체적으로 나눠준 값에 해당한다. (즉, P_{eff} = K_M/V_B) 따라서 KM107 포탄을 684m/s로 발사하기 위한 가스건의 압력 P_{eff}는 약 60.9MPa $\simeq$ 600기압 정도로 예측될 수 있다. 즉, 포탄에 600기압의 압력이 일정하게 전달되어야만 무게가 41.86kg인 KM107 포탄을 포구에서 684m/s까지 가속할 수 있다. 그리고 600기압은 KM107탄을 설계된 탄속까지 가속하기 위한 일종의 '평균유효압력(P_{eff})'이라고 볼 수 있다. 한편 K9 자주포의 최대 약실압력은 55,000psi(~3750기압) 정도로 알려졌는데 (어느 추진제에 대한 정보인지 확인이 되고 있지 않지만), 600기압의 유효압력은 최대약실압력의 약 1/6에 해당하는 압력이다.

그러나 곡사포의 압력은 포탄의 발사과정에서 일정한 압력으로 유지될 수 없다. 모든 포의 발사과정은 (1) 약실에서 대부분의 추진제를 연소해서 고압의 연소가스를 생성하고, (2) 연소가스가 팽창하면서 포탄을 전진시키고 연소가스의 압력도 팽창으로 계속 감소한다. 그래서 포신 내의 피스톤 운동은 추진제가 정압연소를 통해서 고압의 연소가스를 생성하고 이후 단열팽창하는 일종의 '디젤엔진의 팽창행정'과 매우 유사

---

20 곡사포의 경우, 에너지 밀도가 높은 추진제를 사용할 경우 포구에서 탄속을 높일 수 있다. K9 자주곡사포의 경우에도 K307 항력감소탄(46.4kg)에 모듈형 장약을 사용할 경우 928m/s의 탄속을 얻을 수 있다.

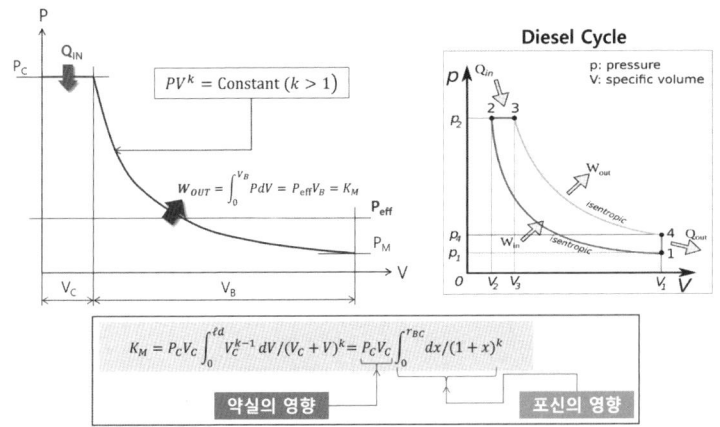

곡사포와 포탄의 피스톤운동에 대한 PV-선도.(포탄이 포신 속에서 가속되는 운동과정은 내연기관의 팽창행정과 매우 유사하기 때문에 피스톤운동으로 근사될 수 있다)

하다. 따라서 포탄의 발사과정을 압력(P)과 부피(V)의 변화를 나타내는 PV-선도로 표시할 수 있다.

위에 소개된 포탄의 운동에너지를 구하는 열역학적 과정은 전문적 내용일 수 있기 때문에, 혹시라도 어려움을 겪는 독자들은 다음 문단에 있는 결과식 (6)만 확인하고 건너 뛰어도 크게 문제가 되지 않는다. 단, 위의 박스 속에 주어진 식에서 볼 수 있는 바와 같이 포탄의 포구 운동에너지를 결정하는 인자는 약실의 연소의 영향을 나타내는 부분과 포신 내 가스팽창의 영향을 나타내는 부분으로 나뉘어 진다는 점은 알아둘 필요가 있다.

여기에서는 운동에너지에 관한 식이 도출되는 과정을 간단하게 소개한다. 체적 V_C를 가지는 연소실에 채워진 추진제가 연소되면 압력 P_C의 고온고압의 연소가스가 연소실을 채운다. 그리고 고온고압의 연소가스는 포신으로 단열팽창하면서 포탄에 일(W)을 작용시킨다. 이와 같은 추진제 연소가스의 단열팽창과정이 디젤엔진의 팽창행정과 비슷하기 때문에, 디젤엔진이 발생시키는 동력을 계산하는 것과 유사한 방법으로 포탄의 운동에너지를 구할 수 있다. 단열팽창 과정에 대한 압력과 부피의 정확한 관계는 연소가스의 상태방정식(Equation of State)으로 결정돼야 하지만, 간단하게 PV^k = Constant (k>1) 의 폴리트로픽(Polytropic) 관계를 이용할 수도 있다. 그러면 연소가스의 단열팽창을 통해서 포탄이 얻은 운동에너지(K_M)는 식 (6)에 주어진다.

$$K_M = P_C V_C \int_0^{\ell d} V_C^{k-1} dV/(V_C+V)^k = P_C V_C \int_0^{r_{BC}} dx/(1+x)^k \quad (6)$$

위의 식에서 x = V/V_C는 약실의 체적(V_C)에 대한 연소가스가 포신에서 팽창한 체적(V)의 비이고, r_{BC} = V_B/V_C는 약실의 체적(V_C)에 대한 포신(Barrel)의 체적(V_B)으로 일종의 연소가스의 팽창 정도를 나타내는 인자로 볼 수 있다.[21]

실제의 화포에서는 연소가스가 팽창함에 따라서 압력이 더 빨리 감소하기 때문에, 위의 식 (6)에 있는 k 값은 언제나 '1'보다 큰 값을 가져야 한다. 그렇다면 위의 식 (6)에 등장하는 포신의 영향을 나타내는 적분에서 r_{BC} =V_B/V_C 가 무한대로 가더라도 (즉, 포신의 길이를 무한대로 늘이더라도) 적분값은 유한한 값을 가지게 된다. 즉 **이미 충분히 긴 포신을 가지고 있는 곡사포는 포신의 길이를 늘인다고 해서 포신의 길이에 비례해 운동에너지가 증가하지는 않는다.**

즉, 위의 그래프와 식 (6)에 복잡하게 서술된 열역학적 관계를 간단하게 설명하면, 다음과 같다. 포의 구경장을 52에서 58으로 늘리는 경우,

---

21 위의 식 (6)에서 가스건은 압력이 일정하게 유지되는 경우이기 때문에 k=0으로 치환하면, 포구 운동에너지(K_W)는 포신의 길이가 길어지는 것과 정비례하게 증가하는 것을 알 수 있다. 가스건에서 압력이 일정하게 유지될 수 있는 것은 포신에 고압의 가스가 계속 주입되기 때문이다. 그러나 실제의 화포에서는 추진제의 연소가 끝나면 추가적인 고압가스의 주입은 발생하지 않는다.

포탄이 발사되는 과정에서 포신 안의 압력을 일정하게 유지할 수 있는 가스건은 구경장이 늘어난 것과 비례해서 운동에너지가 약 12% 증가하지만, 연소가스가 팽창하면서 포신 내부 압력이 빠르게 감소하는 실제의 곡사포에서는 4% 이하 정도의 운동에너지 증가만 가능할 것이다. 그 이유는 탄이 포구(Muzzle)를 이탈하는 순간의 가스압력이 평균유효압력(P_{eff})보다 많이 낮아져서 포탄에 일을 작용시킬 수 있는 효율이 이미 상당히 감소했기 때문이다. 그런 면에서 미국이 개발하고 있는 58구경장 155mm XM1299 자주포가 130km의 사거리를 달성하기 위해서는 포신을 늘리는 것 이외에 포탄의 운동에너지와 유체역학적 성능을 획기적으로 향상시킬 수 있는 근본적인 기술적 대안이 나와야 한다.

포신의 길이만 늘리는 것은 포탄의 운동에너지를 증가하는 데 매우 한정적인 기여를 하는 반면, 약실의 효과는 정비례해서 포탄의 운동에너지를 증가시킨다. 앞의 그림에 있는 운동에너지(K_M)에 관한 식에서 볼 수 있는 바와 같이 포탄의 운동에너지는 약실의 초기압력(P_c)과 약실의 체적(V_c)에 비례해서 증가하는 것을 알 수 있다. 즉, **에너지밀도가 높은 추진제를 사용하거나, 더 많은 양의 추진제를 장전하는 방법이 포탄의 운동에너지를 증가하는 가장 효과적인 방법**이라는 것이다. 달리 말하면, 추진제의 에너지밀도와 약실의 크기를 모두 획기적으로 늘리는 방안이 동원되지 않고는 기존 155mm 자주포 항력감소탄의 최대사거리인 40km를 뛰어넘는 65km 사거리조차도 달성하기 힘든 목표이다. 이런 사거리를 달성하기 위해서는 결국 약실과 추진제의 표준까지 모두 바꿔야 하는 일이 발생할 수 있으며, 또한 최소 50% 이상 증가한 유효압력을 견딜 수 있도록 약실과 포신의 두께도 증가해야 하고 (즉 포가 훨씬 더 무거워져야 하고), 포탄 발사의 반작용을 흡수할 수 있는 더 강력한 주퇴복좌기와 현수장치가 필요하다. 그렇기 때문에 사거리 연장 기술이 개발되었다고 하더라도 자주포의 교체 또는 전면적인 개량은 물론이고 탄과 추진제의 보급체계에 대한 개선까지 동반돼야만 곡사포의 사거리를 연장할 수 있다. 즉 기술개발 뿐만 아니라 병참시스템의 개선까지 요구된다는 것이다.

곡사포의 사거리를 결정하는 인자들

곡사포의 사거리를 결정하는 가장 중요한 인자는 탄의 운동에너지와 포탄에 작용하는 항력(抗力, Drag Force)이다. 포탄의 운동에너지와 사거리의 관계를 알아보기 위해서 먼저 항력이 없다고 가정한 다음에 포탄이 도달할 수 있는 최대사거리를 계산해보자.

탄속 v_M을 가지고 고각 θ로 발사된 탄은 아무런 공기저항을 받지 않는 경우 고전적인 포물선의 궤적을 가지고 날아간다. 이때, 탄의 위치와 속도 벡터 및 탄착시간까지 탄이 날아간 거리(L)가 포물선 운동을 나타낸 그림에 나타나 있다. 탄이 날아간 거리는 $\sin2\theta$에 비례하기 때문에 발사각도 $\theta=45°$의 조건에서 최대 사거리(L_{Max})가 아래와 같이 주어진다.

$$L_{Max} = v_M^2/g = 2K_M/mg \quad @ \; \theta = 45° \qquad (7)$$

우리는 위의 식 (7)을 통해서, 포탄의 (무항력) 최대사거리는 탄의 운동에너지에 정비례하고 질량에 반비례한다는 것을 확인할 수 있다. 앞에서 언급된 바와 같이 최대사거리와 직접적으로 비례하는 포구 운동에너지(K_M)를 증가시키기 위해 쓸 수 있는 기술적 방법들이 아래에 나열되어 있다.

① 강력한 추진제: 추진제의 에너지 밀도를 높이는 것이다. 즉 더 강력한 저폭약을 사용해야 한다. 나이트로셀룰로즈의 TNT 상당계수

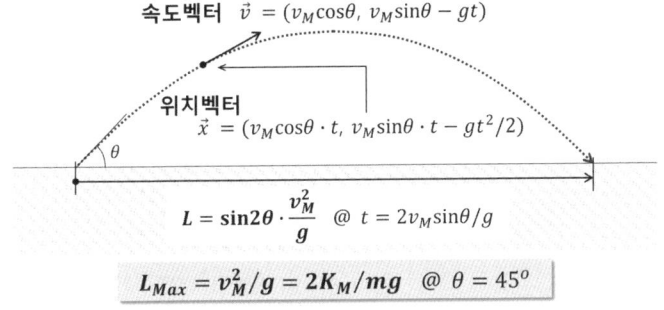

중력장에 의한 물체의 포물선 운동

(Relative Effectiveness Factor, RE Factor)는 1.1이며[22], 둔감장약의 원료이기도 한 HMX의 RE 값은 1.7이다. 즉 HMX를 장약으로 쓴다면, 나이트로셀룰로스 대비 약 1.55배의 운동에너지를 끌어낼 수 있다.

② 더 큰 약실: 약실의 크기를 키워서 더 많은 추진제를 장전하면 운동에너지를 증가할 수 있다. 그러나 약실 크기의 증가는 포와 장약의 규격을 변경해야 하는 것이기 때문에 실질적으로 적용하기 위해서는 절차적 과정이 매우 복잡할 수밖에 없다.

③ 완전연소: 추진제를 완전히 연소해서 추진제가 가지고 있는 화학에너지를 최대한 많이 열에너지로 전환해야 한다. 그리고 추진제가 완전연소하면 탄매가 덜 발생하기 때문에 포신의 막힘이 덜 하고, 폭염(暴炎)이 줄어들어 덜 관측되는 부수적인 장점이 있다.

④ 연소가스 특성의 최적화: 액체는 팽창함에 따라서 압력이 급격히 감소한다. 극고압의 기체는 액체와 유사한 압력에 대한 거동을 보

---

22 TNT는 제조사마다 열량에서 약간의 차이를 보인다. 그에 따른 혼란을 없애기 위해서, 폭발의 위력을 측정하는 척도가 되는 TNT의 열량을 1,000Kcal/kg으로 정의했다. 따라서 나이트로셀룰로스의 열량이 얼추 1,100Kcal/kg인 것을 알 수 있다.

일 수 있는데 팽창에 따라 압력이 빨리 감소하면 유효압력도 작아진다. 따라서 연소가스가 기체의 특성을 강하게 보일 수 있도록 최적화하는 것도 추진제 개발의 중요한 요소가 될 수 있다. 연소가스의 기체적 특성은 액체와 기체의 특성이 동시에 소멸되는 임계점에서 멀수록 좋아진다. 따라서 임계온도가 낮은 연소가스의 조성을 갖도록 추진제의 화학적 혼합비를 조정해야 할 수 있다.[23]

포탄의 사거리와 항력

포탄의 사거리를 결정하는 가장 중요한 요소는 (1) 탄의 운동에너지 (K_M)와 (2) 비행 과정에 탄에 작용되는 항력이다. 항력이 사거리에 미치는 영향을 알아보기 위해서 대한민국 육군의 K9 155mm 자주곡사포에서 사용하는 KM107과 K307 곡사포탄의 운동성능을 비교해보자.

	KM107-H E155mm 곡사포용 고폭탄	K307-BB/HE 155mm 곡사포용 항력감소 고폭탄
질량 (m)	41.86 kg	46.4 kg
탄속 (v_M)	684 m/s	928 m/s
포구 운동에너지 (K_M)	9.79 MJ	19.98 MJ
무항력 최대 사거리 (L_{Max})	47.7 km	87.9 km
최대 사거리 [카탈로그]	18.1 km	41.0 km
항력에 의한 사거리 감소	-29.6km (62% 감소)	-46.9km (53% 감소)

앞의 간단한 계산 자료에서 확인 할 수 있는 바와 같이, 항력감소 고폭탄에 대해서도 사거리의 50% 이상의 손실을 초래할 정도로 사거리에

---

23 이산화탄소 (CO_2)의 임계조건은 304.1K, 72.8기압이며, 물(H_2O)의 임계조건은 647.3K, 218.3기압이다. 따라서 고온 고압의 조건에서 이산화탄소가 수증기보다 이상기체의 특성을 더 잘 보여준다.

미치는 항력의 영향은 절대적이다.

포탄에 작용하는 항력은 파동저항(Wave Drag), 점성저항(Viscous Drag) 그리고 형상저항(Form Drag)으로 나눌 수 있으며, 이들 유체역학적 저항이 생성되는 원인은 아래와 같다.

① 파동저항(Wave Drag): 포탄은 초음속 비행체이기 때문에, 포탄의 선단에 형성된 충격파(Shock Wave)가 밖으로 전파된다. 충격파를 전파하기 위해서는 운동에너지가 포탄에서 주변의 유체로 공급되어야 한다. 즉, 포탄의 초음속 비행에 동반되는 충격파(또는 압력파)의 생성으로 발생하는 저항(즉, 운동에너지의 손실)이 파동저항이다. 초음속 여객기 콩코드에서 발생하는 소닉붐(Sonic Boom)을 제어할 수 없었던 것과 마찬가지로 파동저항을 원천적으로 제어하는 것은 아직까지는 불가능하다.

② 점성저항(Viscous Drag): 포탄이 비행할 때, 주변 공기와 탄체 표면 사이 속도의 차이 때문에 발생하는 저항이다. 공기의 점성으로 주변의 공기가 탄체에 끌려 오기 때문에 포탄의 운동에너지 손실이 발생한다. 상어의 표피에 있는 미세한 돌기구조(Riblet이라고도 함) 같은 표면 가공을 통해서 점성저항을 줄이는 것은 가능하다. 하지만 점성저항이 포탄에 작용하는 유체역학적 저항 가운데 가장 우세한 저항이 아니기 때문에 포탄의 생산단가를 제어하기 위해서 점성저항을 줄이기 위한 추가적인 표면 가공은 생략하고 있다.

③ 형상저항(Form Drag): 비행체의 형상 때문에 발생하는 저항이다. 베르누이의 정리에서 알 수 있는 바와 같이 유속이 느린 비행체의

선단에는 높은 압력이 걸리고, 유속이 빠른 측면에는 낮은 압력이 걸린다. 유체의 운동이 유선의 끊어짐 없이 비행체의 후단까지 이어진다면, 유속이 감소하면서 다시 높은 압력을 회복할 수 있다. 덕분에 비행체의 선단과 후단 사이 압력의 균형을 유지할 수 있으며, 비행체에 작용하는 형상저항은 (아래 그림의 윗쪽 경우에 표현된 유동처럼) 크지 않다. 하지만 비행체의 형상이 유선형이 아니면 (즉, 아래 경우에 나타난 포탄의 탄저처럼 절단면을 가지고 있으면) 유선이 이어지지 못하고 끊기게 되며, 후면에서 압력이 회복되지 못하기 때문에 측면의 낮은 압력 상태로 남게 된다. 즉 비행체의 선단의 압력이 후단보다 높은 상태이기 때문에 (심한 경우에는 점성저항의 10배 이상에 해당하는) 매우 큰 저항이 비행체에 작용한다. 즉 유선형에서 많이 벗어난 비행체의 형상때문에 선단과 후단의 압력 차이로 발생하는 저항이 형상저항(Form Drag)이다. 포탄의 탄저가

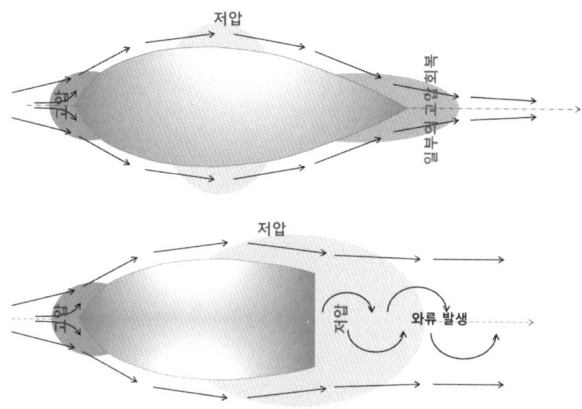

형상저항의 발생 메커니즘: 탄저의 절단면에서 발생하는 와류때문에 압력이 회복되지 못해서 형상저항이 발생한다.

유선형이 아닌 절단면이기 때문에, 점성저항을 거의 10배 이상 초과하는 형상저항이 작용할 수 있다. 그래서 형상저항이 항력감소를 위한 연구개발의 우선 대상이 될 수밖에 없다.

형상저항은 사거리만 감소시키지 않고, 정확성까지 감소시킬 수 있다. 탄저의 재순환영역에 형성된 와류(渦流, Vortex)에서 생성된 압력의 진동이 탄에 전달될 수 있다. 결과적으로 포탄의 직진성이 떨어져서 탄착지점의 오차가 커질 수 있다. 형상저항이 사거리와 더불어 정확성에 매우 치명적이어서 형상저항을 감소하기 위한 시도가 지금도 계속되고 있다.

K307과 같은 항력감소탄은 탄저에서 가스를 배출하는 Base Bleeding을 통해서 형상저항을 감소한다. 그래서 이런 종류의 항력감소탄을 줄여서 BB-탄이라고 부르기도 한다. 탄저에서 가스를 분출하면 탄의 뒷부분에 버블(Bubble)이 형성된다. 그리고 버블이 일종의 유선형 동체의 역할을 해준 덕분에 포탄의 주변을 흐르는 공기의 유선이 끊기지 않고

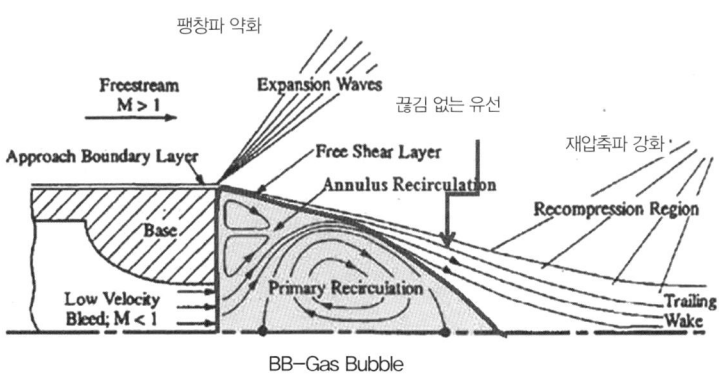

Base Bleeding을 이용한 항력감소의 원리

탄의 뒤로 연장되면서 압력도 일부 회복할 수 있다. 또한 탄 주변의 압력파도 포탄 후면의 압력회복에 도움이 되는 형태로 개선된다. 즉 탄저에 붙은 팽창파가 약해지고, 뒤에 있는 재압축파가 강해진다. 결과적으로 포탄의 선단과 후단의 압력 차이를 줄일 수 있기 때문에 형상저항을 획기적으로 감소시킬 수 있으며, 이는 사거리 연장의 효과로 직결된다. 즉, 탄의 주변을 흐르는 공기가 BB-가스로 만든 버블(Bubble) 덕분에 탄의 모양을 유선형이라고 느끼기 때문에 형상저항이 작아진다고 보면된다.

사거리를 추가적으로 연장하기 위해서 포탄에 보조추진 로켓을 추가하는 RAP(Rocket Assisted Projectile) 기술도 적용할 수 있다. 탄저의 로켓추진은 Base Bleeding과 같은 항력감소 효과와 더불어 추가적인 추진의 효과를 얻을 수 있기 때문에, K315 HE-RAP-탄의 경우 50km가 훌쩍 넘는 사거리를 얻을 수 있다. 그러나 사거리가 늘어나는 대신, 로켓의 추진제를 소모하기 때문에 탄착 순간 탄의 질량이 줄어드는 단점도 있다. 추진제를 장전한 체적 때문에 탄의 질량과 작약의 양이 줄어들어서 탄의 위력이 감소되는 문제점은 RAP-탄뿐만 아니라 Ramjet-탄처럼 자체 추진력을 가지는 탄종에서도 발견되는 공통적인 문제점이다.

포탄들 가운데 공역학적으로 가장 우수한 탄종은 박격포탄이다. 탄의 모양이 형상저항을 최소화할 수 있도록 유선형이고, 박격포의 포신은 연소가스의 누출을 최소화하면서 효과적으로 장약의 에너지를 탄의 운동에너지로 전환할 수 있다. 따라서 장약의 에너지 대비 가장 긴 사거리를 얻을 수 있는 탄이 박격포탄이다. 공역학적 성능을 극대화한 탄들이 속속 개발되고 있으며, 이에 대한 설명은 뒤에서 할 예정이다.

장사정포의 허상

북한 정권은 거의 매년 연례 행사처럼 '서울 불바다'라는 엄포를 놓고 있다. 그러면 색깔론에 중독된 남쪽의 기성언론들도 국민 겁주기 차원에서 위협을 한번 더 뻥튀기하기 일쑤이다. 북한이 떠드는 서울 불바다의 주역이 바로 주체포 또는 곡산포라고 부르는 170mm 자행포와 장거리 방사포이다. 그러나 앞에서 소개한 화포의 물리적 개념을 이해한다면, 포의 사거리를 늘리기 위해서는 어떤 형태로든 그 대가를 지불해야 한다는 것을 알 수 있다.

곡산포는 170mm 구경을 가지고 있고 포의 총길이가 15m라고 하니, 50~60구경장을 가뿐히 넘는 초장구경장의 포이다. 그러나 BB탄의 경우 50km 전후, RAP탄의 경우 60km (일부의 보도 및 주장에는 70km) 전후의 사거리를 가지고 있다는 측면에서 매우 조악한 곡사포라고 볼 수 있다. 일단 거의 60구경장에 해당하는 초장구경장 포신은 포의 위력 증대에 별로 도움이 되지 않는다. 앞의 식 (6)에서 알 수 있는 바와 같이, 포신을 두 배로 늘린다고 사거리가 두 배로 늘어나는 것이 아니라 기껏해야 20~25% 정도 늘어날 뿐이다. 하지만 포의 가공 정밀도가 떨어져서 포의 정확성을 완전히 희생해야 하고[24], 운용성도 결코 좋을 수가 없다. 일부의 주장에 따르면 5분에 1~2발 정도로 발사속도가 매우 느리다고 한다. 물론 초탄 발사를 위한 이동 및 방열 시간도 상당히 길 것이며, 사격 후 신속하게 진지 이동을 하는 것도 힘들다. 즉 'Shoot and Scoot' 같은 실전적 기동성은 기대조차 하지 말아야 한다.

---

24 일설에는 170mm 야포의 포신 두개를 용접해서 포신의 길이를 늘렸다고 한다. 당연히 포신의 정밀도는 물론이고 내압성능도 좋을 수가 없다.

170mm 90구경장 곡산포(주체포)

초장구경장의 포로서 RAP탄 60km 수준의 최대사거리를 갖고 있다는 것은 탄의 운동에너지가 굉장히 작다는 것을 의미한다. 즉, 약실과 포신의 내압성능이 낮아서 포탄에 많은 운동에너지를 전달할 수 없다. 운동에너지가 작은 탄을 멀리 날리는 방법은 오직 하나뿐이다. 포탄의 무게를 줄이면 된다. 그래서인지 곡산포 포탄의 무게가 겨우 20kg 전후라고 한다. 결국 탄의 위력이 105mm 곡사포탄과 거의 동급 수준에 지나지 않는다.

주체포라고 부르든 곡산포라고 부르든 상관없는 북쪽의 170mm 초장구경장 자행포는 오직 사거리 연장만을 위해서 포의 정확성, 포탄의 위력, 발사속도, 기동성 등 나머지를 모두 포기한 기형적인 포에 불과하다. 이런 포를 가지고 서울을 불바다로 만드는 것은 불가능하다. 단 생화학탄 또는 방사능탄과 같은 Dirty Bomb을 몇 번 발사하는 것 이외에 쓸모가 거의 없다고 봐야한다. 즉 북쪽의 장사정포는 전술적 무기가 아니라 테러용 무기이다. 이것 하나만으로도 북쪽 정권의 실체가 무엇인지 확인할 수 있다.

제럴드 불과 슈퍼건

제럴드 빈센트 불(Gerald Vincent Bull, 1928~1990) 박사는 캐나다 출신의 무기 엔지니어이다. 슈퍼건에 대한 그의 노력과 이스라엘의 모사드에게 암살당했다는 세간의 믿음 때문에 컬트 반열에 오른 인물이기도 하다.[25] 1960년대에 그는 맥길대학의 기계공학과 교수로 재직하기도 했다. 아직 존 리 교수에게 제럴드 불에 대한 이야기를 직접 물어본 적은 없지만, 다음 만남이 있다면 나도 꼭 한번 물어보고 싶을 정도로 궁금증을 자아내는 인물이 제럴드 불이다. 거기다 훤칠한 키에 준수하게 생긴 외모가 그의 카리스마에 큰 도움이 되었을 것이다.

제럴드 불을 유명하게 만든 것은 스페이스건(Space Gun)이라고도 부르는 HARP 프로젝트와 이라크의 바빌론 프로젝트라는 슈퍼건 프로젝트들이다. 그러나 이들 슈퍼건 프로젝트가 사실상 실현 가능성이 없는 프로젝트였던 반면, 그가 독자적으로 설계했던 (남아공 데넬(Denel)사에서 생산한 G5 곡사포의 원형에 해당하는) GC-45 곡사포는 현대적 155mm 곡사포의 기준성능을 설정한 화포의 입지를 가지고 있다. 그런 면에서 그는 기술적 몽상가였음에도 불구하고 실질적인 개발능력까지 갖고 있던 매우 특이한 엔지니어였음에 틀림이 없다.

HARP(High Altitude Research Project)는 미국과 캐나다 국방부의 지원으로 수행된 프로젝트로 외형적인 연구개발 목표는 포를 이용해 위성체를 발사할 수 있는지를 시험하는 것이었다고 한다. 그러나 HARP는

---

[25] 1994년 HBO가 제작한 제럴드 불의 슈퍼건에 대한 인생역정을 다룬 "Doomsday Gun"이 방영된 적이 있다. 필자도 1994년 HBO 채널에서 방영된 것을 봤으며, 상당히 재미있는 (시간이 아깝지 않은) 다큐영화라고 생각한다.

기술적 목표의 실현 가능성이 'ZERO'라고 할 수 있는 프로젝트였다. 화포를 이용해서 우주에 위성체를 발사하기 위해서는 지구의 중력을 탈출할 수 있을 만큼의 충분한 운동에너지를 발사체(Projectile)에 전달해야 한다. 지표면에서 중력 탈출속도는 대략 11.2km/s 정도가 된다. 앞에서 고려했던 KM107 155mm 곡사포탄은 유효압력 600기압짜리 가스건으로 발사되면, 약 52구경장에서 682m/s의 탄속을 얻을 수 있다. 동일한 가스건을 이용해서 중력탈출속도에 해당하는 운동에너지를 얻기 위해서는 속도비(~11.2[km/s]÷684[m/s]~16.37)의 제곱만큼 포신을 늘려줘야 하기때문에, 155mm 곡사포의 경우 52구경장의 약 270배에 해당하는 최소 14,000구경장(~2.17km)의 포신이 필요하다. 즉 상식적으로 존재할 수 없는 길이의 포신과 그 포신을 채울 수 있는 초대용량의 고압가스탱크가 있어야만 중

위에서부터 제럴드 불과 그의 슈퍼건 (둘째 컷부터 HARP의 발사 장면, 이라크의 바빌론포와 포신. 바빌론 포와 포신 사진의 출처: BBC, Imeprial War Memorial)

력탈출속도[26]를 얻을 수 있다.

　1966년에 실시된 HARP 테스트 발사에서 제럴드 불은 약 2.1km/s(7000ft/s)의 최대 탄속과 약 179km(590kft)의 최대 고도를 기록했다. 그러나 그런 성능을 가지고 있는 포라도 약 30배 정도 긴 포신에서 같은 수준의 유효압력을 유지해야만 중력탈출속도를 얻을 수 있다. HARP는 실용적 가치는 없고 미국과 캐나다 국방부가 한번 질러본 연구에 지나지 않는다고 보는 것이 타당할 것이다.

　HARP가 아무런 결실을 얻지 못하고 종료된 이후에, 제럴드 불은 SRC(Space Research Corporation)라는 자신의 회사를 설립했다. 그리고 SRC가 개발한 것이 ERFB(Extended Range Full Bore)라는 사거리 연장탄과 GC-45라는 45구경장의 곡사포였다. 1970년대 ERFB 기술을 이스라엘, 남아공 및 중국 등에 수출했으며 (그래서 북에도 흘러들어 갔으며), GC-45의 설계에 바탕해서 남아공의 데넬(Denel)사가 생산한 155mm 곡사포가 G5 곡사포이다.[27] 1980년대 초반 탄속 900m/s에 BB-탄 사거리 40km를 달성한 G-5 곡사포는 이후 서방권 155mm 곡사포 성능의 벤치마크가 되었다. 그러나 1980년 남아공 및 중국과의 불법적 무기거래가 발각되면서 미국과 캐나다 법원에서 각각 징역형과 벌금형을 받고 유럽으로 활동무대를 옮겼다.

　1980년 유럽으로 옮긴 그에게 새로운 고객이 나타났다. 다름 아닌 이란과 전쟁에 열중하고 있던 이라크의 사담 후세인이었다. 당연히 제럴

26　중력에서 탈출하기 위해서는 포텐셜에너지인 mgR [R=지구반경] 보다 큰 운동에너지가 있어야 한다. 따라서 중력탈출을 위한 조건은 v > (2gR)$^{1/2}$ ~ 11.2[km/s]가 된다. 즉 단위질량(kg)당 최소 63MJ의 운동에너지가 필요하다.

27　G-5 곡사포는 1990년 나미비아분쟁 때 (쿠바군에 의해서 훈련된 남아프리카 최강의 군대라고 알려진) 앙골라군을 상대로 실전에 투입돼서 승리에 결정적 역할을 했다고 알려지고 있다

드 불은 자신의 GC-45의 설계를 이라크에 팔았다. 그리고 슈퍼건을 만드는 바빌론 프로젝트도 수주했다. 바빌론 프로젝트는 350mm 구경에 45m 길이의 Baby-Babylon 활강포 1문과 1m 구경에 150m 길이의 Big Babylon 활강포 2문을 만드는 프로젝트였다. Big Babylon 활강포의 목표는 다단계 RAP-탄을 발사해서 540kg의 위성체를 궤도에 올리거나 약 8,000km의 사거리까지 포탄을 쏘는 것이라고 한다. 그 대신 사담 후세인은 제럴드 불의 슈퍼건 프로젝트를 지원하는 조건으로 이라크가 보유하고 있는 스커드 미사일과 포의 성능 개량을 요구했다.

과연 바빌론 프로젝트의 기술적 실현 가능성이 있었을까? 발사체(Projectile)의 다단계 구조를 고려하지 않고 탄두를 바로 궤도에 올려놓는다고 가정하면, 이탈피(Discarding Sabot)의 무게까지 고려한 발사체의 무게는 약 1톤 정도라고 하자. (활강포에서 탄자의 무게와 이탈피의 무게가 거의 비슷한 수준임) 1톤짜리 발사체가 중력이탈속도를 얻기 위한 구경 1m 150구경장 포의 평균 유효압력은 약 5,000기압 정도로 추정된다. (포탄의 운동에너지를 포신의 체적으로 나눠준 값이다) K9 자주곡사포의 최대 약실 압력이 3750기압에 불과하다는 것을 고려하면, 5,000기압 평균유효압력은 길이 150m에 달하는 거대한 포신 전체를 초강력 추진제로 채워야만 얻을 수 있는 높은 압력이라는 것을 알 수 있다. 물론 로켓의 보조추진을 통해서 중력탈출을 위한 운동에너지를 얻을 수 있지만, 로켓과 추진제 무게까지 고려한다면, 포의 에너지 공급 부담을 결코 덜어주지 못한다.[28]

---

28 Tsiolkovsky rocket equation의 한 형태인 $m_0/m_1 = \exp(\Delta v/I_{sp}g)$은 로켓의 속도 이득과 발사체의 무게 변화에 대한 관계식이다. 고체 추진제의 경우 $I_{sp}g$=2500~3000m/s 이기 때문에, RAP가 약 2.5~3.0km/s의 속도를 추가적으로 얻기 위해서는 [즉, $\Delta v/I_{sp}g \sim 1$ 수준의 속도이득을 얻기 위해서는] 로켓 추진 이전의 무게가 최종 무게의 약 2.7배는 돼야 한다. 즉 포로 RAP를 발사하는 경우, RAP 탄두의 (단위질량당) 포구 운동에너지는 약 45% 감소하지만, RAP 탄두 무게의 증가는 2.7배로 훨씬 크기 때문에, 포가 RAP 탄두에 전달시켜야 하는 운동에너지는 오히려 50% 이상 증가할 수 있다.

이라크 정부의 지원을 받아서 슈퍼건을 건설하고, 또한 스커드 미사일의 성능개선에도 관여한 이후, 그는 이스라엘 정보부의 관찰 대상이 된다. 당연히 이스라엘은 슈퍼건과 스커드 미사일이 이스라엘을 목표로 개발되고 있다고 의심하지 않을 수 없었다. 1990년 3월 22일, (여러 차례의 경고가 있었음에도 불구하고) 이라크와의 프로젝트에서 손을 떼지 않고 있던 제럴드 불은 브뤼셀에 있는 그의 아파트 현관 앞에서 5발의 총탄을 맞고 암살당했다. 지금도 누가 그를 암살했는지 확인되지 않고 있지만, 이스라엘의 모사드가 수행한 작전이었다는 것이 모든 사람의 공통된 생각이다.

과연 바빌론 포는 실현 가능했을까? 아마 평생 1발을 발사하기도 힘들었을 것이다. 이동이 불가능하기 때문에 이스라엘 공군의 폭격을 피할 방도도 없다. 그리고 발사체가 우주 궤도에 올라갈 수 있는 운동에너지를 얻을 수 있는 기술적 가능성은 그때도 없었고 지금도 없으며, 지표면으로 되돌아 오는 발사체가 대기권에 제대로 재진입할 수 있을지도 검증되지 않았다. 혹시 한발을 발사한다고 하더라도 포탄이 어디에 떨어질지 아무도 알 수 없는 노릇이었다. 사담 후세인의 돈으로 제럴드 불 개인의 슈퍼건에 대한 기술적 로망을 실천한 것에 불과하다.

미국의 화포 말아먹기 신공

1990년대와 2000년대 미국의 육군과 해군은 각각 신형 자주포와 함포 개발사업을 아주 크게 말아먹었다. 덕분에 미육군은 1960년대 개발된 M109 155mm 자주포를 지금도 개량하면서 운용하고 있으며, 미해군은 줌왈트급 구축함 건조 계획 자체를 3척만 건조하고 중단해야 하는 대참사를 겪었다.

대참사의 시작은 미육군의 XM2001 크루세이더 자주포였다. 크루세이터 자주포의 개념은 아주 고급형 K9 + K10 패키지 시스템으로 보면 된다. 보급부터 사격까지의 전과정에 대한 통합 솔루션을 가지고 있는 자주포의 개념은 크게 문제가 될 것은 없었고 또한 충분히 구현 가능했다. 하지만 핵심적인 문제점은 아직 검증도 제대로 되지 않은 개념적 포를 중심으로 자주포 체계를 개발하고 있었다는 점이다. 나무위키에 나와 있는 주포의 제원은 'United Defense(현 BAE Systems) 155mm 56 구경장 XM297E2 전열화학 곡사포'이지만[29], 미국쪽 자료에 따르면, 전열화학포 이전에 액체추진제를 쓰는 포를 주포로 채택한 시스템이 개발되고 있었다고 한다.

내가 미국으로 유학을 갔던 1980년대 후반에는 포의 액체추진제(Liquid Gun Propellant)는 매우 뜨거운 연구주제 가운데 하나였다.[30] 스펙 상으로 액체추진제는 기존의 고체추진제보다 매력적인 부분이 아주 많았다. 먼저 액체추진제는 고체추진제보다 에너지밀도가 매우 높다. 그리고 추진제를 연소실에 주입하는 양을 조절해서 (마치 자동차 엔진의 엔진 성능 컨트롤처럼) 에너지 입력을 자유자재로 조절할 수 있을 뿐만 아니라 주입시간을 늘려서 디젤엔진처럼 정압연소 구간을 늘려줄 수도 있다. 덕분에 포신에 과도한 압력을 가하지 않고 포탄을 오래 가속할 수 있다. 그리고 무엇보다도 추진제의 보급이 훨씬 수월하다. 저장용기에 추진제를 채워 주기만 하면 된다. 당시에는 이제 곡사포도 기관총처럼 발사

---

29 거기에다 액체냉각을 하는 포였다고 한다. 약실만 냉각하는 것인지 포신까지 냉각하는 것인지 정확하게 확인되지않는다. 포신까지 냉각한다면, 냉각 장치를 위한 추가가공이 필요할 수 있다. 경우에 따라서는 포신의 내압성능에 영향을 미칠 수도 있으며, 포신의 무게 증가는 필연적이다.

30 특히 HAN(Hydroxyl Ammonium Nitrate)과 TEAN(Triethanol Ammonium Nitrate)의 혼합물에 대한 상당한 연구가 진행되었다고 한다. 이들 추진제의 발열량은 TNT의 3~4배에 달하는 매우 큰 값을 가진다.

할 수 있는 시대가 왔다고 말하곤 했다.

그러나 액체추진제를 이용한 실사격에서 많은 문제가 발생했다. 첫째 연소성능의 조절에 실패했다. 추진제를 연소실에 분사할 때 추진제의 분무를 완벽하게 제어할 수 없었기 때문에 탄을 쏠 때마다 연소속도와 열발생량이 달랐다고 한다. 디젤엔진의 경우 실린더 또는 폭발행정마다 열발생률이 다를 수 있지만, 피스톤 + 크랭크축 + 플라이휠의 운동에너지가 열발생량의 미세한 변동을 대부분 흡수할 수 있다. 하지만 곡사포에서는 열발생량의 편차를 흡수해줄 수 있는 완충시스템이 없다. 그래서 탄을 쏠 때마다 탄착거리에서 1% 이상의 심각한 오차가 발생했다고 한다. (40km 사거리이면 200m 이상의 공산오차) 정확성이 부족한 포탄은 낭비되는 것과 다름이 없다. 더 큰 문제는 미연가스가 포신에서 폭발해서 포신이 손상되는 치명적 문제점도 발생했다고 한다. 그래서 1990년대 초반 주포를 전열화학포로 서둘러 변경했지만, 당시 국방부장관 럼스펠드가 크루세이더 프로그램을 취소했다. 아마 전열화학포를 채택해서 계속 개발을 했더라도 크루세이더는 성공하지 못했을 것이다. 크루세이더 프로그램이 취소되고 30년이 거의 다 된 지금도 전열화학포가 완성되지 못한 것을 보면, 당시에도 실험적 주포에 불과했던 것으로 보인다.

이후 미 육군은 NLOS-C(Non-Line Of Sight Canon)를 개발하다 취소했으며,[31] 최근에는 XM1299라는 155mm 58구경장 자주포 개발을 시도하고 있다. 들리는 말에 의하면 XM1299의 목표 최대사거리가 약 130km라고 하는데, 이를 달성하기 위해서는 구경장을 늘리는 것보다 추진에너지를 거의 3배 이상 공급해주거나 완전히 새로운 개념의 포탄을

---

31 NLOS(즉, 非視線)라는 이름을 붙인 것은 아마 M982 엑스칼리버 정밀유도포탄의 사용을 염두에 두고 개발되고 있었기 때문으로 판단된다.

도입하는 것이 핵심일 것이다. 물론 새로운 규격을 가지는 자주포와 포탄의 도입 단가 및 보급 체계의 혼란에서 오는 간접비용을 미 육군이 감당할 수 있는지는 현재로서는 판단하기 어렵다. 그리고 전면전보다는 탈레반 또는 ISIL(Islam State of Irag and Levant)과 같은 반군을 대상으로 하는 비정규전에 집중해야 하는 미 육군 특성상 XM1299 수준의 고스펙 자주포에 대한 필요성도 크지 않다. 그러나 보다 실질적인 기술적 문제로 들어간다면, 450마력의 엔진 그리고 토션바(torsion bar) 현수장치를 채택한 30톤 정도의 비교적 작은 M109 계열 차체가 과연 XM1299 장사정 곡사포의 강력한 반동을 제대로 흡수할 수 있을지와 더불어 자동장전장치 등을 탑재할 수 있는 공간적 여유가 있을지 의심스럽기만 하다. 어쩌면 미 육군의 화력에 대한 자존심을 세워주거나 탄도연구소(Ballistics Research Laboratory, BRL)와 BAE Systems에 일감을 몰아주기 위한 소모성 개발사업일 가능성도 무시할 수는 없다.

미해군의 AGS(Advanced Gun System) 프로그램은 더 비참한 결과를 초래했다. 함포를 개발하는 것은 자주포를 개발하는 것보다 제약조건이 많지 않기 때문에 훨씬 쉽다. 일단 포의 이동에 대한 부담이 없고, 군함 자체가 무거운 물건을 안정적으로 지지해줄 수 있는 플랫폼이기 때문에 좋은 포와 탄의 개발에만 집중할 수 있다. AGS는 155mm 62구경장으로 최대사거리 약 100해리를 목표로 개발된 포이다. 그러나 기존의 어떤 포와도 호환성이 없었기 때문에 AGS용 포탄도 같이 개발해야 했고, 사거리도 목표치에 턱없이 부족했다. 2010년 AGS의 개발이 완료되었을 때, 사용할 수 있는 탄종은 단 하나였으며, 포탄 한 발당 가격이 크루즈 미사일의 가격과 맞먹는 무려 80만~100만 달러였다고 한다. 이는 개발 초기 제시된 생산단가 3.5만달러를 약 30배 초과하는 금액이다. 덕분에 미해군은 AGS 전용탄의 구매를 취소했으며, 3척이 건조된 줌왈트 구축함에는 각각 2문씩 총 6문의 AGS포가 설치되었지만 쏠 수 있는 탄이 없는 공포(空砲)가 됐다. AGS의 실패 때문에 줌왈트급 구축함 건조계획이 3척에서 중단되었는지, 아니면 줌왈트급 구축함이 3척밖에 건조되지 못해서 AGS가 실패했는지는 판단하기 어렵다. 다만 110억 달러 이상의 개발비와 (고정투자비용 포함) 130억 달러 이상의 건조비로 달랑 3척만 건조한 줌왈트급 구축함 사업은 미해군 역사상 최악의 실패라고 해도 과언이 아닌 흑역사가 되었다. 그리고 보급체계를 무시하고 개발하는 사업이 얼마나 위험한 것인지를 보여주는 대표적인 타산지석이 되었다.

앞에서 언급된 것처럼 포의 사거리, 탄의 위력, 정확성 그리고 가성비와 보급성을 모두 만족할 수 있는 화포 시스템은 존재하지 않는다. 하나를 얻으면 필연적으로 나머지를 희생해야 한다. 핵심은 자신의 전략 전술 상황에 맞춰서 최적의 화력시스템을 구축하는 것이지, 카탈로그에 나오는 제원이 그럴듯해 보인다고 무턱대고 질러댈 일이 아니라는 것이다. 카탈로그를 보고 무기를 쇼핑하는 군대라면, 전 세계의 최첨단 무기로 무장했음에도 불구하고 예멘의 후티반군에게 날이면 날마다 깨지고 다니는 사우디 국방군과 다를 것이 없다.

최근에는 미국이 SLRC(Strategic Long Range Canon)이라고 부르는 사정거리 1600km 포를 개발하겠다는 썰을 흘려 보내고 있다. 여기에는 중국을 견제하기 위해서 한국, 대만, 일본에 배치할 계획이라는 간보기도 빠지지 않았다. 그리고 색깔론이 없으면 스스로의 존재감을 찾을 수 없는 극우 언론과 조회수에 목을 매는 밀리터리 유튜버들이 이 썰을 열심히 퍼 나르고 있다. 그러나 아직 미국이 제럴드 불과 레일건에서 깨우친 것이 없거나, 그도 아니라면 자기들이 개발한다면 무조건 사 젖히는 호갱이 널려 있다고 생각하는 모양새이다. 사정거리가 1600km가 되려면 탄속이 최소 4km/s가 되어야 할 텐데 (앞의 식 (7) 참조바람), 현재의 기술로는 탄속 4km/s를 달성할 수 있는 실용적 화포 개발이 불가능하다. 미국이 SLRC를 개발하든 말든 내가 상관할 일은 아니지만, 제발 한국에서 그 개발비를 뜯어가지 않았으면 한다.

포병 화력의 미래

현재 155mm 곡사포의 성능은 거의 물리적 한계에 다다랐다. 단지 포신만 연장한다고 해서, 얻을 수 있는 사거리 연장의 효과는 아주 미미하다. 사거리를 연장하기 위해서는 추진제의 에너지 밀도와 장약의 양을 키워야 하지만, 약실과 포신에 작용하는 압력이 높아지는 문제가 따라온다. 따라서 포신과 약실의 내압성능을 개선함과 동시에 냉각성능까지 개선해야 하고, 포탄 발사의 반동을 흡수하기 위해서 주퇴복좌기와 차체의 현수장치도 개선해야 한다. 그리고 사거리가 늘어나는 것에 대한 대가로 정확성의 희생도 불가피하다. 그래서 현재는 운동에너지라는 포의 기계적 성능을 개량하는 것보다는 탄의 성능을 개량하는 데 포병화력 증강의 초점이 맞춰져 있다고 볼 수 있다. 일부의 밀리터리 유튜버들이 K9A2 개량형의 사거리가 100km를 초과한다고 주장하지만 기존의 BB-탄은 40km, RAP-탄은 60km 수준이 물리적 한계에 가까운 사거리이다. 100km가 넘는 사거리를 구현하기 위해서는 현재 개발 중에 있는 활공유도포탄 또는 램젯추진탄을 사용해야 하지만, 역시 핵심적인 문제는 수천만원대에 해당하는 포탄의 가격이다.

위의 사진들은 재래식 KM107 포탄에서 출발해서 이후 사거리 연장과 정

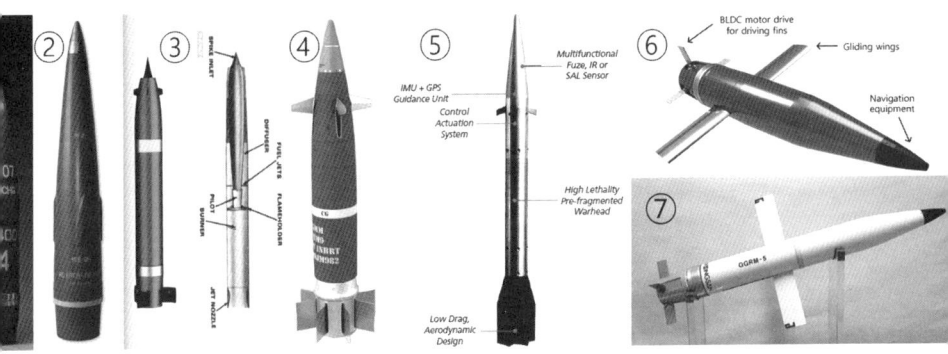

다양한 유형의 곡사포 포탄들 (설명은 본문 참조) (출처: ① 풍산금속 카탈로그, ④ militart-today.com, ⑤ BAE Systems 카탈로그)

확성 개선을 위해서 개발되었거나 개발 중에 있는 포탄들을 보여주고 있다. 위의 탄들이 거의 진화단계의 순서로 나열되었기 때문에, 그에 대한 물리적 특성을 하나씩 차례대로 설명하면서 포탄기술의 발전방향을 알아보자.

① KM107 (미육군의 M107과 동일) 155mm 곡사포탄: 가장 널리 보급된 155mm 곡사포탄이다. 특히 탄의 끝부분에 있는 황동띠는 강선과 탄의 맞물림을 위한 장치이다. 그러나 약간 돌출된 황동띠 덕분에 포탄 주변을 흐르는 유동의 박리(Flow Separation)를 촉진시켜 탄의 형상저항을 증가시키는 문제점도 따라온다. (앞의 형상저항을 설명하는 그림 참조 바람)

② 제럴드 불의 ERFB(Extended Range Full Bore)-BB(Base Bleeding) 포탄: 1970년대 제럴드 불이 GC-45 곡사포와 함께 개발한 사거리연장탄으로, Base-Bleeding과 함께 탄의 중간지점에 있는 (강선과 맞물리는 역할도 하는) 두툼한 핀으로 탄의 진동과 유동의 박리를 억제해서 형상저항을 감소하는 데 성공한 탄이다.

당시에는 획기적이었던 사거리 40km를 달성했다.

③ 램젯(Ramjet) 포탄: 로켓보조추진보다 효율이 좋은 램젯을 이용해서 사거리를 연장한 포탄으로 노르웨이의 Nammo에서 가장 먼저 개발에 성공했으며, 최근에는 국내에서도 연구개발되고 있다. 155mm 램젯 포탄은 사거리를 80~100km까지 연장할 수 있다고 한다. 그러나 탄의 많은 체적을 연소실이 차지하고 있기 때문에 포탄의 중량과 작약의 양이 줄어들 수밖에 없는 부수적인 문제를 가지고 있으며, 램젯의 장착에 따른 생산단가의 상승도 피할 수 없다. 사거리 연장의 효과는 확실하지만, 상대적으로 탄의 위력과 가성비의 희생이 너무 클 수 있다. 따라서 이런 희생을 상쇄할 만큼의 사거리과 정확성이 요구된다.

④ M982 엑스칼리버(Excalibur) 유도포탄: 포탄의 정밀유도 가능성을 확인해준 획기적인 포탄이다. 기존의 BB-탄에 귀날개(캐나드, Canard)와 꼬리날개를 장착해서 탄의 유체역학적 성능을 개선함과 동시에 GPS와 IMU(Inertial Measurement Unit, 관성측정유닛)에 의한 포탄의 정밀유도까지 가능해졌다. 귀날개의 양력 덕분에 M109A6 팔라딘 자주포의 (BB-탄 기준) 최대사거리가 30km에서 40km로 연장되었으며, 90% 이상의 탄이 목표지점 4m 이내에 탄착하는 수준의 정확성도 구현했다. 그리고 지금도 정확성이 계속 개선되고 있다. 단 양산을 한다고 하더라도 생산량이 많지 않기 때문에 높은 가격이 문제이다. 초기에는 1발당 8만 달러였으나 지금은 약 4만 달러 이하까지 낮아졌다고 한다.

⑤ 유럽의 불카노(Vulcano): 유럽의 BAE Systems와 레오나르도(Leonardo)가 개발한 (오토멜라라 또는 Mk. 45계열) 127mm(5in)

함포 또는 155mm AGS 함포에 호환될 수 있는 정밀유도포탄이다. 탄의 형상이 전차의 주포에서 발사하는 운동에너지탄의 관통자와 비슷하게 생긴 것에서 알 수 있는 바와 같이, 불카노는 이탈피(Discarding Sabot)를 이용해서 포신 내에서 추진력을 받는 아구경(亞口經, Sub-Caliber)포탄이다. 그래서 유체역학적 성능이 매우 우수하기 때문에 사거리 연장의 효과가 우수하고 (무유도 시 75~100km 이상까지), 또한 다양한 구경의 포에 최소한의 설계변경으로 쉽게 적용이 가능하다. 그러나 아구경 포탄이기 때문에 필연적으로 탄의 중량과 작약의 양이 작아질 수밖에 없으며, 결국 위력의 감소를 충분히 보상할 수 있는 수준의 정확성이 꼭 필요하다. 그리고 정밀유도포탄의 범용화에 가장 큰 병목이라고 할 수 있는 생산단가에 대해서는 아직 알려진 바가 없으나, 생산단가는 널리 보급된 5인치 함포에 얼마나 많이 채택되는가에 달렸다고 볼 수 있다. 또한 국내에서 개발 중인 127mm 활공유도로켓포탄(GGRM-5)과 시장에서 경쟁할 가능성이 매우 크다.

⑥ 풍산에서 개발하고 있는 155mm 활공유도포탄(Gliding Guided Artillery Munition, GGAM): 사거리를 100km까지 연장하기 위해서 탄이 정점에 도달한 이후 날개를 펼쳐서 활공을 할 수 있도록 개발되고 있는 155mm 곡사포용 정밀유도포탄이다. GPS/IMU 통합 항법유도장치를 갖추고 있으며, 50%의 포탄이 목표지점 6m 이내에, 95%의 포탄이 목표지점 10m 이내에 탄착할 것으로 예측하고 있다. 하지만 GGAM이 탄의 중량 대비 날개의 면적이 다른 정밀유도포탄보다 훨씬 크기 때문에, 완성된 GGAM의 명중률은 M982 엑스칼리버를 상회할 가능성이 매우 커 보인다. 단 날개를 포함하는

유도장치의 체적이 커서 작약의 양이 줄어드는 만큼 위력의 희생은 불가피하며, 역시 가성비는 양산규모에 의해서 결정될 것이다.

⑦ 풍산에서 개발하고 있는 127mm(5in) 활공유도로켓포탄(Gliding Guided Rocket Munition, GGRM-5) : 사거리 130km를 목표로 개발하고 있는 127mm 함포용 로켓보조추진 정밀유도포탄이다. 유도와 사거리 연장의 기본 방법론은 로켓을 이용한 보조추진을 한다는 점을 빼면 GGAM과 동일하다. 향후 시장에서 레오나르도의 불카노와 경쟁할 가능성이 매우 큰 포탄이기 때문에 (127mm 함포에 대한 이탈리아의 오토멜라라와의 껄끄러웠던 과거사까지 고려하면), 개발의 완성도를 높이는 것이 GGRM-5가 시장에서 경쟁력을 확보하기 위한 핵심 과제라고 할 수 있다.

포탄의 정확성을 개선하기 위한 그 밖의 방법으로 관측용 포탄 및 탄도수정신관 등이 개발되거나 보급되고 있다. 탄도수정신관의 경우, M982 엑스칼리버 수준의 정밀유도는 불가능하지만, 기존의 포탄에 적용이 가능하다는 확장성과 싼 가격이라는 우수한 경제성 때문에 실용성은 상당히 우수하다고 볼 수 있다. 재래식 탄에 장착해서 정확성을 획기적으로 개선할 수 있는 탄도수정신관은 공군의 무유도폭탄에 장착되는 JDAM(Joint Direct Attack Munition, 통합직격탄) 키트와 유사한 개념의 유도장치라고 볼 수 있다.

물론 사거리를 늘리는 활공장치, 램젯추진장치, 그리고 정확성을 높이는 유도장치 등이 추가됨에 따라서 포탄의 위력은 감소하겠지만 (관통력과 작약의 양이 감소하기 때문에), 정확성과 후사면 타격능력으로 충분히 보상받을 수 있다. 그러나 정밀유도포탄의 도입에 가장 큰 장벽은 역시 탄의 생산단가이며, 이를 극복하기 위해서는 대량생산이 필수적이다. 그런 면에서 정밀유도포탄의 범용화에 대한 열쇠는 서방권에서 압도적으로 많은 수의 155mm 자주포를 보유하고 있는 대한민국 육군이 쥐고 있다고 볼 수 있다. 이런 전략적 이점을 경제적 이득으로 전환하는 것이 방사청과 방산기업이 해야 하는 일이다. 위와 같은 정밀유도포탄들을 개발하기 위해서 ADD는 유도장치가 발사시의 충격에 충분히 견디는지를 확인하는 기초 성능 시험을 거의 마무리한 상태이다. 이제 ADD와 관련 방산업체가 국민들에게 적절한 가격표가 붙은 요구성능을 충족하는 신형 포탄을 완성해서 납품하고 국제 수출시장에 진출해야 한다. 진짜 실력은 연구개발을 열심히 한다고 홍보하는 것이 아니라 생산된 결과물이 시장에서 팔리는 것이다.

로켓의 영역

현재 배치된 곡사포의 실용적인 한계 사거리는 약 50km 수준으로 보면 좋을 듯하다. 향후 곡사포의 성능 개량과 항력감소기술, 활공기술 및 정밀유도기술이 적용된 탄이 도입된다면 실용적인 사거리는 약 100km까지 늘어날 수 있다. 그러나 사거리 연장에 대한 대가도 치러야 한다. 포에 대한 고정비용의 증가, 탄의 위력 감소 및 생산단가 증가 그리고 보급 효율의 악화 등으로 전술 가치 대비 비용도 같이 상승할 수밖에 없다. 결국 곡사포는 50km 이상의 사거리에서는 다연장로켓과 경쟁해야 하고, 100km 이상의 사거리에서는 지대지 미사일과 경쟁을 해야 한다. 즉, 50~100km가 곡사포와 로켓의 주된 경쟁 영역이라고 한다면, 100km 이상은 로켓이 월등하게 유리한 영역이다.

미육군의 M270 MLRS(Multiple Launch Rocket System)와 대한민국 육군의 천무 다연장로켓 모두 약 80km의 유효사거리를 갖는 무기체계이며, 바로 상위 체급의 ATACMS(Army Tactical Missile System)와 KTSSM(Korea Tactical Surface-to-Surface Missile, 한국형전술지대지미사일)이 약 150~300km의 사거리를 가지는 무기체계이다.[32] 이 유효사거리가 바로 다연장로켓과 전술지대지미사일의 전술적 가성비가 최적화된 영역이기 때문이다.[33]

현재의 군사기술 수준에서 100km가 넘는 범위에 화력을 투사할 수 있는 최적의 방법론은 로켓이다. 다음에는 로켓의 성능을 결정하는 핵심 인자를 알아보고, 그에 대한 이해를 통해서 최적의 활용방안도 알아보자.

로켓의 핵심 성능인자

로켓을 개발하는 사람들은 두 개의 단어를 항상 입에 달고 산다. 첫 번째가 페이로드(Payload)이고 둘째가 비임펄스(Specific Impulse, I_{sp})이다. 페이로드란 비행기의 탑승객과 화물처럼 요금을 부과할 수 있는 하중을 일컫는 말이지만, 미사일 또는 전폭기에서는 각각 탄두 또는 폭탄의 적재 가능한 최대 하중을 지칭하는 단어이다. 로켓의 추진제는 연

---

32 ATACMS와 KTSSM 모두 MLRS와 천무 다연장로켓발사장치에서 발사할 수 있다. 그러나 사거리와 같은 기본 성능을 결정하는 것은 미사일이지 발사장치가 아니다. 단 다연장로켓발사장치와 호환성을 유지한다면 전술적 효용성이 획기적으로 개선될 수 있다. 즉 가성비가 좋아진다.

33 북한은 야간열병쇼에 사거리가 200km에 달할 것이라고 추측되는 다연장로켓을 자주 선보인다. 그러나 사거리의 연장은 공짜로 되는 것이 아니다. 사거리를 늘리기 위해서는 탄두의 크기를 아주 많이 줄여야 하며, 또한 정확성의 희생도 따른다. 따라서 이런 무기들은 전술적 무기로서 가치가 있는 것이 아니라, 생화학탄두를 날려보내는 테러용 무기로 가치가 있을 따름이다.

료와 산화제를 모두 포함하고 있기 때문에 질량당 에너지 밀도가 낮다. 로켓을 쏘아 올리기 위해서는 추진제가 필요하며, 그 추진제를 위한 추진제도 필요하다. 큰 추진력이 필요할수록 더 큰 양의 추진제가 필요하기 때문에, 결국 추진제의 양이 지수적으로 증가한다. 따라서 로켓이 커질수록 페이로드 비율(Payload Ratio)이 낮아지는 근본적인 문제점에 봉착한다.

로켓의 페이로드 비율을 높이기 위해서는 단위 질량의 추진제로부터 더 큰 추력을 얻어내야 한다. 그래야만 추진제 사용량을 지수적으로 줄일 수 있고, 덕분에 페이로드 비율도 높일 수 있다. 추진제의 사용량에 대해서 얻어낼 수 있는 추력의 비가 바로 비임펄스(I_{sp})이다. 로켓엔진 개발의 핵심은 주어진 경계조건에서 비임펄스를 극대화할 수 있는 추진제와 그에 부합하는 로켓엔진을 만들어내는 것이다. 그리고 I_{sp}-값만 정확히 알 수 있다면, 그 로켓과 미사일의 성능에 대한 정보의 3/4 정도는 유추하는 것이 가능하다.

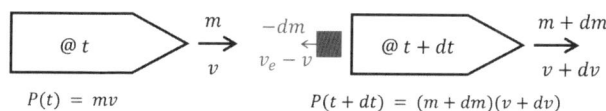

$$P(t) = mv \qquad P(t+dt) = (m+dm)(v+dv)$$

- 운동량 보존: $mv = (m+dm)(v+dv) + (v_e - v)dm \Rightarrow dv = -v_e dm/m$
- Tsiolkovsky Rocket Equation: $\Delta v = v_e \ln(m_0/m_f) = I_{sp} g \ln(m_0/m_f)$
- 추력(Thrust): $F_{Th} = \dot{m}_p v_e$ ($\dot{m}_p$: 추진제 연소율)
- 비임펄스(Specific Impulse): $I_{sp} = F_{Th}/\dot{m}_p g = v_e/g$
- 추진제 사용량: $\Delta m_p = m_0 - m_f = m_0\{1 - \exp(-\Delta v/I_{sp} g)\}$

로켓의 추진 원리와 비임펄스

I_{sp}-값이 로켓의 성능에 미치는 영향을 예측하기 위해서는 로켓의 추진에 대한 (고등학교 물리학과 수학 수준의) 간단한 계산이 필요하다. 로켓은 자신이 가지고 있는 추진제를 태워서 생성된 연소가스를 노즐을 통해 빠르게 뒤로 배출함으로써 추진력을 얻는 발사장치이다. 이를 도식적으로 표시하면 앞에 주어진 그림이다.

모든 운동체는 뉴턴의 운동량 보존의 법칙을 만족해야 하기 때문에, 발사체에서 빠른 속도로 추진제를 뒤로 분사하는 것에 대한 반작용으로 발사체가 앞으로 추진된다. 이런 운동량 보전을 나타내는 식이 앞 도식의 맨 위에 있는 식이다. 이 운동량보전방정식에서 얻은 속도와 질량 변화의 관계식에 대해서 적분한 식을 (위의 두번째) 주어진 촐코프스키 로켓방정식(Tsiolkovsky Rocket Equation)이라고 부르며, 이를 통해서 사용된 추진제에 대한 발사체의 속도이득(Velocity Gain, Δv)을 구할 수 있다. 그리고 추진제의 단위시간당 분사량으로 얻을 수 있는 추력이 비임펄스 I_{sp}이다. 특히 속도이득(Δv)과 비임펄스(I_{sp})는 로켓의 기본특성을 결정하는 핵심 인자이므로, 아래의 식 (8)에 다시 한번 나타내도록 하겠다.

$$\Delta v = v_e \ln(m_0/m_f) = I_{sp} g \ln(m_0/m_f)$$
$$I_{sp} = F_{Th}/\dot{m}_p g = v_e/g \qquad (8)$$

여기에서 조심해야 할 것은 추진제의 분사량을 질량으로 나타내는 것이 과학적으로 옳은 정의이지만, 미국 엔지니어링계의 타성때문에 추진제의 분사량을 무게로 표시하는 바람에 과학적으로 정의된 I_{sp}를 중력가속도로 한번 더 나눠줬고, 결국 I_{sp}의 관용적인 단위도 속도와 같은 [m/s]가 아니라 시간을 나타내는 [s]로 표시된다. (I_{sp}가 이렇게 정의된 것은 전적으로 미국 항공우주업계의 관행 때문에 생긴 이상한 정의이다) 따라서 비임펄스를 속도의 단위로 표시하기 위해서는 I_{sp} 대신 앞의 식 (8)에 표시된 바와 같이 $I_{sp} \times g$ 를 사용하는 것이 바람직하다.

앞의 식 (8)을 통해서 우리가 알 수 있는 사실은, 로켓엔진에서 추진제를 연소해서 얻을 수 있는 속도이득(Δv)은 I_{sp}-값에 정비례하고, 추진제의 사용량($\Delta m = m_0 - m_f$)도 I_{sp}-값에 따라서 지수적으로 감소한다는 것을 알 수 있다. 이와 같이 로켓추진의 실용성 및 경제성을 결정하는 첫번째 인자가 바로 비임펄스(I_{sp})이며, 그렇기 때문에 로켓엔진의 개발자들이 I_{sp}-값에 목을 매는 것이다. 따라서 로켓엔진 개발에서 1차적인 목표는 I_{sp}-값을 개선하는 것에 모아진다.

추진체의 종류에 따른 I_{sp}-값의 범위를 나타낸 아래 그림에 볼 수 있는 바와 같이, I_{sp}-값은 추진방식에 따라서 매우 큰 차이를 보인다. 각각의 추진기관마다 I_{sp}-값은 다음과 같은 기본 특성을 가진다.

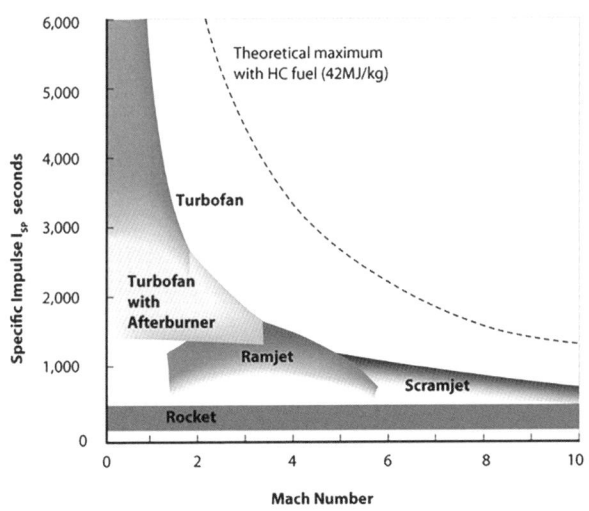

다양한 추진기관의 비임펄스(저자 : Kashkhan at English Wikipedia)

① 고체(추진제) 로켓: 고체추진제를 사용하는 고체 로켓의 I_{sp}-값이 가장 작아서 $I_{sp} \leq 300$초 (즉, $v_e = I_{sp} g \leq 3000[m/s]$)의 값을 갖는다. 이를 달리 말하면 로켓 전체 무게의 약 63%에 해당하는 추진제를 사용했을 때, 얻을 수 있는 속도이득(Δv)이 3000m/s 수준이라는 것이다.[34]

② 액체(추진제) 로켓: 액체추진제는 열량이 고체추진제보다 크기 때문에 액체 로켓의 I_{sp}-값이 고체 로켓보다 크다. 액체 로켓의 I_{sp}-값은 최소 300초를 넘는다. 특히 산화제로 액화 산소(LOX)를 사용하면 400초가 넘는 I_{sp}-값을 얻을 수 있으며, 연료로 액화 수소를 사용하는 액체 로켓은 I_{sp}-값이 450초를 넘는다. 그래서 대형 장수명 위성체를 발사하는 대출력 로켓은 발사체의 무게를 줄이기 위해서 I_{sp}-값이 큰 액체 수소와 액체 산소를 추진제로 사용하기도 한다.[35] 대표적인 경우가 스페이스셔틀의 주엔진이다.

③ 램제트(Ramjet) 엔진: 램젯 엔진은 산화제인 산소를 탑재하지 않고 외부의 공기에서 받아들이기 때문에 추진제로 연료만 운반한다.[36] 따라서 엔진의 열역학적 효율이 낮더라도 로켓엔진보다 훨씬 큰 1000초 < I_{sp} < 2000초 수준의 I_{sp}-값을 가지고 있다. 그렇기 때문에 중거리 (시계외)공대공 또는 대함 미사일의 추진기관이 램제트엔진으로 대체되는 것이 현재의 미사일 기술개발의 추세이다.[37]

---

34 한편, I_{sp} = 300초인 고체 로켓이 6000m/s 수준의 속도이득을 얻기 위해서는 로켓 전체 무게의 약 86.5%에 해당하는 추진제를 연속시켜야 한다. (즉, 63% = $1-e^{-1}$, 85% = $1-e^{-2}$)
35 같은 크기의 페이로드를 가지는 I_{sp}=450초인 액체 로켓과 I_{sp} =300초인 고체로켓이 모두 6000m/s의 속도이득을 얻기 위해서는 액체로켓은 고체로켓과 비교해서 절반의 추진제만 소모한다. (그리고 속도이득이 커질수록 고체로켓 대비 액체로켓의 추진제 소모량이 지수적으로 작아진다.)
36 제트엔진같이 산소를 공기에서 흡입하는 추진방식을 Air-Breathing Propulsion(공기호흡식 추진)이라고 하며, 모든 추진제를 탑재하는 로켓을 Chemical Propulsion(화학적 추진)이라고 구분하기도 한다
37 이것이 바로 램젯엔진으로 추진하는 MBDA의 Meteor 공대공미사일이 고체로켓으로 추진하는 Raytheon의 AIM-120 AMRAAM 보다 근본적으로 우수한 성능을 가지는 BVR(Beyond Visual Range) 중거리 공대

④ Turbojet과 Turbofan 엔진: 산화제를 운반하지 않는 터빈 기반 제트엔진은 로켓엔진에 비해서 작게는 5배에서 크게는 20배가 넘은 I_{sp}-값을 가진다. 따라서 제트전투기의 페이로드 비율이 미사일을 거의 10배 이상 능가할 수 있다. 그러나 고출력 제트엔진은 매우 비싼 추진기관이기 때문에 미사일 같은 일회용 무기에 쓰기에는 적합하지 않을 수 있다. 따라서 로켓의 추진보다는 항공기의 추진에 훨씬 적합하다.

항력이 전혀 없는 경우라도 미사일은 초기 운동속도에 의한 완벽한 포물선 운동 궤적을 보이지는 않는다. 하지만 대부분의 추진제를 상승단계의 가속과정에서 사용하기 때문에 정점에 이르기 전에 순항을 위한 운동에너지의 거의 전부를 확보한다. 따라서 앞의 포탄의 무항력 최대사거리를 예측하는 식 (7)이 미사일에도 크게 틀리지 않고 적용될 수 있다. 그렇다면 미사일의 속도 이득, 사거리 및 추진제 사용량은 아래의 식과 같이 근사될 수 있다.

$$L_{Max} \propto \Delta v^2/g \Rightarrow \Delta v = C_1\sqrt{gL_{Max}}$$
$$m_f/m_0 = \exp\left(-C_1\sqrt{L_{Max}/g}/I_{sp}\right) \qquad (9)$$

위의 식(9)을 이용해서 미사일의 기본특성을 예측해보자. 고체 로켓의 경우 I_{sp}-값은 300초를 넘지 않으며, 사거리 1000km의 경우 $(L_{Max}/g)^{1/2}$도 300초를 조금 초과하는 값이고, 아직 결정되지 않은 비례상수 C_1-값도 1 근처의 값을 가지기 때문에, 추진제를 다 소모했을 때 로켓의 공허중량(m_f)이 초기 발사중량(m_0)의 약 1/3~1/4 정도가 된다는 것을

공 미사일이 되는 핵심적 이유이다.

추정할 수 있다. 그리고 이들 공허중량에서 추진체의 무게 그리고 회피기동을 위한 (측)추력장치 및 미사일의 유도장치까지 들어 있다는 점을 고려한다면, 실제 미사일에서 탄두가 차지하는 부분은 10% 전후에서부터 작게는 5% 수준까지 작아질 수 있다.

따라서 미사일을 개발할 때에는 미사일의 사거리, 탄두의 위력, 회피기동 방안 및 정밀 유도 방안, 전술 및 전략적 활용방안 등을 종합적으로 고려해서 성능 인자를 산출해야 한다. 성능요구조건에 미달하는 요소기술의 미성숙도에 대한 페널티가 페이로드 비율에 지수적으로 영향을 미치기 때문에 성능이 미달되는 로켓은 무기로서 제대로 기능할 수 없다.

특히 액체 로켓은 고체 로켓보다는 I_{sp}가 훨씬 크지만 운용성 면에서는 아주 불리하기 때문에, 대부분의 미사일은 I_{sp}-값이 300초를 넘기조차 힘든 고체 로켓을 사용한다. 따라서 사거리가 1000km만 넘더라도 페이로드의 비율이 10% 밑으로 곤두박질칠 수 있으므로, (물론 기술 발전에 따라서 로켓과 부수장치의 공허중량을 줄이기 위한 노력은 계속되겠지만) 전략 및 전술적 가치에 대한 상대적 비용이 급격히 증가한다. 결국 미사일이 전략적 또는 전술적으로 충분한 가치를 지니기 위해서는 로켓엔진의 고효율화(즉, I_{sp}의 극대화)와 더불어 발사체, 유도 및 조정장치 그리고 탄두까지 포함하는 모든 구성요소들을 소형경량화할 수 있는 기술적 뒷받침이 있어야만 한다.

로켓 개발은 누구나 할 수 있나?

로켓의 주엔진에 대한 기술은 1970년대 초반쯤 거의 성숙되었다고 봐도 무방하다. 상당히 성숙된 기술이기 때문에 로켓추진 미사일을 개발하는 것이 쉽다고 생각할 수 있지만, 실상은 시간과 돈을 상대로 하는 싸움이다. 로켓 개발의 어려움은 요구성능이 높아짐에 따라서 로켓의 페이로드 비율이 지수적으로 감소하기 때문에 발생한다. 즉, 추진제를 위한 추진제를 실어야 하는 구조적 악순환 때문에, 모든 요소기술의 사소한 기술적 미성숙도마저 지수적으로 증폭된 성능 페널티로 나타난다. 그리고 무엇보다도 로켓엔진의 심장부라고 할 수 있는 연소실에서 무슨 일이 벌어지는지에 대한 과학적 이해가 지난 50년 전과 비교해서 하나도 개선된 바가 없다.

로켓엔진을 개발하는 과정에서 가장 해결하기 어려운 과제는 연소불안정성(Combustion Instability 또는 Acoustic Instability)을 제어하는 것이라고 로켓엔진의 개발에 참여했던 모든 이들이 입을 모은다. 로켓의 연소실은 하나의 깡통 같은 형상이기 때문에, 연소실에 대한 압력의 고유진동모드인 음향파가 항상 존재한다. 그러나 자연의 법칙상 압력이 올라가면 화학반응율도 올라가고, 압력이 내려가면 화학반응율도 따라서 내려간다. 압력의 진동에 동기화된 화학반응율의 되먹임 작용으로 음향파가 증폭되며 결과적으로 연소율마저 진동하는 연소불안정성이 발생할 수 있는 물리적 개연성이 상존한다. 물론 연소불안정성의 결과는 로켓엔진의 폭발이라는 대참사로 이어진다. 연소불안정성을 제어하려면 음향파와 연소반응의 동기화를 막거나 음향파에 대한 충분한 감쇄효과를 제공해야 한다. 하지만 연소불안정성이 발생하는 구체적인 물리적 메커니즘을 아직도 완벽하게 이해하지 못하고 있기 때문에, 수없이 많은 시행착오를 통해서 연소불안정성을 통제하는 것이 지금도 사용되고 있는 엔지니어링 방법이다.

연소불안정성 제어의 어려움을 보여주는 대표적인 사례가 아폴로 계

F-1 엔진이 장착된 Saturn-V 로켓(좌) F-1 엔진의 연소시험 장면(우). 로켓 앞의 인물은 베르너 폰 브라운

획에 사용된 Saturn-V 로켓의 주엔진이었던 Rocketdyne F1 Engine 의 개발과정이다. 1960년부터 약 4년간 진행된 (약 150만 파운드의 추력을 만들어낼 수 있는) F1 엔진의 개발과정에서 연소불안정성을 제어하기 위해서 거의 1,000번의 연소시험이 진행되었다고 한다. 그러니까 초당 RP-1 연료 (Kerosene의 일종) 788kg과 액체산소(LOX) 1,789kg을 100초 이상 연소시키는 시험을 4년 동안 (주말을 빼고 주중) 매일 한번씩 수행했다고 보면 된다. 로켓엔진을 개발하는 것은 이런 정도로 시간과 돈을 상대로 한 싸움이다. 당연히 한국항공우주연구원(KARI)의 중형발사체 개발과정에서도 연소불안정성을 제어하는 것이 가장 어려운 기술적 과제였다.

2000년 전후로 북핵과 관련된 미사일 문제가 처음 불거졌을 때, 정

북한이 2021년 1월 동해상에서 쏘아올린 수중미사일(SLBM) 발사 장면

부와 국회는 예산을 2배로 늘려줄 테니 개발기간을 반으로 단축하라는 요구를 했다고 한다. 하지만, 충분한 경험과 데이터가 축적되지 않은 상태에서 로켓의 주엔진 개발기간을 단축하는 것은 과학기술적으로 불가능하다. 즉, 로켓엔진의 개발은 시간의 축적이 불가피한 기술적 과정이다. 최근에는 컴퓨터에 기반한 가상 설계로 핵탄두와 전투기의 개발기간을 단축하는 것이 가능하다고 하며, 미국의 항공기 제작회사는 1년 만에 전투기를 설계하고 시제기까지 만들 수 있다고 주장하기도 한다.[38] 이는 핵탄두와 전투기가 로켓의 주엔진보다 훨씬 예측 가능한 물리적 현상에 기반해서 만들어지기 때문이다.

38　T-7 레드호크의 개발지연을 고려한다면, 전투기 설계의 개발기간을 1년 이내로 단축할 수 있다는 주장은 미국 항공기 제작사의 허황된 주장이라고 봐야 한다. 컴퓨터를 이용한 가상설계에 의존하는 개발방식의 위험성에 대해서 다음 장에 보다 자세하게 논의될 것이다.

3장　무기의 기본은 화력이다

일단 로켓 개발의 어려움의 원인을 이해하고 나면, 어떻게 북한이 지금까지 로켓 개발을 지속할 수 있었는지에 대한 의문점이 남을 수밖에 없다. 내게 북쪽의 로켓 개발은 기술적 미스터리라고 할 수 있다. 연소불안정에 따른 기술적 실패의 이력도 잘 알려지지 않았으며, 로켓의 생산을 위해서 필요한 고급 재료와 부품 그리고 가공기술을 입수한 경로도 알려진 바가 없다. 구글어스(Google Earth)에 나와 있는 위성사진을 찬찬히 들여다 보면 쉽게 확인할 수 있듯이, 기본적인 산업기반이 거의 붕괴된 국가에서 국제교역에 필요한 달러도 거의 없이 수십년 동안 (시간과 돈이 따라주지 않으면 성공할 수 없는) 로켓 개발을 이어오고 있다. 한때 로켓에 관한 일을 업으로 삼았던 필자의 판단으로는 일부(한반도의 영구적 분단을 통해서 전략적 이익을 얻고자 하는) 외부 세력의 의도적인 경제적 기술적 지원이 있지 않나 의심하게 된다.

대륙간탄도미사일과 전략핵잠수함

핵폭탄은 화력의 끝판 왕이다. 특히 중수소의 핵융합에너지까지 끌어낼 수 있는 열핵폭탄(Thermonuclear Weapon)은 히로시마에 떨어진 원자탄 위력의 10배를 훨씬 상회하는 0.1~1Mt급의 위력을 가진 핵탄두로 이미 수천 기 이상이 실전 배치됐다. 이제 남은 과제는 핵탄두를 목표까지 정확하게 운반하는 일이다. 그래서 등장한 개념이 전략핵폭격기, 지상발사 대륙간탄도미사일(Intercontinental Ballistic Missile, 이하 ICBM) 그리고 잠수함발사탄도미사일(Submarine Launch Ballistic Missile, 이하 SLBM)을 발사할 수 있는 전략핵잠수함(Ship Submersible Ballistic Nuclear, 이하 SSBN)으로 구성된 3대 핵전력이다. (영어로는 3대

핵전력을 Nuclear Triad라고 부른다.) 이 가운데 전략핵폭격기는 목표에 도달하는 시간이 너무 오래 걸리고, 또한 폭격기가 적진으로 침투하는 과정에서 지대공미사일(Surface-to-Air Missile, 이하 SAM)에 격추될 가능성이 날로 높아지고 있어서, 우선순위에서 ICBM에 뒤로 밀리고 있다. 따라서 지상에서 발사하는 ICBM과 SSBN에서 발사하는 SLBM 같은 미사일 전력이 현대 핵전력의 중추적 역할을 수행한다.

태생적으로 로켓은 무기로 개발된 우주비행체이다. 1950년대 소련이 핵폭탄을 개발했을 때, 소련은 핵탄두의 소형화에서 미국만큼 성공을 거두지 못했다. 커다란 핵탄두를 발사할 수 있도록 더 큰 로켓을 개발하는 과정에서 옆길로 샌 것이 인류 최초의 인공위성인 스푸트닉(Sputnik, 1957)이었다. 스푸트닉 충격의 결과로, 1960년대 미소간의 우주경쟁이 펼쳐진 것이다. 그럼에도 불구하고, 미사일로 쓰일 로켓의 개발은 우주경쟁보다 항상 우선했다.

초기의 ICBM은 액체연료 로켓이었지만, 현재는 고체연료 로켓으로 대체되고 있다. 액체연료 로켓은 발사 이전에 짧게는 수십 분에서 길게는 몇 시간에 걸쳐서 (독성이 강한) 액체연료와 산화제를 로켓에 주입해야 한다. 그렇지만 이렇게 긴 발사준비시간은 적에게 더 많은 선제적 반격 기회를 주는 치명적인 단점이 있다. 그래서 미국과 러시아 등 강대국들은 ICBM의 추진체를 고체연료 로켓으로 대체했다. 비록 고체연료 로켓이 비출력(Isp)이 낮은 약점이 있음에도 불구하고 연료 주입 과정없이 바로 발사할 수 있기 때문에, ICBM으로서 월등한 전략적 융통성을 가지고 있다.[39]

---

39   북이 개발하고 있다는 ICBM인 화성-15의 경우, 액체연료 로켓이기 때문에, 연료를 주입하는 발사준비시간 동안 폭격 또는 미사일 공격에 의해서 제거될 수 있는 확률이 아주 높다. 따라서 아직

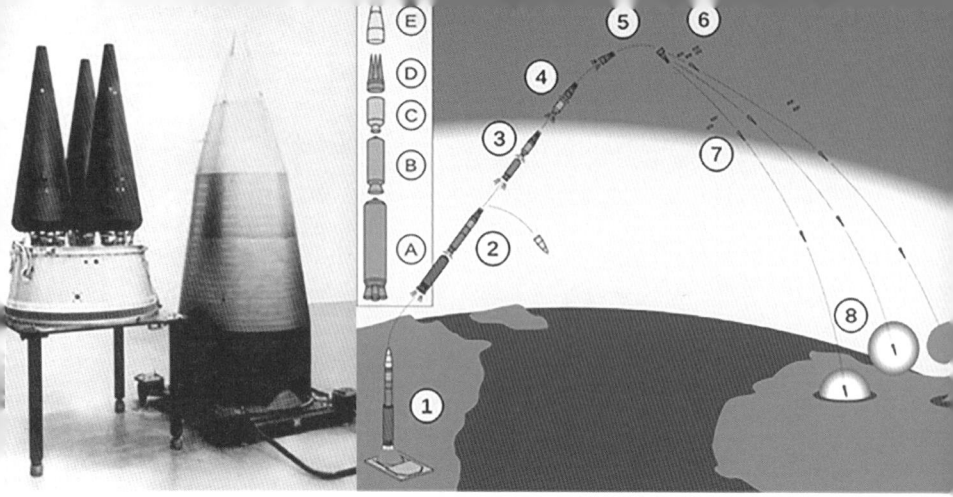

(좌) 3개의 W78 탄두를 장착한 Minuteman-3의 MIRV, (우) Minuteman-3의 타격 과정: ①~④ 발사 및 부스터 작동 과정 (그리고 탄두운반체 PBV의 분리), ⑤ PBV의 탄두 재진입 준비를 위한 기동, ⑥ 탄두, 기만체 및 채프의 분리, ⑦ 탄두의 대기권 재진입, ⑧ 목표 타격 (공중 폭발 또는 지상 폭발).

    ICBM이 작동하는 방법을 알기 위해서는 1970년 미국이 실전 배치한 ICBM인 미니트맨-Ⅲ(LGM-30G, Minuteman-Ⅲ)를 살펴볼 수 있다.[40] 미니트맨-Ⅲ는 3개의 핵탄두를 장착한 다탄두 각개 유도 운반체(Multiple Independently-Targetable Reentry Vehicle, 이하 MIRV)를 탑재한 ICBM이다. 1980년대 중반 미국은 MX-미사일 또는 '피스키퍼(LGM-118 Peacekeeper)'라고 불리는 최대 12개의 탄두를 각개 유도할 수 있는 ICBM을 배치했지만, 1993년에 미국과 러시아가 서명한 제2차 전략무기 감축조약(Strategic Arms Reduction Treaty, START-Ⅱ)에 의해서 모든 피스키퍼 ICBM이 현역에서 퇴역했다. 또한 De-MIRV-ing이라고 불리는 STRAT-Ⅱ를 준수하기 위해서 현역으로 있는 미니트맨-Ⅲ 미사일도 한

완성된 핵전력이라고 보기는 어렵다. 그럼에도 불구하고 긴장의 끈을 늦추지 않고 지속적인 감시가 필요하다.

40 Minuteman은 왜소한 사람으로 직역될 수도 있지만, 정확한 의미는 미국독립혁명 당시 민병대원을 가리키는 단어이다. 즉 분 단위의 호출에 즉각 전투에 임할 준비를 한다는 의미의 Minuteman이다. 그렇지만 이후 미국은 Minuteman의 축소형인 Midgetman을 개발하기도 했다.

개의 탄두만을 장착해서 배치 운영하고 있다.

미니트맨-III에 대한 그림에서 볼 수 있는 바와 같이, ICBM은 2단 또는 3단 고체연료 로켓에 의해서 PBV(Post Boost Vehicle)이라고도 불리는 탄두운반체를 지구의 낮은 궤도에 올려 보낸다. 그리고 탄두운반체는 운반체에 장착된 추력조정장치를 이용해서 탄두를 목표에 낙하시킬 수 있는 정확한 속도와 위치를 획득하기 위한 기동을 수행한다. 그리고 탄도탄요격미사일(Anti-Ballistic Missile, ABM)를 회피하기 위해서 기만체, 채프(chaff)와 함께 분리된 탄두가 관성과 중력으로 낙하해서 목표를 타격한다. 탄두가 대기권에 재진입하는 과정에서 낙하운동의 안정성을 확보하기 위해서 스핀가스(Spin Gas)를 분사해서 탄두를 축방향으로 회전시켜야 한다.[41]

미니트맨-III의 경우 10,000km 이상의 거리를 비행해서 겨우 150m의 원형공산오차(Circular Error Probability, CEP)의 정확성(즉, 0.0015%의 정확성)을 가지고 목표를 타격할 수 있다. 이와 같은 ICBM의 아주 높은 정확성을 위해서는 로켓과 탄두운반체의 비행에 대한 정밀한 관성 제어도 필요하지만, 대기의 상태에 대한 정보뿐만 아니라 지구의 중력장의 분포까지 비행 제어에 정확하게 고려돼야 한다. (대기와 중력장의 분포 특성을 발사 이전에 ICBM의 컴퓨터에 입력해서, 정확한 ICBM의 비행제어 절차를 산출해야 한다.)

ICBM의 정확성은 높으면 높을수록 좋다. ICBM의 1차적인 목표는 대도시와 같은 인구밀집지역 또는 산업 및 군사시설을 타격하는 것이 아

---

[41] 유튜브의 www.youtube.com/watch?v=HNIOsko1H7Q에서 미니트맨-3 ICBM의 발사과정을 기술적으로 아주 정확하게 묘사하고 있는 애니메이션을 찾아볼 수 있다.

니라.[42] 핵공격 이후 적에 의한 반격 수단인 적국의 (강화콘크리트 사일로에 들어 있는) ICBM을 제거하는 것이기 때문이다. 소련의 경우, ICBM의 정확성이 미국을 따라가지 못했기 때문에 ICBM의 핵탄두의 위력을 키우는 방법으로 선제공격능력을 확보했다.

현재의 Nuclear Triad에서 가장 중요한 입지를 차지하고 있는 것은 전략핵잠수함(SSBN)이다. 전략핵잠수함에 탑재된 핵탄두로 무장한 SLBM은 적의 선제 핵공격에서 살아남아 상대를 완전 파괴할 수 있는 최후의 보복 수단이기 때문에, 핵억지력의 중추적 역할을 책임진다. 잠수함이 Nuclear Triad에 편입되기 위해서는 두개의 중요한 기술적 혁신이 필요했다. 먼저 원자력 추진체계가 필요했다. 식량이 버텨줄 때까지 바다 깊은 곳에 숨어있기 위해서는 공기의 흡입 없이 동력을 생산할 수 있는 원자력 추진체계가 필요하다.[43] 그리고 SLBM의 추진체인 고체연료 로켓도 필수적이다.

미국은 1950년말부터 전략핵잠수함에 대한 연구를 진행해서, 물방울모양의 유선형 선체를 가진 원자력추진 전략핵잠수함인 조지 워싱턴급 잠수함(George Washington Class SSBN)을 1959년부터 배치하기 시작했으며, 조지 워싱턴급 잠수함에 탑재된 탄도미사일이 세계 최초의 SLBM인 폴라리스 미사일(UGM-27 Polaris)이다. 미국의 조지 워싱턴급에 비교할 수 있는 소련 최초의 전략핵잠수함은 1967년에 배치되기 시작한

---

42 인구밀집지역을 타격하는 핵보복은 핵전쟁 발생하는 것에 대한 핵억지력을 얻기 위한 ICBM의 2차적인 목적이다.
43 한때 소련은 핵탄두를 장착한 탄도미사일을 발사할 수 있는 재래식 잠수함인 골프(Golf)급 잠수함을 운용한 경우가 있다. 즉 핵탄두를 가지고 있지만, 디젤엔진을 구동하기 위해서 정기적으로 부상해야만 했다. 제2차 세계대전의 잠수함처럼 배모양의 함형을 가진 골프급 잠수함에 원자력 추진체계를 결합시킨 호텔급이 있었으며, 이후의 양키급 잠수함에 와서야 유선형의 원자력 추진체계를 가진 현대적인 전략핵잠수함이 등장했다.

양키급 잠수함이다.

미국이 보유한 핵억지력의 최후의 보루라고 할 수 있는 열핵탄두(Thermonuclear warhead)를 장착한 SLBM은 폴라리스에서 포세이돈(UGM-73 Poseidon, 1971년 배치)으로 그리고 트라이던트-I(UGM-96 Trident-I, 1979년 배치)과 트라이던트-II(UGM-133A Trident-II, 1990년 배치)로 개량됐다.

전략핵잠수함의 경우, 냉전이 절정기인 1960년대에서는 거의 2~4년 주기로 새로운 급의 잠수함이 개발됐지만, 냉전이 종료된 이후에는 새로운 전략핵잠수함이 거의 등장하지 않고 있다. 아직도 미국은 1980년부터 배치되기 시작한 오하이오급(Ohio-Class) 잠수함으로 전략핵잠수함대를 구성하고 있다.[44] 길이 170.7m, 폭(beam) 12.8m, 수중배수량 18,750톤의 오하이오급 잠수함은 24기의 트라이던트-II 미사일을 탑재한다. 그리고 트라이던트-II 미사일은 1~14개의 열핵탄두를 장착할 수 있기 때문에, 한 척의 오하이오급 전략핵잠수함은 최대 336개의 목표를 타격할 수 있다.[45] 하지만 여러 가지 전략적 제약조건을 고려해서 한 척의 오하이오급 SSBN은 약 200기의 핵탄두를 보유한다고 한다. 한편 이미 함령이 40년에 달하는 오하이급 잠수함을 대체하기 위해서, 미국은 2020년부터 12척의 콜럼비아급(Columbia-Class) 잠수함 함대의 건조에 착수했다.

한편 소련의 전략핵잠수함의 상징과도 같은 존재는 무려 48,000톤

---

44 현재 미국은 태평양과 대서양에 각각 7척씩 총14척의 오하이오급 잠수함을 전략핵잠수함으로 운영하고 있으며, 나머지 4척의 오하이오급 잠수함은 약 150기의 크루즈미사일과 침투용 잠수정 플랫폼을 탑재해서 국지 타격 및 특수전 지원 임무를 맡고 있다. 따라서 3교대 운용을 가정한다면, 태평양과 대서양에 각각 2척씩 총 4척의 오하이오급 전략핵잠수함이 작전을 하고 있다고 볼 수 있으며, 발사 대기상태에 있는 SLBM의 모든 핵탄두는 얼추 800기 정도된다.

45 하지만 SLBM에 장착하는 탄두의 개수는 다른 여러 요소에 의해서 지배받는다. 전략핵무기감축조약에 의해서 미국과 러시아가 보유할 수 있는 최대 탄두수 및 탄두의 위력 등 다른 전략적 요소까지 고려돼야 한다. 보통 한척의 오하이오급 잠수함이 보유하고 있는 탄두수는 200개 정도로 알려져 있다.

의 수중배수량을 가진 타이푼급(Typhoon-Class) 잠수함이다. 소련이 엄청난 크기의 잠수함을 건조한 이유는 SLBM인 R-39의 소형화에 실패했기 때문이다. 오하이오급 잠수함과 비교해서 2배 이상의 수중배수량을 가지고 있음에도 불구하고, 타이푼급 잠수함은 20기의 SLBM을 탑재할 수 있으며, 총 탄두수는 오하이오급과 비슷한 200개 정도로 알려져 있다. 대신 타이푼급 잠수함의 매우 널찍한 크기 때문에 실내 수영장과 사우나가 있을 정도로 승무원을 위한 거주성은 매우 우수하다고 한다. 2022년 마지막 남은 타이푼급 잠수함이 퇴역하고 러시아의 주력 전략핵 잠수함은 수중배수량 24,000톤의 보레이급(Borei-Class) 잠수함이 이어받았다.

 모든 잠수함의 생명은 바로 음파의 탐지를 피할 수 있는 정숙성이다. 그래서 잠수함 프로펠러 날개의 개수가 항상 7개 또는 5개와 같은 소수(素數, Prime Number)이다. 이는 프로펠러가 발생시키는 음향파가 상호작용을 통해서 증폭되는 것을 방지하기 위한 설계로 판단된다. 그리고 모든 잠수함의 진수식 또는 수리 과정에서 프로펠러는 거의 덮개가 씌워져 있다. 프로펠러의 형상을 안다면 프로펠러가 생성시키는 음문(音紋, 음향의 지문)을 대강 유추할 수 있기 때문이다. 음문을 분석해서 탐지된 잠수함의 함종을 판단하는 것이 가능하다.

 ICBM, SLBM 그리고 원자력 잠수함 모두 냉전의 종료 이후 괄목할만한 질적 발전이 없었다. 그리고 이런 질적 정체가 조만 간에 뒤바뀔 가능성도 크지 않다. 이처럼 화력의 끝판왕이라고 하는 핵전력은 이미 거의 질적인 포화상태에 이르렀다는 것을 알 수 있다.

4장

테크노로지컬 포르노그라피

남녀노소 지위고하 그리고 인종과 문화에 상관없이 누구나 포르노를 본다. 현대에서만 보는 것이 아니라 옛날에도 그랬고 앞으로도 그럴 것이다. 종족 보존의 본능을 가지고 태어난 인간이라는 생명체는 포르노라는 성적 자극에 반응하도록 태어난 존재에 불과하다. 그러나 그런 성적 자극은 오래 유지되기 힘들다. 많은 사람들이 포르노물을 보지만 5분 이상 집중해서 보는 사람은 극히 드물다. 하지만 인간의 잠재된 폭력적 본성을 자극하는 무기에 대한 관심은 포르노와는 또 다른 양상을 띤다. 무기에 대한 인간의 관심은 오래도록 집중력을 유지할 수 있으며, 집중하면 집중할수록 자극과 관심이 강화되는 상승작용까지 일으킨다. 이기적 유전자의 관점에서 보더라도 종족 보존의 본능보다 생존 본능이 우선한다는 것을 말해주는 또 다른 증거가 인간의 무기에 대한 관심이라고 할 수 있다. 그래서 나는 무기에 대한 관심이 생존의 본능을 드러내는 일종의 테크노로지컬 포르노그라피(Technological Pornography)라고 생각한다. 그렇게 생각한다면, 인간들이 무기에 열광하는 이유의 많은 부분을 쉽게 설명할 수 있다.

무기를 테크노로지컬 포르노그라피라고 생각하기 때문에, 이번 장에서는 가장 강력하고 빠르고 섹시한 몇몇 무기에 대해서 집중적으로 다루고자 한다. 그래서 육군의 전차, 공군의 전투기 그리고 해군의 전투함이 이번 장에서 다룰 주제이다. 이성이 있는 사람이라면 포르노그라피적 관점에서 탈피해 실전적 가치에서 무기를 어떻게 바라봐야 할지에 대해 말하고자 한다.

전차의 미래

전쟁을 수행하는 과정에서 가장 중요한 존재는 당연히 보병이다. "Boots on the ground" 즉, 보병이 땅을 밟기 전까지는 전투와 전쟁이 끝난 것이 아니라는 말이 있다. 전쟁에 대한 최후의 종결자로서 보병의 중요성을 강조하는 말이지만, 그래도 지상전에서 공세적 주도권을 장악하기 위해서는 전차가 꼭 필요하다. 보병이 사용할 수 있는 대전차무기가 발전함에 따라서 시시때때로 전차무용론이 고개를 내밀곤 하지만, 보병의 대전차전은 어디까지나 수세적 전술의 한 부분이다. 앞으로도 전차에 대한 도전이 계속될 것이지만, 당분간 지상전의 제왕은 전차이다.

전차, 전격전 그리고 각성제

전차는 태생적으로 전선을 돌파하기 위해 일종의 움직이는 요새로 탄생한 무기이다. 제1차 세계대전의 말미에는 현재 전차의 원형이 되는 르노 FT-17도 등장했지만, 전차가 전선을 돌파해서 제1차 세계대전을 종식시키는 수준의 전과를 올리지는 못했다. 물론 당시의 전차가 기술적으

프랑스로 진격하는 나치 독일의 전차부대 (1940년)

로 아직 미완성인 점도 있었겠지만, 무엇보다도 전차의 전술적 운용개념이 확립되지 못한 것이 더 큰 원인이었다. 그렇지만 제1차 세계대전이 막을 내릴 즈음, 전차와 항공기가 다음 전쟁의 주력 무기가 될 것이라는 것쯤은 누구나 직감하고 있었다.

전차의 전략 전술적 가치는 제1차 세계대전이 독일제국의 해체로 막을 내리고 20년이 지난 뒤 나치 독일군의 전격전(電擊戰, Blitzkrieg)으로 완성됐다. 전격전의 핵심은 방어가 따라올 수 없을 정도로 빠르게 돌파할 수 있는 전차를 앞세운 기갑부대의 속도이다. 나치 독일군은 압도적인 속도로 1939년에는 폴란드, 1940년에는 프랑스, 그리고 1941년에는 소련으로 쳐들어갔다. 그러나 보급 속도가 전차부대의 발목을 잡으면서, 1941년 겨울 나치 독일군은 모스크바의 문 앞에서 더 이상 진격할 수 없게 됐다.

전격전의 핵심은 속도를 유지하는 것이다. 전격전의 속도는 장기적 관점에서는 보급 능력에 따라 결정되지만, 단기적 관점에서는 전차가 아닌 인간의 능력에 따라 좌우된다. 인간은 일주일 동안 밤낮을 가리지 않

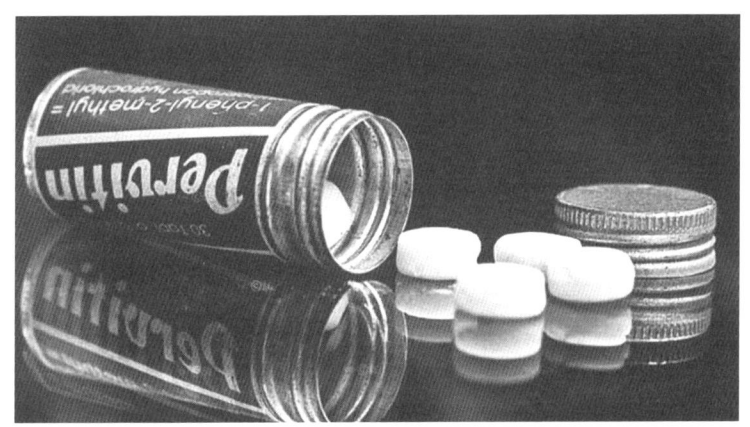
제2차대전 당시 병사들에게 지급된 각성제 페르비틴

고 앞으로 달려나갈 수 있게 태어난 존재가 아니다. 전격전 속도의 인간적 한계를 극복해야만 했던 나치 독일군의 장군들은 전쟁의 역사에서 수도 없이 반복적으로 사용됐던 수단을 동원했다. 페르비틴(Pervitin)이라고 부르는 (일본과 우리는 히로뽕이라고 부르는) 메스암페타민(Methamphetamin)계 각성제를 병사들에게 보급했다.

인류가 겪은 모든 전쟁에서 각성제와 같은 마약성 약물은 언제나 우리 인간들과 함께 해왔다. 당연히 약을 한 쪽이 약을 하지 않은 쪽보다 죽음에 대한 두려움을 이겨내기 쉬웠고, 때로는 거의 미쳐서 초인적 전투력을 발휘하곤 했다. 어쩌면 우리가 전쟁 영웅으로 떠받드는 인물들조차도 맨 정신보다는 약에 취한 상태에서 전투를 벌였을 가능성이 훨씬 크다. 처음에는 술이나 환각버섯과 같은 천연 약물로 시작했지만, 급기야 메스암페타민 같은 화학물질까지 등장했다. 마약성 각성제는 제1차 세계대전, 제2차 세계대전, 한국전쟁, 베트남전쟁, 소련-아프가니스탄 전쟁, 걸프전쟁, 이라크전쟁을 포함하는 모든 현대전에도 살아남아 참전

군인들의 정신을 갉아먹고 있다.

한때 걸프전 증후군이 전 세계적으로 관심을 끈 적이 있다. 미국에서는 귀향 군인에게 발생한 사회적 문제였지만 ―미군이 사용한 열화우라늄(Depleted Uranium)탄에 의한 방사능 노출이 문제의 원인일 수도 있었기 때문에― 다른 나라들도 관심을 갖지 않을 수 없는 문제였다. 그렇지만 열화우라늄탄의 공격을 받았던 이라크 병사들에 대한 자료는 별로 알려진 것이 없는 반면, 걸프전과 이후 이어진 대테러전에서 미군들 사이에 각성제가 위험 수준 이상으로 남용된 것은 널리 알려진 사실이다. 미군 조종사가 결혼식에 모인 하객들을 알카에다 무리로 판단하고 오폭한 배경 역시 전투피로를 극복하기 위해 시도 때도 없이 복용한 각성제 환각으로 밝혀졌고, 아군끼리의 오인 사격에도 상당 부분 각성제에 의한 환각이 개입된 것으로 알려졌다. 지금도 걸프전 증후군의 직접적인 원인에 대해서는 시원하게 밝혀진 바가 없다. 열화우라늄탄에 의한 방사능 노출인지, 전투피로를 극복하기 위한 각성제 남용 탓인지 그것도 아니면 부자나라 군인들의 과민반응이나 꾀병인지 그 누구도 알 수 없다.

전차의 완성, T-34

나치 독일군이 전격전을 통해서 전차의 전술적 개념을 완성했다고 한다면, 전차라는 무기의 개념을 완성한 것은 소련의 T-34 전차라고 할 수 있다. T-34 전차는 전차의 3요소라고 하는 화력, 방어력 그리고 기동력에서 균형이 매우 잘 잡힌 전차이지만, 동시대의 다른 전차와 비교했을 때 무엇보다도 생산성과 운용성 면에서 압도적으로 뛰어났다. 이 우

T-34전차 : (상) 쿠르크스 전투, (하) 러시아의 군사퍼레이드

수한 생산성과 운용성이 T-34를 역사상 가장 뛰어난 전차로 꼽는 핵심 가치이다. 항공모함이 미국이 군국주의 일본을 상대로 한 태평양전쟁에서 승리를 이끌어낸 주력무기였다면, T-34 전차는 소련이 나치 독일을 물리치고 유럽전선에서 승리할 수 있게 한 무기였다. 그런 면에서 T-34는 나치 독일을 무너뜨린 역사적인 무기라고 할 수 있다.

제2차 세계대전의 전장에 처음 등장했을 때, T-34는 76.2mm(3in)포를 장착해서 독일군 전차와 비교해 압도적이지는 않아도 충분히 대적 가능한 화력을 가지고 있었다. (1943년부터는 85mm로 주포를 개량했음) 그리고 경사장갑을 채택해서 전차 무게의 증가를 효과적으로 억제하면서 방어력을 강화할 수 있었으며, 미국의 존 월터 크리스티(John. Walter Christie)가 개발한 전차의 현수장치를 도입해서 험한 지형에서도 충분한 기동력을 갖추고 있었다.[1] 이런 단순하면서도 혁신적인 기술을 통해서, 화력, 방어력과 기동력 사이의 좋은 균형감을 가지고 있는 전차로 T-34가 탄생했다.

그러나 T-34의 진짜 강점은 생산성과 운용성에 있었다. 소련군의 핵심 무기설계 사상인 구조의 단순함을 충실히 구현해서 전시 환경에서도 쉽고 빠르게 생산할 수 있었고, 러시아의 가혹한 자연조건에서도 무기의 신뢰성을 발휘할 수 있었다. 그리고 다루기도 쉬워서 전차병을 보충하기에도 유리했다. 그뿐만 아니라 T-34라는 기본형에 진화적인 성능개량을 추구함으로써 생산, 보급 및 정비에서 무기의 호환성을 극대화할 수 있었다. 덕분에 소련은 제2차 세계대전 기간 동안 총 5만7천대를 생산해 전선에 투입할 수 있었다. T-34의 준수한 성능과 압도적인 양적 우세가 바로 소련군의 전략이었던 셈이다. T-34의 양적 우세의 중요성을 스탈린은 "**양에는 그것만의 질이 있다**"고까지 찬사를 보냈다고 한다.

기술적 간결함, 준수한 성능 그리고 진화적 개발이라는 가치를 동시에 구현한다는 것은 소련의 무기 엔지니어링이 상당한 경지에 이르렀음을 보여준다. 사실 원판이 좋지 못하면, 진화적 개발이라는 것은 말잔치에 불과할 뿐이다. 미육군에게 퇴짜를 맞았던 크리스티 전차의 현수장치를 도입한 것은 당시 소련 전차 개발자들의 기술적 안목을 충분히 보

---

[1] 애초에 크리스티는 미육군에 팔기 위해서 전차를 개발했지만, 미육군에서 채택하지 않았다. 경제적으로 어려움에 처한 크리스티가 포탑이 없는 크리스티 전차를 트랙터라고 소련에 위장 수출했다. 크리스티 전차의 핵심이 크리스티 현수장치(Christie Suspension)였기 때문에, 크리스티 전차의 핵심기술이 소련으로 유출된 것이다. 지면에 대한 안정적인 접지가 가능했던 탁월한 현수장치 덕분에 겨울이면 얼고 봄이면 진흙탕이 되는 소련 전선에서 T-34가 독일군 전차에 대해서 월등한 기동력을 유지할 수 있었다.

여준다고 할 수 있다.

우리는 지금도 나치 독일의 화려한 전차기술에 대해서 많은 이야기를 한다. 그러나 화려함의 진정한 민낯은 공학적 무책임이다. 나치 독일군은 진화적 개발을 택하는 대신 새로운 전차를 만들기 위해서 기회 있을 때마다 완전히 새로운 설계를 들고 나왔다. 엔지니어링 관점에서 완전히 새로운 개발은 오히려 개량보다 쉬운 공학적 과제이며, 다른 한편은 전작의 문제점에 대해서 책임을 지지 않는다는 것이다. 물주가 요구하는 대로 그럴 듯한 것을 만들어주기만 하면 되는 나태한 엔지니어링 행위이며, 기술적 자만심의 표출이라고도 할 수 있다. 나치 독일 기술의 무책임과 자만심의 유산은 지금도 독일 사회에 남아 있다. 그런 독일 엔지니어링의 치명적이고 고질적인 약점이 그대로 드러난 사건이 바로 폭스바겐, 벤츠 그리고 BMW를 포함하는 모든 독일 자동차회사가 자신들만의 방식으로 저지른 디젤자동차 배기가스 조작사건이다. 물론 이들 독일 자동차회사들을 포함하는 대부분의 독일 기업들이 나치에 협력했던 전범기업이었다는 점도 우리는 잊어서는 안 된다. 겉으로는 반성했다고 하지만, 깊은 마음속은 전혀 그렇지 않다. 포르쉐 가문이 지배하고 있는 폭스바겐은 특히 더 그렇다.

양과 질의 균형적인 조화를 구현했던 T-34의 설계 사상은 소련에서 이후에 개발한 T-54, T-64, T-72 그리고 T-80 전차가 고스란히 계승했다. 비록 서방권의 몸값 높은 전차에 약 1 : 2 수준으로 열세인 교환비를 가질지라도 충분한 양적 우위를 통해서 전략적 이점을 차지하려는 동유럽 소비에트 진영의 전략적 의도가 이들 전차에 그대로 반영되었다. 그러다 소비에트 체제가 무너진 이후, T-34의 전통을 깨고 러시아에 새로 등장한 전차가 있었으니, 그것이 바로 T-14 아르마타이다.

아직 구체적으로 확인된 바는 없지만, T-14 스펙 가운데 세계 최고가 아닌 것이 없다. 서방권에서도 탄의 운동에너지 면에서는 최정상급이라고 할 수 있는 K-2 전차의 운동에너지를 가볍게 30% 이상 능가한다고 한다.[2] 그리고 성형작약탄은 물론이고 일부 운동에너지탄까지 방어가 가능하다는 아프가닛(Afghanit)이라고 부르는 능동방호시스템, 3인의 승무원을 위한 티타늄 내부 캡슐과 역시 세계 최고라고 주장하는 복합장갑으로 방어력을 구성하고 있다. 마지막으로 순간 최고 2,000마력까지 가능한 1,500마력급 디젤엔진은 T-14가 한국이 생산한 차륜형 장갑차의 평지주행속도와 거의 맞먹는 80~90km/hr의 속도로 주행할 수 있게 해준다고 한다. T-14 전차가 매우 우수한 성능을 가지고 있겠지만, 사실 믿기 힘든 만화적 스펙이 가득하다.

이런 모든 스펙을 곧이곧대로 믿기 힘든 것은 T-14의 거대한 크기 때문이다. 아래 표는 T-14, T-80U 그리고 K-2 전차의 크기를 비교한 표이다.

		T-14	T-80U	K-2
차체	길이(m)	8.7 m	7 m	7.5 m
	폭(m)	3.5 m	3.603 m	3.6 m
	높이(m)	3.5 m	2.202 m	2.4 m
	중량(톤)	55 톤	46 톤	55 톤
엔진 출력		(디젤) 1500 마력순간 최고 2000 마력	(가스터빈) 1250 마력	(디젤) 1500 마력
최고 주행 속도		80~90 km/hr	80 km/hr	70 km/hr

소련에서 지금까지 개발해왔던 모든 전차 및 서방권의 경쟁 전차들과 비교해서, T-14 전차는 길이와 높이 모두 약 1m 이상 큰 엄청난 크

---

[2] K-2 전차의 55구경장 120mm 활강포에서 발사되는 운동에너지탄의 포구운동에너지는 최대 14MJ 수준으로 추정되고 있다. 그러나 T-14의 125mm 활강포의 포구운동에너지가 20MJ를 넘는다는 설도 있다. 탄의 추진제 양을 늘린다면 불가능한 것은 아니지만 개인적으로 직접 확인한 바는 없다.

T-14 아르마타 전차: (상) 퍼레이드에 등장한 T-14, (하) T-90과 비교한 T-14의 크기

기에도 불구하고 오히려 가볍거나 비슷한 중량을 가지고 있다. 우크라이나의 T-90과 비교한 T-14의 사진이 인터넷에 많이 돌아다닌다. (물론 러시아와 우크라이나 사이의 적대관계 때문에 두 전차가 동시에 퍼레이드에 참가한 경우는 없었고, 비교를 위해서 합성된 사진이다. 하지만 크기의 비교에는 나름 쓸모가 있다.) 일단 차체 길이 6m의 T-90이 전세계에서 가장 작은 크기를 가지고 있는 주력전차임을 고려한다고 하더라도, T-14의 크기는 실로 엄청나게 크다. 현 단계에서 러시아가 다른 나라보다 압도적으로 우수한 재료기술을 가지고 있지 않다면 결코 구현하기 힘든 수준의 방어력을 T-14 전차가 보유하고 있다고 러시아는 주장한다.

T-14 전차가 서방의 3.5세대 전차와 충분히 맞상대를 할 수 있는 능력

이 있는지에 대한 구체적인 실상은 확인해보기 전까지 누구도 알 수 없다. T-80 전차가 붉은 광장의 군사 퍼레이드에 처음 모습을 나타냈을 때, 서방권의 모든 신문들은 조만간 소련의 전차가 물밀듯이 유럽으로 진격해 올 것이라고 호들갑을 떨었던 적이 있었다. 그러나 T-80 전차의 실물을 가지고 있는 우리가 보기에 T-34의 설계 사상을 제대로 계승한 매우 좋은 전차임에는 틀림없지만, 지상무기체계의 끝판 왕 정도까지는 아니었다. 그리고 고작 7.5톤에 불과한 FOAB이 TNT 44톤의 폭발 위력을 낼 수 있다고 주장하는 러시아의 과장 섞인 과도한 자부심도 충분히 고려해야 한다.

T-14에 대해서 가장 강한 의심을 품고 있는 쪽은 서방권이 아니라 오히려 러시아인 것처럼 보인다. T-34의 자랑스러운 전통에서 벗어나 서방권 전차 냄새를 물씬 풍기는 T-14의 뜬금없는 등장이 러시아의 육군에서는 마땅치 않은 모양새이다. 그리고 양질의 과학기술 인력이 미국, 영국, 이스라엘과 다른 유럽국가들로 이미 심각하게 유출된 러시아에서 T-14를 완성할 수 있는 기술개발 역량이 보존되고 있는지도 확실치 않다. 그래서인지 양산이 지연되고 있으며[3], 생산 예정 수량도 나날이 줄어들고 있는 형국이다. 과거 생산성을 무시했던 나치 독일의 오류를 T-14가 러시아에서 재현할지 한번 지켜봄직하다.

전차의 화력, 주포의 미래

지상전에서 전차가 두려움의 대상이 된 것은 주포의 강력한 화력 덕분이다. 그래서 세계적으로 운용되고 있는 주력전차(Main Battle Tank,

---

[3] 정확하게는 양산 단계에 진입할 수 있는 수준으로 개발이 완성되지 못하고 지연되고 있는 것으로 보인다.

MBT)들은 대부분 120mm 또는 125mm 활강포를 장착하고 있다. 그러나 화력에 대한 끊임없는 갈증 때문에, 더 강력한 주포에 대한 탐구는 지금도 계속되고 있다.

먼 거리의 넓은 범위에 화력을 투사해야 하는 야포가 많은 양의 작약을 탑재한 탄두를 날리는 곡사포(Howitzer)로 발전한 반면, 비교적 가까운 거리의 특정 목표를 파괴해야 하는 전차의 주포는 정확성과 관통력을 중시하는 직사포(Gun)로 발전했다. 관통력 중심으로 발전한 전차의 탄두는 유체역학적 형상을 가지는 아구경(亞口經, Sub-Caliber)의 관통자(Penetrator) 형태로 발전하였으며, 사보(Sabot)를 이용해서 추진제 연소가스의 팽창력을 효과적으로 추진력으로 전환할 수 있게 되었다. 그래서 사보의 이점을 극대화할 수 있는 활강포가 강선포보다 선호될 수밖에 없다.

주포의 강력한 운동에너지 전달능력을 극대화하기 위해서 개발된 탄종이 '날탄'이라고 부르기도 하는 날개안정분리철갑탄(Armor Piercing Fin Stabilized Discarding Sabot, 이하 APFSDS)이다. 사보와 활강포의 포신이 꽉 맞물려서 추진제 연소가스의 누출없이 팽창력을 철갑탄의 운동에너지로 전달할 수 있다. 이렇게 극대화된 운동에너지를 가지고 발사된 APFSDS는 포구에서 이탈하자 마자, 사보를 벗어던지고 (그래서 Discarding Sabot를 국내에서는 이탈피라고 부르기도 하는데 매우 적절한 번역으로 보인다) 화살모양의 관통자만 목표물을 향해서 날아간다. APFSDS는 오직 운동에너지로만 위력을 전달하기 때문에 장갑으로 방호하는 것 이외의 마땅한 방호수단이 없다. (물론 반응장갑이 부분적 방호효과가 있기는 하나 성형작약탄에 대한 방호만큼 효과적이지는 않다)

약 50여 년 전 활강포가 전차의 주포로 등장한 이후에, 활강포가

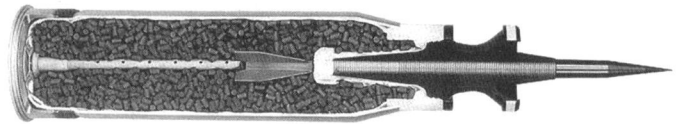

날개안정분리철갑탄 (APFSDS): (상) APFSDS 단면, (하) 이탈피의 분리

전달할 수 있는 운동에너지는 꾸준히 증가했으며, 최정상급 전차의 주포는 1800m/s에 근접하는 탄속까지 도달했다. 그러나 화포 분야 전문가들은 활강포의 탄속도 2km/s 정도가 한계가 아닐까 추측하고 있다. 활강포의 탄속이 한계에 근접한 원인 가운데 하나는 고체추진제의 태생적 약점인 열악한 연소성 때문이다. 추진제는 (1) 높은 에너지 밀도, (2) (Cook off 방지를 위한) 열둔감성, (3) 깨끗하게 완전 연소되는 반응성 및 (4) 안정적인 연소속도와 같은 연소 특성을 요구한다. 하지

만 이들 추진제에 필요한 요구성능들은 물리화학적으로는 서로 상충되는 특성이 있다. 열둔감성이 좋으면 완전연소에 필요한 반응성이 나빠진다. 특히 고체추진제의 경우, 열의 전달이 화학물질의 전달보다 매우 빠르기 때문에 발생하는 확산현상과 화학반응의 불균형에 의한 연소속도의 진동 경향까지 생겨날 수 있다. (2장에 이런 물리화학적 현상을 튜링불안정성이라고 한다는 내용이 있음) 이런 문제를 해결하기 위한 방책의 하나로 흑연이 코팅된 그래뉼 형태의 추진제가 널리 사용되고 있지만, 추진제의 형상 개량만으로 추진제의 기술적 한계를 극복하는 것은 결코 쉽지 않다.

그래서 2000년대 초반만 하더라도 화학포의 한계를 완전히 우회하기 위한 방안으로 레일건이 큰 관심을 받았지만, 가시적 미래에 레일건이 전력화되기는 힘들다는 방향으로 대세가 기운 듯하다. (레일건에 대한 부분은 뒤의 전투함에서 다시 다룰 예정) 그래서 최근에는 오히려 전열화학포(電熱化學砲, Electro-Thermal Chemical Gun)에 대한 관심이 다시 부활하고 있다.

전열화학포라 하면 뭔가 외계인을 고문해서 개발해낸 혁신적 주포라고 생각할지 몰라도, 실상은 기존의 주포에서 점화방식만 플라스마(Plasma) 주입으로 바꾼 것에 불과하다. 단 플라스마 주입을 통해서 에너지밀도가 높은 열둔감성 추진제를 안정적으로 점화하고 연소속도를 조절할 수 있다면, 주포의 에너지밀도를 획기적으로 개선할 수 있지 않을까 하는 바람에서 시도되고 있는 기존 화포에 대한 개량기술이다.[4] 즉 완

---

4 열둔감성 추진제는 점화를 위한 활성화에너지가 크지만 그와 더불어 발열량도 늘어나는 특징이 있다. 즉 더 높은 활성화에너지의 장벽을 넘기 위해서 더 큰 점화에너지를 공급해줄 필요성이 발생하며, 플라스마 점화가 그런 방법 가운데 하나이다.

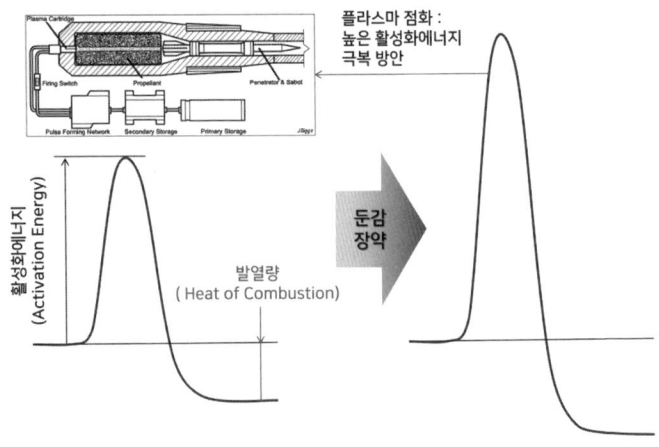

전열화학포의 플라스마 점화장치와 열둔감성 화약의 에너지 준위

전혀 새로운 기술이 아니다.

플라스마는 강력한 전자기장에 의해 아주 고온상태에서 존재하는 양성자, 중성자, 전자 및 이온 사이의 불안정한 상태를 말한다. 플라스마가 매우 높은 에너지 준위를 가지는 불안정한 상태이기 때문에 화학적 반응성이 매우 높다. 이런 높은 반응성을 이용해서 활성화에너지가 높은 열둔감성 추진제를 효과적으로 점화하고자 하는 것이 전열화학포가 추구하는 우선 목표이고, 플라스마를 지속시켜 바람직한 추진제의 연소성능 (즉, 완전연소와 최적의 연소속도)까지 얻어내고자 하는 부가적인 목표도 있다.

물론 추진제의 플라스마 연소가 우리가 원하는 대로 성능을 발휘했으면 좋겠지만, 지금까지의 경과를 보면 결코 희망적이지는 않은 것으로 보인다. 안정적인 전원이 있는 가스 플라스마 용접기술은 산업적 스케일에서 이미 실용화되었다. 그러나 지금까지 시도한 플라스마 연소기술은 별반 큰 성공을 거두지 못하고 있다. 플라스마의 가장 큰 문제점은 지속시간이 아주 짧다는 것이다. 플라스마를 방출했더라도 지속적인 전자기력이 인가되지 않으면 바로 소멸(Quenching)하고 만다. 2000년대에 시도된 많은 플라스마 연소 연구에서 연소성능이 어느 정도 개선된 것이 발견됐는데, 연소성능의 개선이 플라스마 때문이 아니라 플라스마가 소멸되면서 생성된 열에너지 때문인 것으로 밝혀졌다. 쉽게 이야기해서 전기로 열을 공급해서 연소성을 개선한 것에 불과했다. 거의 같은 시기, 한전의 석탄발전소에서는 러시아에서 개발된 플라스마 점화기에 대한 관심이 높았다. 발전소를 (비싼 기름을 연소해서) 예열하지 않고, 플라스마 점화기로 바로 석탄을 연소할 수 있다는 주장에 한두 차례 설치해서 시험해봤지만 아무런 효과를 얻지 못했다고 한다. 플라스마 연소를 한다는 시설은 의외로 찾아보기가 쉽다. 국내만 하더라도 플라스마를 이용해서 폐기물을 소각하겠다는 업체가 있었는데, 최근에는 수소경제 거품에 묻어가기 위해서인지 플라스마 소각기술을 이용해서 수소를 생산하겠다고 여기저기 연구계획서까지 제출하고 있다. 플라스마 소각이 성공했을까? 물론 당연히 전기만 잡아먹고 별 다른 성능개선은 이루지 못하고 있다.

전열화학포 개발을 위해서 이런 저런 플라스마 장치가 개발되어야 한다는 설은 난무하지만, 추진제를 점화하기 이전까지 추진제에 대한 열손실을 극복할 수 있을 만큼 에너지밀도가 높지 않아서 플라스마가 소멸되지 않고 살아남을 가능성이 상당히 희박하다는 것이 내 판단이다. 물론 그렇다고 전열화학포에 대한 연구를 당장 그만둘 이유는 없지만, 전열화학포 수준의 비교적 단순한 개량은 그것이 정말 실현 가능한 기술이라면 기술적 타당성이 이미 검증됐어야 하는 기술이다. 아직도 확실한 결과를 내지 못하고 있는 것은 플라스마 연소가 추진제 고유의 한계를 극복하기

라인메탈이 제안한 130mm 전차 주포와 APFSDS

에 충분한 도움이 되지 못하기 때문이다.[5]

  그래서 결국 돌고 돌아 다시 화학추진 활강포로 돌아오는 것이 현재의 추세인 것으로 보인다. 독일의 라인메탈(Rheinmetall)사는 130mm 활강포를 개발해서, 독일의 레오파르트-2 전차의 차세대 성능개량 사업에 적용하겠다고 한다. 전차 주포의 시장에서 독일의 영향력은 막강하다. 먼저 독일은 전차 개발 및 실전의 오랜 역사가 있으며, 동서냉전 당시 나토(NATO)의 최전선을 지켰기 때문에 전차 관련 표준 설정에 대한 상당한 지분도 가지고 있다. 거기에 더해서 세계 최고의 화약회사 다이나밋 노벨(Dynamit Nobel)의 직접적인 도움까지 받을 수 있다. 즉, 독일은 포와 추진제의 쌍끌이 전략으로 주포의 시장 지배력을 키워 왔다. 그런 독일이 포의 구경을 120mm에서 130mm로 증가해서 운동에너지를 50% 개선하겠다는 오래 되고 뻔한 제안을 다시 내놓은 것을 보면 당분간은 다른 형태의 주포를 볼 가능성이 별로 크지 않은 것 같다.

---

5 전열화학포 수준의 기술은 기초연구 수준의 추격형 연구를 하면서 시장의 동향을 관망하다가, 실전적 활용성이 검증된 이후에 본격적인 기술개발을 하더라도 세계적인 추세에 뒤쳐지지 않고 바로 따라갈 수 있다.

동일한 관통자를 사용한다는 가정 하에 (즉 관통자는 동일하고 이탈피의 크기만 늘리는 경우) 구경을 120mm에서 130mm로 늘리면 약 15~20%의 운동에너지 상승만 기대할 수 있다. 따라서 운동에너지를 50% 증가하려고 한다면, 추진제의 에너지밀도를 높이거나, 약실의 크기까지 늘려서 추진제의 양까지 늘려야 한다. (약실의 부피를 15리터로 늘린다고 한다) 그렇다면 당연히 포와 탄에 대한 규격 자체가 확 바뀌기 때문에 동맹군들 사이의 표준에 대한 합의도 선행돼야 한다.

앞의 사진에 있는 130mm 활강포와 같이 전시된 탄의 사진을 보면, 추진제의 에너지밀도는 전혀 개선되지 않고, 120mm 활강포 대비 추진제의 양을 50% 정도 증가한 것으로 보이는 130mm APFSDS탄을 확인할 수 있다. 탄의 크기가 증가함에 따라서 신형탄의 개발 및 생산, 탄의 적재와 자동장전장치의 전면적인 개량 같은 부수적인 문제들이 발생할 수밖에 없다. 주포의 위력 증가를 위해서 전투효율을 너무 많이 희생해야만 하는 것이 아닌지 의심이 들 수 있으며, 궁극적으로는 주력 전차의 미래가 결코 밝지 않다는 것을 보여주는 예고편을 보는 느낌이 든다.

모순 관계

모순(矛盾)이라는 단어가 생겨난 중국 고사를 이야기할 필요도 없이, 무기의 개발은 끊임없는 창(矛)과 방패(盾)의 싸움이다. 방어측은 공격무기를 막을 수 있는 방법을 끊임없이 개발하고, 공격측은 방호기술을 뚫을 수 있는 방법을 끊임없이 찾는다. 이런 창과 방패의 끝나지 않을 모순적 대결이 가장 선명하게 드러나는 것이 전차의 공격무기와 방호무기 사이의 경쟁이다. 그래서 공돌이들에게는 전차가 공학적 감성을 자극하기에 안성맞춤인 테크놀로지컬 포르노그라피이다.

전차의 공격과 방어의 물리적 핵심 개념은 힘의 집중과 분산이다. 전차는 목표물을 완전히 산산조각 낼 필요가 없는 대신 목표물을 관통하기만 하면 충분한 공격 목적을 달성할 수 있다. 전차가 발사한 탄으로 목표물을 관통하기 위해서는 (앞의 3장에서 폭탄의 위력이 발생하는 메커니즘에서 이미 설명했던 바와 같이) 탄의 에너지를 가능한 작은 면적에 집중해야 한다. 그래야만 목표물의 특성반응시간을 최소한으로 줄일 수 있으며, 탄이 전달하는 압력만으로 목표물을 관통할 수 있다. 한편 방어하는 입장에서는 목표물의 특성반응시간을 최대한 늘려야 한다. 운동에너지의 작용점을 빠르게 확산시켜야만 방호장갑의 특성반응시간을 늘려서 탄의 관통을 저지할 수 있다. 그래서 방호장갑의 특성반응시간을 늘리기 위한 수단으로 (1) 부서지면서 탄의 운동에너지를 횡적으로 빠르게 분산할 수 있는 세라믹장갑 등이 기존의 강철로 만들어진 장갑재와 결합된 복합장갑 또는 (2) 폭발물을 터뜨려서 압력을 분산하는 폭발반응장갑 (Explosive Reactive Armor, 줄여서 ERA라고 부르기도 함)이 등장했다.

운동에너지탄의 가장 일반적인 형태인 날개안정분리철갑탄(APFSDS)의 관통력은 탄의 운동에너지와 압력을 집중할 수 있는 역량으로 결정된다. 앞의 주포에 대한 설명에서 언급한 바와 같이 현재의 주포가 전달할 수 있는 운동에너지는 거의 한계 성능을 향해 가고 있지만(물론 운동에너지의 추가적인 증가가 가능하지만 획기적 증가를 위해서는 상당한 경제적 성능적 대가를 지불해야 함), 운동에너지탄의 관통자(Penetrator)가 압력을 집중할 수 있는 능력에는 상당한 개선의 여지가 남아 있다고 한다. 압력을 집중하기 위해서는 일단 관통자가 단단해야 한다. 그러나 빠른 속도를 가지고 충돌하는 물체는 겉으로 보기에는 단단한 고체이지만 실제로는 (점도가 극단적으로 높은) 유체에 가까운 거동을 보인다. 즉, 압력을 집중해야 하는 관통자의 선단을 자세히 들여다보면, 마치 유체처럼 움직여서 앞이 버섯의 머리처럼 펑퍼짐해지는 머쉬루밍(Mushrooming) 현상이 발생한다. 머쉬루밍에 의한 압력의 분산을 막기 위해서 개발된 기술이 관통자의 자기첨예화(Self-Sharpening)이다.

자기첨예화는 부싯돌을 생각하면 쉽게 이해할 수 있다. 부싯돌을 깨트리면 무기로 쓸 수 있는 수준의 아주 날카로운 면이 생긴다. (실제로 수술용 칼보다 날카롭다고 한다) 그와 마찬가지로 관통자의 선단이 압력으로 표면쪽 입자들이 유체처럼 흐르기 전에 부서지면, 관통자의 선단을 날카롭게 유지할 수 있다. 이와 같은 방법으로 관통자를 날카롭게 유지해서 압력을 집중하는 기술이 자기첨예화 기술이다. 현재 운동에너지탄의 관통자 재료로는 텅스텐합금과 열화우라늄이 주로 쓰인다. (강철을 쓰기도 하지만 관통 성능이 많이 떨어진다) 텅스텐합금의 밀도가 열화우라늄보다 약간 더 큰 반면, 자기첨예화 특성은 열화우라늄이 우수하다. 그래서 열화우라늄을 운동에너지탄의 재료로 선호하지만 핵연료를 자체 생산할 수 있는 극소수의 나라 이외에는 열화우라늄을 확보할 수 없는 것이 현실이다.

K2 전차의 K279 APFSDS탄과 M1A2 계열 아브람스 전차의 M829A 계열 APFSDS의 관통력을 비교하기 위해서 인터넷상의 많은 자료를 찾아봤지만, 오히려 틀린 정보만 넘쳐나고 속 시원히 설명해주는 자료는 찾기가 쉽지 않았다. 연구수행을 위해서 ADD 시험장을 여러 차례 방문하면서 얻었던 경험과 필자의 기계공학적 지식을 총동원해서 판단했을 때, K2 전차에서 발사하는 K279 관통자의 탄속이 M1A2 계열 전차의 M829A 계열 관통자의 탄속보다 빠르다는 것은 사실이라고 판단된다.

K279 관통자의 (이탈피 없이 관통자만의) 운동에너지는 약 13.5MJ 수준으로 추정되며, M829A 계열 관통자의 운동에너지는 K279 관통자 보다 최소 5% 이상은 미달하는 것으로 예측된다. 한편 열화우라늄의 자기첨예화 특성이 텅스텐합금보다 많이 우수하기 때문에 전체적인 관통자의 관통성능은 M289A 계열 운동에너지탄이 약 5% 정도는 우세하지 않을까 추정할 수 있다. 그러나 텅스텐합금도 열처리를 통한 나노결정화로 자기첨예화 성능을 끌어올릴 수 있는 여지는 많이 남아있다고 한다. 단 추가적인 열처리에 따른 가공비와 높은 재료비 때문에 생산단가의 증가는 어쩔 수가 없다.[6]

미군이 사용하고 있는 열화우라늄탄의 가장 큰 장점은 열화우라늄이 우라늄 핵연료 생산의 부산물이기 때문에 생산단가가 매우 낮다는 점이다.[7] 그리고 미군의 M829A 계열 APFSDS의 지속적인 개량으로 (지금은 M289A4까지 나왔음), K279와 M289A 계열 운동에너지탄 사이의 관통력의 격차는 아직도 좁혀지지 않은 상태로 남아 있을 가능성이 크다.

전차의 방호장갑에 대한 사항은 어느 나라를 막론하고 극비로 취급하고 있다. 대부분의 전차 방호장갑은 세라믹층과 금속층 (또는 공동 및 다른 탄력성 좋은 물질도 포함하고 있는) 복합장갑과 폭발반응장갑으로 이루어졌으며, 이 가운데 복합장갑은 운동에너지탄에 대한 방호를 그리고 반응장갑은 성형작약탄에 대한 방호를 특별히 신경 쓰면서 만들어진 장갑이다. 그리고 성형작약탄을 방어할 수 있는 비반응장갑도 사용하고

---

6 열화우라늄 관통자가 최상급 텅스텐 관통자와 비교해서 약 5% 정도 관통력이 좋다는 것이 통설인 반면, 강철계 관통자의 관통성능은 텅스텐 관통자와 비교해서 20% 이상 나쁘다고 알려져 있다.
7 열화우라늄 APFSDS의 가격은 텅스텐 APFSDS 대비 약 30~40% 수준이라고 한다. 참고로 M289A2의 경우 약 4000$의 (2000FY) 가격을 가지고 있다. 그리고 A-10 근접공격기의 GAU-8 30mm 개틀링 기관포에서 발사하는 30mm탄의 탄두도 열화우라늄 철갑탄이다.

있으며, 또한 각 방호장갑을 모듈형으로 만들어서 방호력 증강이나 피탄 이후 수리를 쉽게 하기도 한다.

폭발력을 관통력으로 전환하는 방법으로 성형작약(Shaped Charge)이 있다. 만약 작약을 옴폭한 형태로 성형한 이후에 폭발시키면 폭압이 중앙으로 집중된다. 성형작약의 옴폭한 정도에 따라서 성

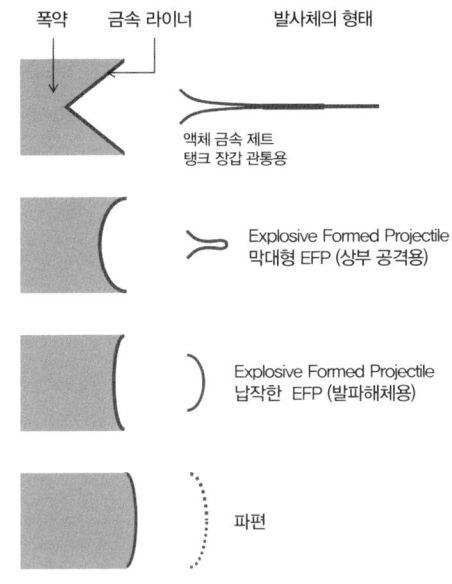

다양한 형태의 성형작약(Shaped Charge)

형작약의 라이너 금속이 녹아서 (1) 제트 형태의 (액체금속) 발사체, (2) 긴 막대 형태의 발사체 (EFP, Explosive Formed Projectile), (3) 넓은 형태의 발사체 (EFP, Explosive Formed Projectile) 그리고 (4) 파편 형태의 발사체를 만들 수 있다. 대전차탄으로는 에너지의 집중과 관통력이 가장 좋은 제트 형태의 액체금속 발사체를 생성할 수 있는 맨 위의 고깔형 성형작약탄두가 사용되고 있다.

한편 성형작약 대전차 탄두에 대한 피동적 방호방법으로 폭발반응장갑(Explosive Reactive Armour, ERA)이 널리 사용되고 있다. 성형작약탄이 장갑과 접촉하는 순간 반응장갑 내 폭약을 폭발시켜서 액체금속 제트에 집중된 관통력을 폭발가스의 팽창력으로 분산해서 관통력을 저지

폭발반응장갑의 작동 메커니즘과 폭발반응장갑이 추가된 이스라엘 M-60 전차

하는 것이 폭발반응장갑이다. 폭발반응장갑이 도입된 초기에는 전차의 외부에 마치 도시락같이 생긴 폭발반응장갑을 붙이고 다녔다. 하지만 지금은 깔끔한 모듈화장갑 형태로 폭발반응장갑이 전차에 장착되고 있다.

이처럼 강화된 방패에 대응하기 위해서 새로운 탄두들도 속속 개발되고 있다. 새로운 대전차 공격무기 가운데 가장 성공적인 것이 이중성형작약(Tandem Shaped Charge) 탄두이다. 먼저 작은 크기의 성형작약탄을 기폭시켜서 폭발반응장갑을 무력화한 이후, 두번째 성형작약탄에서 분사하는 용융금속의 제트로 복합장갑을 관통하는 것이 이중성형작약 탄두이다. 이제는 이중성형작약 탄두가 RPG(Rocket Propelled Grenade)와 같은 휴대용 대전차 로켓에서부터 대전차 미사일에까지 광범위하게 적용되는 표준형 대전차 탄두가 됐다. 러시아의 9K135 코르넷(Kornet) 대전차 미사일은 1000~1400mm의 관통력을 가지고 있다고 주장하며, 높은

소프트킬 능동방어 : 적 대전차무기의 레이더파를 탐지하면, 연막탄을 발사해서 레이더파를 차단한 이후에 회피기동으로 위험에서 탈출 (사진에서 연막탄을 볼 수 있음)

하드킬 능동방어 : 밀리미터파 레이더로 대전차 미사일의 접근을 탐지하면 대응탄을 발사해서 대전차 미사일을 요격 (사진에서 대응탄의 폭발을 볼 수 있음)

방호력을 자랑하는 M1A2 계열의 전차와 이스라엘의 메르카바 전차를 격파한 전과를 자랑한다. (전면 공격이 아니라 측면 공격이었다고 함) 또한 반응장갑도 운동에너지탄에 부분적인 효과가 있기 때문에, 운동에너지탄도 이중관통자를 가지는 형태로 진화하고 있다. 가벼운 금속으로 반응장갑을 무력화한 이후에 뒤에 있는 열화우라늄 또는 텡스텐 관통자로 복합장갑을 관통하도록 개발된 관통자가 이중관통자이다.

이중성형작약 탄두로 무장한 대전차 무기의 위협 강도가 증가하면서 이제는 능동방어체계(Active Protection System, 이하 APS)를 전차와 장갑차에까지 도입하기 시작했다. 능동방어체계는 크게 소프트킬(Soft Kill)과 하드킬(Hard Kill)로 나뉜다. 소프트킬은 대전차 미사일이 조사하는 레이더 또는 레이저를 탐지하면 바로 피탐을 차단할 수 있는 연막탄을 발사한 이후에 회피기동을 통해서 대전차 미사일의 피격을 피하는 일종의 준능동적인 방어체계이다. 다른 한편, 보다 능동적인 방어체계가 하드킬이다. 밀리미터파인 Ka-밴드 레이더로 비교적 저속으로 날아오는 성형작약탄을 탐지 추적해서 피탄 직전에 대응탄으로 요격하는 방어체계가 하드킬 APS이다. 액체금속 막대 또는 판 형태의 EFP를 발사하는 성형작약 폭발시스템이 APS의 대응탄 발사장치로 사용되고 있다. (즉 성형작약탄으로 성형작약탄을 막는 상황이다) 이스라엘 라파엘(Rafael) 사의 Trophy APS은 비교적 지향성이 좋은 EFP를 대응탄으로 발사한다고 한다. 앞에 보여준 성형작약탄의 여러 단계 가운데 세번째에 해당하는 평판형 발사체를 만드는 EFP가 트로피 APS의 대응탄으로 발사되고 있을 것으로 짐작된다.[8] 심지어 러시아의 T-14는 운동에너지탄에 대한 부분적 (1500m/s 이하의 탄두에 대한) 방어가 가능한 APS를 장착했다고 하지만, 그러기 위해서는 대응탄의 정확성과 운동에너지가 충분히 커야만 가능하기 때문에 아직 충분히 검증되지 않은 주장일 가능성이 크다. (거기다가 T-14는 아직도 실전 배치되지 않은 전차이다)

---

8 참고로 K-2 전차와 같이 개발된 능동방어체계인 KAPS는 대응탄의 파편이 넓게 퍼지기 때문에 아군 보병의 부수적 피해를 염려해서 아직 K-2 전차에 장착하지는 않고 있다. 어쩌면 대응탄의 지향성을 개선하는 KAPS의 성능개량이 필요할 수 있다.

능동방어체계가 등장한 이후, 능동방어의 사각이라고 할 수 있는 전차의 상부를 공격하는 수단이 인기를 얻고 있다. 전차의 방호력은 전면이 가장 강하고, 그 다음 측면 그리고 상부가 가장 약하다. 후면은 엔진룸이 위치하고 있어서 피탄되더라도 승무원은 안전할 수 있다. (그렇기 때문에 이스라엘의 메르카바 전차는 엔진룸을 전차의 전면에 배치해서 승무원의 생존성을 극대화했다.) 따라서 미군의 FGM148 재블린(Javelin), 한국군의 AT-1K 현궁(Raybolt), 스웨덴의 NLAW 등 최신 대전차 미사일은 방호력이 상대적으로 약한 전차의 상부를 공격할 수 있도록 개발됐다. 한편 먼저 기만탄을 발사한 이후에 이중성형작약탄을 발사해서 능동방어시스템과 폭발반응장갑을 모두 무력화하려는 공격방법도 개발되고 있다.

전차에서 창과 방패의 싸움은 지금도 계속되고 있으며, 앞으로도 계속될 것이다. 창과 방패의 경쟁은 진화적 개발이 무기체계의 경쟁력 유지에 얼마나 중요한지를 일깨워주는 이유이기도 하다. 진화하지 못하면 도태될 수밖에 없는 전차만의 고유 생태계가 형성되고 있다. 이런 점들이 밀리터리 마니아들이 전차에 빠져드는 충분한 매력이 되고 있다.

4세대 전차란 무엇인가?

포르노그라피가 무엇인지 말이나 글로 설명하는 것은 결코 쉽지 않다. 그러나 한번 본다면 누구나 그것이 무엇인지 알 수 있다. 마찬가지로 5세대 전투기가 무엇인지는 F-22 전투기와 B-2 폭격기를 본다면 누구나 쉽게 이해할 수 있다. 그러나 아직까지 어느 누구도 6세대 전투기가 무엇인지 모른다. 그와 마찬가지로 4세대 전차가 무엇인지에 대해서도 말은 무성하지만 어느 누구도 4세대 전차의 개념을 확실하게 정의하지 못하고 있다.

한때 4세대 전차의 개념으로 40톤급 스텔스 전차가 거론된 적이 있다. 그 전차가 아무 의미 없는 말장난은 아니었지만, 이미 보병전투차량(Infantry Fighting Vehicle, IFV)의 무게가 40톤을 넘기는 세상에 보병전투차량의 무게보다 가벼운 전차가 거론되었다는 점의 다른 측면은 전차 무용론이다.

전차 무용론이 등장하게 된 배경은 미국, 이스라엘 그리고 러시아가 전개한 대테러전과 점령작전 때문이다. 주변 상황이 아주 복잡하게 널려있는 도시전에 전차를 투입하자마자, 전차는 이중성형작약 탄두를 가지고 있는 RPG와 대전차 미사일은 물론이고 급조폭발물(IED) 같은 다양한 비대칭적 위협에 노출되기 시작했다. 전차의 생명과도 같은 덕목인 속도와 화력이 무용지물이 되는 도시의 정글 속에 던져진 전차는 대전차 로켓과 미사일을 가지고 매복한 적의 손쉬운 먹잇감에 불과하다. 도시의 정글에 매복해 있는 새로운 위협에 대응하기 위해서, 전차는 여러 방호장치들을 덕지덕지 붙이기 시작했다. 어떤 이들은 이런 모양새 나쁜 전차를 3.5세대 전차라고 하지만 정확하게는 전차의 정체성 상실이며, 그것이 전차 무용론으로 구체화되고 있을 따름이다.

전차는 거의 100년 전 전선을 돌파하기 위해서 탄생했다. 그리고 지금도 전차의 가장 중요한 가치는 전선을 돌파하는 가장 강력한 물리적 수단이라는 점이다. 전선을 돌파하기 위해서는 적의 전차와 강화진지를 격파할 수 있는 화력이 절대적으로 필요하며, 또한 대전차 무기로부터 방어할 수 있는 높은 방호력을 가지는 모듈형 복합장갑과 능동방호체계도 필요하다. 그러나 이와 같은 화력과 방호력의 개선이 전선을 돌파하기 위한 목적이 아니라 점령작전을 수행하기 위한 목적으로 도입되는 것은 전차 고유의 정체성에 대한 심각한 위협으로 볼 수 있다. 점령작전을 수행하기 위해서 등장한 미국, 이스라엘, 러시아 그리고 다른 서방의 전차들은 유럽 국가들의 오랜 패권주의적 정책의 산물이지 전차 본연의 전술적 전략적 가치를 반영한 결과라고 보기는 어렵다.

그렇다면 미래의 전차가 전차 고유의 가치를 구현하기 위해서는 어떤 모습이어야 할까? 기갑부대의 기동력과 양적 우세를 희생하지 않으면서, 센서 패키지, (VR기술을 이용한) 전장상황인식과 네트워킹 능력이 화

점령작전을 위해서 시가전에 투입된 전차들: (상) 미국의 M1A2 (이라크), (중) 이스라엘의 메르카바 (서안), (하) 러시아의 T-72 (체첸)

력통제시스템 및 방호시스템과 조화롭게 융합된 것이 아마 미래의 전차의 모습일 수 있다. 이와 같은 미래 전차(즉, 4세대 전차)를 구현하기 위한 가장 핵심적인 요소는 전기화일 것이다. 전차의 네트워크 전투 수행능력은 전기화를 구현할 수 있는 하이브리드 동력시스템을 통해서 더 강력

하게 다시 태어날 수 있으며, 전차의 기동 성능도 획기적으로 향상될 수 있다. 그리고 이미 통합전투시스템과 더불어 레이저에 기반한 APS도 구현 가능할 수 있다. 이런 전차가 과연 실현 가능할까? 이미 전기화를 통한 새로운 전투함이 속속 개발되고 있다. 그리고 민간 시장의 전기자동차 및 스마트폰에서는 기계와 센서의 퓨전이 훨씬 세련되고 효율적인 방식으로 진화하고 있다. 물론 전투함에서 개념이 먼저 검증되고 시스템도 충분히 소형화돼야 하겠지만, 어쨌든 전차도 건쉽(Gun Ship)의 일종이다. 단지 핵심적인 차이는 전차가 작고 땅에서 굴러다닐 따름이라는 것이다.

그렇지만 아무리 기술적으로 좋은 전차일지라도 충분한 수량을 갖출 수 없다면 전술 전략적 가치는 반감될 수밖에 없다. 따라서 4세대 전차를 개발하는 과정에서 가장 핵심적인 개념은 기술적 개념보다는 질과 양과 경제성 사이의 균형을 조화롭게 유지하는 것이다.

K-2 전차의 미래

K-2 전차는 좋은 전차인가? 당연히 매우 좋은 전차이다. 마니아들이 좋아하는 전차 랭킹사이트의 평가와 무관하게 (물론 랭킹도 상당히 좋지만), K-2 전차는 부여된 임무에 최적화된 전차임에 틀림이 없다. 한반도 유사시 선봉에 서기 위해서 탄생한 전차가 K-2 흑표 전차이며, 당연히 우리가 처할 수 있는 전시 상황에 대처할 수 있는 훌륭한 임무 수행 능력을 가지고 태어났다.

먼저 한반도의 험난한 산악 지형에서 충분한 기동성을 확보하기 위해서, 반능동 암 내장형 유기압 현수장치(In-arm Suspension Unit, ISU) 및 동적궤도장력조절기를 장착하고 있어서 세계 정상급의 험지 주

대한민국 육군의 K-2 흑표 전차. : 전차포에서 발사한 APFSDS탄의 관통자가 보인다.

행능력과 4~5개의 주요 하천을 신속하게 돌파할 수 있도록 도섭(徒涉)능력에 공을 들인 것에서 K-2 전차의 태생적 설계개념을 확인할 수 있다. 또한 양압 장치와 중성자 차폐 라이너가 있어서 어쩌면 발생할 수 있는 화생방 전장에서 생존성까지 확보했으며, 포탄의 자동장전장치 및 소프트킬 능동방어체계를 탑재하고 있다. (하드킬 APS는 개발이 됐지만 채택하지 않았다.) 그리고 미래의 네트워크전에 대응하기 위해서 전차간 데이터가 공유될 수 있는 C4I 시스템도 장착하고 있다. 누구는 레오파르트 계열 전차가 어떻다, M1A2 계열 전차가 어떻다 하지만, 한반도의 전장 환경에 가장 최적화된 전차는 누가 뭐라고 하더라도 바로 K-2 흑표 전차이다.

그런데 말입니다, K-2 전차가 심장병을 앓고 있습니다.[9] 파워팩 개발의 실패를 겪은 K-2 전차의 현재는 마치 심장병 환자처럼 언제 쓰러질지 모르는 절체절명의 위기에 처해 있다. 파워팩 개발의 실패에 따른 사업의 지연, 가격의 상승은 둘째 치더라도 전차 개발과 생산의 생태계마저 황폐화시켰으며, 더 크게는 한국 방위산업의 경쟁력까지 갉아먹었다. 애초에 파워팩 개발을 시도하지 않은 것보다 훨씬 나쁜 결과였다. 파워팩 개발의 실패로 당초 600대 배치를 목표로 개발됐던 전차가 청장년이 된 현시점에 (54대의 3차 생산 예정분을 포함하지 않을 경우) 200대 정도의 배치에 그치고 있다.

1970년대부터 등장하기 시작한 서방권의 3세대 주력 전차의 파워팩은 대체로 1,500마력의 엔진출력과 6초 이내에 정지상태에서 20mph(즉, 32km/h)까지 가속할 수 있는 (저속)토크를 요구한다. 이런 파워팩의 요구성능을 구현하기 위해서, 독일의 레오파르트-2 전차는 12기통 47.7리터의 아주 큰 배기량을 가지는 MTU MB-873 Ka-501 디젤엔진을 채택했으며, 프랑스의 르끌레르 전차는 APU(보조동력장치)로 구동하는 슈퍼차저를 이용해서 아주 고압으로 공기를 과급할 수 있는 8기통 16.5리터의 바르질라(Wartsila) SACM 디젤엔진을 채택했고, 미국의 M1 전차는 Honeywell AGT1500 가스터빈 엔진을 채택했다. 이들 모두 1,500마력의 엔진출력과 6초 이내의 0 → 20mph의 가속 성능을 충족시켰지만 대신 높은 연료소모라는 대가를 치렀다.

그러나 K-2 전차가 애초에 채택한 12기통 27.4리터의 MTU MT-883

---

[9] 국산 무기체계의 심장병은 K-2 전차에만 국한되는 문제가 아니다. 육해공 3군의 모든 무기체계에 대한 동력공급체계의 국산화는 거의 이루어지지 않고 있는 실정이다. 이는 지상무기체계, 전투함 및 전투기의 성능에 근본적인 제약이 될 수밖에 없으며, 산업적으로도 우리 방위산업의 성장을 제한하는 가장 핵심적인 병목으로 이미 작용하고 있다.

Ka-500/501은 비록 1,500마력의 엔진출력에 대한 요구조건은 만족시킬 수 있었지만, Renk HSWL 295TM 자동변속기와 통합된 파워팩의 0 → 20mph의 가속성능은 6초를 훨씬 초과하는 8초에 가까웠다고 한다. (물론 연비는 개선됐지만) 그런데 MTU엔진을 대체하기 위해서 개발된 두산인프라코어 DV27K 디젤엔진은 1,500마력의 엔진출력은 생산했지만 저속토크가 충분하지 못했던지, 8초이내 0 → 20mph의 가속성능에 대한 작전요구성능(ROC, Required Operational Capabilities)을 만족하지 못했으며, 한편 S&T중공업의 EST15K 변속기는 내구성 시험에서 실패하고 말았다. 급기야 가속성능에 대한 작전요구성능을 8초에서 10초로 완화한 이후에나 엔진이 적합판정을 받았고, 독일 Renk사의 변속기와 통합된 이른바 혼합파워팩이 2차 생산분부터 장착되기 시작했다. 그러나 2차 생산분 혼합파워팩의 가속성능에 대한 구체적인 발표가 없는 것을 고려하면, 파워팩의 가속성능 미달의 근본적인 원인이 내구성 시험에서 탈락한 S&T중공업의 변속기가 아니라 저속토크가 부족했던 두산인프라코어 DV27K 디젤엔진일 가능성을 아직도 배제할 수 없다.

K-2흑표 전차의 2차 양산분에 DV27K 엔진이 사용된 이후, 두산인프라코어는 마치 국산화개발에 성공한 것처럼 홍보하고 있지만, 객관적으로 바라보면 개발에 실패한 것이다. 어쨌든 엔진개발사인 두산인프라코어는 빠져나갔고, 모든 책임은 S&T중공업이 독박을 쓴 모양새이다. 하지만, 파워팩 문제의 근본적인 원인에 대해서는 (ROC를 완화해준 것을 포함해서) 아직도 확실하게 밝혀진 것이 하나도 없다.

파워팩 개발은 왜 실패했을까? 오랜 시간과 인적 물적 자원이 필요한 파워팩 개발을 전차체계의 개발보다 늦게 착수한 주관개발사업자인 방사청에게 1차적 책임이 있다고 할 것이다. 만약에 이것만이 원인이었다면, 수업료를 한번 크게 내고 실패에 대한 공부를 한 것이라고 위안을 얻을 수 있다. 하지만, 진짜 원인은 우리나라 방위산업계 기술력과 도덕적 수준의 민낯이 그대로 드러났기 때문이다.

K-2 전차의 미래는 밝은가? 아직 암울하다고 할 수는 없지만, K-9 자주곡사포와 완전히 다른 미래가 기다리고 있다는 것은 확실하다. 질과 양과 경제성의 절묘한 조화를 가지고 있는 K-9 자주곡사포는 전 세계 자주곡사포 시장에서 가장 성공한 상품이 됐다. 이미 1차 개량형인 K9A1의 배치가 시작됐고, K9A2는 영국의 차세대 자주포사업에 제안 검토되고 있다. 손익분기점을 넘긴 수준으로 고객이 확보된 사업이니, K-9 자주곡사포체계는 이익이 성능개량에 재투자되는 진화적 개발의 지속가능 단계에 이미 접어들었다. 덕분에 최소한 2040년까지 K-9계열 자주곡사포는 최정상급 화력체계로 남아 있을 수 있다.

그러나 이제 달랑 200대가 배치된 K-2 전차는 진화적 개발의 임계점에 한참 미치지 못한다. 덕분에 미리 계획됐던 성능개량프로그램(PIP, Performance Improvement Program) 가운데 지금까지 착수된 것이 아무것도 없다. 탄의 성능개량사업에 대한 소식도 들려오고 있지 않으며, 요즘 시장에서 수요가 넘치는 APS(능동방호시스템)에 대한 추가적인 기술개발도 지지부진하다. 시장에서 APS의 표준형처럼 취급되는 이스라엘의 Trophy APS와 K-2 전차용으로 개발되었던 KAPS와는 실제 차이가 크지 않다. 둘 다 Ka-밴드 밀리미터파를 이용한 탐색장치를 가지고 있으며, 실질적인 차이는 오직 대응탄을 발사하는 방식에 불과하다. 만약에 K-2 전차 사업의 지연과 축소가 없었다면, 한화의 AS-21 보병전투차량이 이스라엘에서 만든 Iron Fist 대신 국산 APS를 달고 호주의 LAND 400 보병전투차 프로그램에 참가했을 수도 있다.

그럼에도 불구하고 K-2 전차를 비롯한 국산 지상무기체계는 전 세계 시장에서 독일의 아성에 계속 도전장을 내밀고 있다. 물론 그럴 때마다 독일은 독일산 파워팩의 라이선스를 무기로 한국산 지상무기체계를 견제하고 있지만, 언젠가는 독일의 아성을 뚫을 수 있을 것이다.

K-2 전차의 미래는 폴란드의 차세대 전차사업에 달려 있다고 봐도 좋다. 진화적 개발이 가능한 임계치 이상의 물량을 확보하기 위해서는, 중부 유럽 국가로 진출할 수 있는 교두보가 절실하다. 800대를 목표로 추진하고 있는 폴란드의 차세대 전차사업에서 채택될 수 있는 전차는 미국의 M1A2 계열, 독일의 레오파르트-2계열 그리고 한국의 K-2가 전부이다. 그러나 레오파르트-2는 폴란드의 잠재적 적국인 러시아만큼 역사적 원한이 있는 독일이 제공하는 전차이기 때문에, 폴란드로서는 전차기술이 독일에 종속되기를 원치 않을 수 있다. 그래서 선택지는 미국의 M1A2 계열의 전차와 K-2 전차로 좁혀질 수밖에 없다. 내 개인적 관점은 폴란드에 가장 적합한 전차는 M1A2 계열의 전차보다는 K-2 전차라고 생각한다. M1A2 계열의 전차가 정상급 전차이지만 M1 전차의 우수성의 많은 부분은 열화우라늄 운동에너지탄에 의존하고 있다. 하지만 미국이 열화우라늄 운동에너지탄까지 폴란드에 제공할지는 미지수이다.

한편 K-2 전차는 폴란드군의 전술을 수행하기에 좋은 원판을 가지고 있다. 반능동 유기압 현수장치를 채택하고 있어서 지형을 불문하고 기동성을 유지할 수 있고, 관통자 기술 및 성능개량 패키지도 함께 폴란드에 제공될 수 있다. 장기적인 관점에서 폴란드가 자주 국방력을 키워서 동서 유럽 사이의 완충지대를 차지하는 균형자의 역할을 수행하기에 가장 적합한 전차가 K-2이다. (즉, 정치적 외풍에 시달리지 않을 전차라는 것이다) 폴란드와 한국은 강대국 사이에 끼어서 고생한 역사적 아픔을 공유하고 있으며, 현재의 지정학적 처지도 별반 다르지 않다. 타국을 침략해서 착취한 경험이 없는 한국은 폴란드 정부 및 국민들과 신뢰관계를 구축해서 군사적 경제적 이익을 공유할 수 있는 장점이 있다.

이 책의 원고가 마무리되고 출판을 준비할 때, 폴란드가 대한민국으로부터 980대 이상의 K2 전차, 672문의 K9 자주곡사포 그리고 48대의 FA-50 경공격기를 조달한다는 기본협정이 체결됐다. 지금까지 알려진 바로는 2025년까지 180대의 K2 전차를 한국에서 직수입하고, 폴란드형으로 개량된 K2PL 전차 800여대의 일부는 한국에서 생산하고 나머지는 폴란드에서 라이센스 생산한다고 알려져 있다. K2 전차의 폴란드 수출이 성공됨에 따라서 그동안 K2 전차 프로젝트가 겪었던 어려움을 한번에 털어버리고, K9 자주곡사포처럼 진화적 개발의 단계에 진입할 수 있게 됐다.

K2 전차의 진화적 개발에서 가장 중요한 이슈는 단연 파워팩의 완전 국산화이다. 비록 국산 엔진과 변속기가 나왔음에도 불구하고, 파워팩의 낮은 토크는 전차의 가속능력, 등판능력 그리고 Softkill APS의 회피기동능력 등 핵심적인 운동특성에 악영향을 미쳤다.[10] 특히 K2 전차의 동력체계가 MTU 파워팩의 성능 수준으로 완전 국산화에 성공한다면, 파생형 파워팩의 개발을 통해서 국산 지상군 무기의 동력체계가 독일의 종속에서 탈피할 수 있다. 향후 진화적 개발에 반영될 다른 기술들로 Hardkill APS가 있으며, NATO의 전차 주포가 130mm로 변경될 경우

---

10 노르웨이 차세대 전차 수준에서 K2 흑표전차가 레오파르트-2A7 보다 월등한 주행능력을 보여줬다. 이는 토션바(Torsion Bar)를 쓰는 레오파르트 보다 반능동 유기압 현수장치를 쓰는 K2 전차의 접지력이 월등하기 때문이다. 덕분에 산지 또는 진흙에서 K2 전차의 험지 극복능력이 월등할 것이라고 충분히 예상할 수 있다. 그러나 엔진의 낮은 토크 때문에 K2 전차의 순간가속능력은 아직도 경쟁하는 전차들과 비교해서 열세이다.

K2 전차의 주포를 개량하는 사업도 필요하다. 하지만 K2 전차는 밀리미터파 레이더와 140mm 주포에 대응할 수 있는 주퇴복좌기가 이미 탑재되었기 때문에 큰 어려움 없이 성능을 개량하는 것이 가능하며, 어쩌면 이와 같은 성능개량은 K2PL의 개발과정에서 충분히 반영될 수도 있다. 이처럼 시대의 조류에 맞춰서 진화적 개발의 단계에 진입한다면, K2 전차는 2050년대까지 세계 최정상급 전차로 충분히 남아있을 수 있다.

지난 10년간 K2 전차는 생과 사의 경계를 왔다 갔다 할 정도로 많은 어려움을 겪었다. 그러나 앞길에 성공이 따라주길 국민의 하나로서 기대하는 바이다. 지상군 무기체계의 왕은 전차이다. K2 전차가 잘돼야만, K-방산의 지상군 무기체계 전체가 잘 나갈 수 있다.

스텔스는 만능이 아니다

F-35 라이트닝-II(Lightening-II) 전투기는 미국의 5세대 스텔스 다목적 전투기이다. 그리고 F-35가 개발된 프로그램의 제목이 JSF(Joint Strike Fighter, 통합타격기)였다는 것에서 알 수 있듯이, 미국의 공군, 해군 및 해병대의 전술적 타격임무를 도맡아 담당할 전투기였다. 그런데 3군 통합 다목적 타격기로 계획했음에도 불구하고 펀치력이 약한 전투기가 탄생했다. 적진까지는 들키지 않고 잘 들어갔지만 자그마한 폭탄 몇 개 던지고 빠져 나오는 게 전부라고 할 수 있다. 권투선수로 치면 아웃복싱 능력은 좋아서 펀치를 맞지 않지만 자신의 펀치력도 형편없어서 판정승 아니면 무승부가 주특기인 선수 같은 느낌이 드는 전투기가 F-35이다.

한때는 스텔스, 센서 패키지, 데이터 공유 등 온갖 첨단적 수사로 치장된 미래의 공중전을 책임질 전투기로 선전됐지만, 이제는 세계 최강의 미국 공군과 해군에게 잃어버린 20년의 원흉이 되어가고 있다. 과연 F-35 대재앙이 F-35라는 전투기의 문제일까? 사실 전투기는 죄가 없다. 문제점도 있고 균형감도 떨어지지만 나름 장점도 많은 전투기이다. 그러나 그런 F-35가 희대의 망작이 된 원인은 군산복합체라는 미국의 시스템 정체성에 있다. F-35는 (1) 자칭 군사전문가라는 이익집단, (2) 지역주의와 영합할 수밖에 없는 재선에 목을 매는 미국 의원들, (3) 결과에는 관심 없고 자신들의 잇속만 챙겨왔던 미국 군수산업계 그리고 (4) 임무보다는 승진과 자신들의 마초적 자만심을 중시했던 현장 군인들 모두의 이기주의가 합쳐져서 발생한 구조적 재앙의 결과물이다. 그런 의미에서 우리는 어떻게 F-35라는 문제가 발생했는지를 잘 알아야 하며, 그것이 우리에게 무엇을 시사하는지도 확실하게 챙겨야 한다.

비극의 서막

F-35의 JSF와 유사한 프로그램이 지금으로부터 약 60년 전인 1960년대에도 있었다. 미공군과 해군이 요구하던 전술기의 사양은 많은 차이가 있었음에도 불구하고, 전지적 참견 습성을 가지고 있던 케네디와 존슨 행정부의 국방부 장관이었던 로버트 맥나마라(Robert McNamara)와 베트남전의 확전과 아폴로 계획으로 예산이 빡빡했던 의회가 공군과 해군 공통의 전술기를 개발하는 TFX(Tactical Fighter Experimental) 프로그램을 강력하게 밀어붙였다. 공군과 해군이 요구하는 전투기의 개발을 정치적 프레임에 억지로 끼워 맞추느라 만들어진 프로그램이 TFX였다. 공군과 해군 모두 가변익, 2인승, 트윈엔진 전투기를 원했지만, 임무, 속도, 크기, 승무원 좌석배치 등 세부사항에 관한 요구조건들은 천차만별이었다. 그럼에도 불구하고 공군과 해군의 요구사항을 적당히 섞어서 만든 성능요구조건(ROC, Required Operational Capabilities)을 가지고 제너럴 다이나믹스(General Dynamics)를 개발사업자로 선정해서 탄생시킨 공군용과 해군용 시제기가 각각 F-111A와 F-111B이다.

1965년 시제기가 나오고 3년밖에 되지 않은 1968년 해군은 F-111B를 취소했다. 너무 무거워서 항공모함에서 운용하기 어려웠을 뿐만 아니라, 해군이 요구하는 성능도 만족하지 못했다. 한편 공군은 1968년부터 도입을 시작해서, 전술폭격기로 그럭저럭 써먹을 수 있었다. 그러나 TFX가 해군과 공군의 전술기 문제를 한방에 해결해줄 것이라던 희망은 완전히 물거품이 되었다.

애당초 중형전폭기로 사용하려던 공군은 그나마 다행이었지만, 그래도 가변익이 문제였다. 날개의 후퇴각을 바꿀 때 날개 밑에 달려 있는 폭탄의 방향도 따라서 변하기 때

제너럴다이나믹스 F-111 전폭기: (상) 공군용 A형과 (하) 해군용 B형

문에 하드포인트의 파일론마저도 날개의 각도와 연동되어 회전할 수 있게 설계할 수밖에 없었다. 가변익의 무게와 복잡한 구조가 F-111의 기계적 신뢰성과 유지보수성을 갉아먹었다. 결국 F-111의 활용도는 제한될 수밖에 없었으며, F-15의 전폭기 버전인 F-15E가 등장한 이후, 미공군은 F-111을 후회없이 바로 퇴역시켰다.

F-111은 전투기 개발에서 두 개의 큰 교훈을 남겼다. 먼저 정치적 목적에 억지로 끼워 맞춘 프로그램의 결과가 좋을 수 없다는 점이다. 정치적 문제가 있다면 차라리 개발을 취소하는 것이 억지로 변형해서 밀어붙이는 것보다 낫다. 그리고 또 다른 교훈은 가변익이라는 비행기 형상이 얻는 것보다 잃는 것이 더 많다는 점이다. 가변익이 주는 공역학적 장점은 확실하지만, 무게 증가와 복잡한 구조에서 오는 운용성과 경제성의 희생이 너무 컸다. 비행기의 공역학적 성능을 높여줄 수 있는 기술적 방법론은 수없이 많지만, 대부분 채택되지 않는 이유는 그에 따른 비용과 다른 성능의 희생이 전투기 고유의 임무수행 능력을 떨어뜨리기 때문이다. 엔지니어링의 정점은 복잡한 기계를 개발하는 것이 아니라, 어려운 문제를 단순한 방법으로 해결하는 것이다. 만듦새가 별로 좋아 보이지 않는 AK-47을 최고의 돌격소총으로 치는 이유가 바로 단순함에서 오는 신뢰성 때문이다.

1968년 F-111B를 취소시킨 해군은 1969년 바로 VFX(Naval Fighter Experimental) 프로그램을 출범하고 이전부터 마음 먹었던 함대 방공용 요격기 개발에 착수했다. VFX의 결과로 나온 전투기가 오랫동안 해군용 전투기를 개발해왔던 그루먼(Grumman)사의 F-14 톰캣(Tomcat)이다.

해군용 공중우세전투기로 개발된 F-14는 사람마다 평가가 갈리는 전투기이다. 톰 크루즈(Tom Cruise)를 일약 할리우드 최고 스타의 반열에 올린 1986년작 영화 '탑건(Top Gun)'의 인기 덕분에 F-14의 대중적 지지도는 지금도 상종가를 치고 있지만, 전투기로서의 생애는 결코 순탄하지 않았다. F-14에게도 역시 가변익이 문제였다. 가변익의 공역학적 성능은 우수했지만, 무게 증가와 정비의 어려움은 피할 수 없이 치러야 하는 대가였다. 그리고 더 결정적으로 날개 밑에 무장을 할 수 없어서, 공

F-14 톰캣: 매우 뛰어난 비행성능을 가지고 있었지만, 가변익에서 오는 중량증가 및 신뢰성/운용성 악화 때문에 단명했다.

대공 임무에만 역할이 제한될 수밖에 없었다. 최대사거리 200km를 자랑하는 AIM-54 피닉스 장거리 공대공 미사일을 장착한 F-14의 공대공 능력은 당대 최고였다. 단지 당시 한 발당 200만 달러에 달하는 피닉스 미사일로 그 반값도 안되는 구식 MIG기를 격추한다는 조롱에 시달리기는 했다. F-14와 피닉스 미사일의 패키지가 좋은 성능을 가지고 있기는 하지만, 최악의 가성비를 지닌 무기체계였으며, 지금의 미국 공군과 해군이 겪고 있는 재앙적 전력공백의 예고편 같은 치명적인 시행착오였다.

최상급의 공대공 능력에도 불구하고 F-14는 비싸고 신뢰성이 떨어지고 유지하기 어렵고 (초기형인 TF-30 엔진의 문제도 많았고) 전술적 융통성도 부족하다는 평가가 팽배해지면서, 1974년 도입되고 30년이 조금 지난 2006년에 퇴역했다. F-14가 진화적으로 개발되지 못하고 F-111처럼 단명한 근본적인 원인은 겉보기만 그럴 듯했던 가변익 때문이다. 그리고 무엇보다도 F-14는 '해군 전투기 몰락의 시작'이 됐다. 그루먼과 같은 해군 비행기의 명가는 영원히 사라졌으며[11], 해군 전투기는 공군 전투기의 파생형으로 채워지고 있다. 해군용으로 개발됐던 F-4 팬텀(Phantom)이

---

11 그루먼사는 노스럽과 합병해서 노스럽-그루먼(Northrop-Grumman)이 됐지만, 아직 해군용 전투기 프로그램을 수행하지 못하고 있다.

공군 전투기의 주력으로 활약했던 1960년대와 비교해서 상황이 완전히 역전됐다. 해군 전투기의 몰락은 나아가 항모 무용론으로까지 확대 해석되고 있다. 해군 전투기의 정체성이 상실되면서 항모의 쓰임새가 예전과 같지 않게 인식되고 있다. 항모를 당장 없애자는 수준은 아니지만 항모에 대한 믿음이 예전보다 훨씬 침식된 것은 확실하다.

단기적 학습 효과

한번 실수는 병가지상사이다. 실수를 통해서 교훈을 얻을 수만 있다면 실수를 무릅쓰고 어려운 일에 도전할 가치가 충분하다. F-111의 실패 이후에 해군이 F-14라는 가변익 전투기를 개발해서 전투기 개발의 주도권을 공군에게 완전히 빼앗긴 것과 달리, 공군은 F-15 이글(Eagle), F-16 파이팅 팰컨(Fighting Falcon) 그리고 A-10 선더볼트-II(Thunderbolt-II)로 구성된 역사상 최강의 전술기 트리오를 개발했다.

이들 전투기의 가장 큰 차별성은 기존의 속도 중심적 전투기로 개발된 것이 아니라 기동성 중심의 전투기로 개발됐다는 점이다. 이런 개발 방향의 전환에는 에너지기동이론(Energy Maneuverability Theory)이 자리잡고 있다. 에너지기동이론은 1960년대 미국 공군 대령인 존 보이드(John Boyd)가 개발한 '전투기 성능은 비출력(Specific Power)에 의해서 결정'될 수 있다는 일종의 경험적 이론이다. 에너지기동이론에서 전투기 무게당 출력인 비출력(P_S)은 속도(V), 추력(T), 항력(D) 및 전투기의 무게(W)의 함수로 $P_s = V\{(T - D)/W\}$와 같이 정의된다. (비출력이라면 질량당 출력의 차원을 가져야 하지만, 미국 엔지니어 집단의 일관적이지 못한 단위체계에 대한 관행 때문에 속도의 차원을 가진다.) 사실 에너지기동이론이라는 것이 대

(상) F-15 이글, (중) F-16 파이팅 팰컨, (하) A-10 선더볼트 II

단한 내용은 아니다. 속도가 빠르고, 공역학적 성능과 출력이 좋고, 가벼울수록 전투기의 기동성이 좋아진다는 것은 너무나도 명백하다. F-14처럼 무게를 희생해가면서 성능을 끌어올리는 것에 대한 페널티가 크다는 것을 공군과 국방부의 관료들이 쉽게 이해할 수 있게 보여줬다는 점이 에너지기동이론의 가장 큰 기여일 것이다.

존 보이드 대령과 이른바 '전투기 마피아(Fighter Mafia)'라고 부르는 그를 따르는 소수의 군사전략가들의 주장이 F-15, F-16 및 A-10의 기동성과 임무 중심적 개념에 부분적이나마 반영됐다. 전투기 마피아가 (1) F-15가 가변익으로 설계되지 않은 점, (2) F-16을 위한 LWF(Light Weight Fighter)프로그램을 입안한 점, (3) A-10 근접지원기의 성능요구조건을 작성한 점과 같은 기여를 했다는 주장들이 있지만, 구체적인 내용에 대해서는 상당한 이견이 존재한다. 단 '전투기 마피아'의 주장은 적절한 성능과 양의 조화를 강조한다는 점에서 전혀 새로울 것이 없지만,

GAU-8 30mm 기관포를 발사하는 A-10 공격기

과도하게 기술과 성능 지향적으로 치닫고 있던 경력주의적 군부와 이익집단을 견제할 수 있었다는 점에서는 상당한 기여를 했다고 볼 수 있다. 덕분에 F-15와 F-16 그리고 A-10으로 구성된 불세출의 명품 전투기 트리오가 등장할 수 있었다.

   F-14와 비교해서 F-15의 결정적 차이는 가변익이 아니었다는 점이다. 공허중량이 18톤을 넘는 F-14보다 무려 5.5톤이나 가벼운 F-15는 무게의 감소에서 오는 이득과 생산 및 유지보수의 편의성 덕분에 가변익이라는 공역학적 이점을 포기했음에도 불구하고 F-14를 훨씬 능가하는 비행 성능을 보여줬다. 거기다 Pratt & Whitney F100 터보팬 엔진의 강력한 출력 덕분에 F-15는 추력이 중량을 초과하는 첫번째 실용전투기로 등극했다. 미국의 해공군기지에서 해마다 실시하는 에어쇼에서 F-15가 가속하면서 수직으로 치솟는 모습을 본다면 F-15와 대적할 수 있는 전투기가 거의 없다는 것을 누구나 바로 알 수 있다. 가변익을 채택하지 않은 F-15의 높은 기동성과 구조적 단순성 덕분에 1974년에 취역하고 10여 년이 지난 1980년대 말에는 지상공격까지 가능한 중형 전술폭격기인

F-15E 스트라이크 이글(Strike Eagle)로 재탄생했으며, 1991년 걸프전쟁에서 그 성능을 유감없이 발휘했다. 우수한 성능과 전술적 유연성 덕분에 도입되고 반세기가 지난 2020년대에도 F-15는 최정상급 전투폭격기의 위치를 굳건히 지키고 있으며, F-15EX로 개량된 최신 버전은 스텔스 시대에도 전술적 유용성이 전혀 줄어들지 않았다.

F-16에 대한 파이터 마피아의 주장은 공대공 중심의 경량급 공중우세기였다고 한다. 그러나 F-16의 정체성은 경량급 공중우세기가 아니라 멀티롤 전투기이다. 공역학적으로 약한 수준의 불안정한 특성을 의도적으로 삽입해서 민첩성을 극대화한 덕분에 F-16은 초음속 전투기 시대에 가장 많이 생산되고 수출된 역사상 최고의 베스트셀러 전투기가 됐다. 이런 면에서 존 보이드의 에너지기동이론이 F-16의 성공에 기여는 했지만 전투기 마피아가 주장하는 경량급 공중우세기의 개념은 너무 과격한 개념이라고 볼 수 있다. (그리고 이 대목이 전투기 마피아의 주장을 곧이곧대로 믿어서는 안되는 이유이기도 하다.)

전투기 마피아가 F-15와 F-16에 기여한 정도에 대해서는 이견이 많지만, A-10이 그들이 작성한 성능요구조건으로 만들어진 결과물이라는 점은 거의 확실한 것으로 보인다. 속도 보다는 전장에 머물 수 있는 능력(Loitering Capability, 배회능력이라고 번역되기도 함)을 중심으로 개발된 A-10은 근접공중지원(Close Air Support, CAS) 임무에 특화된 공격기이다. 개발 당시가 미소간 냉전이 한참이던 1970년대였기 때문에 A-10의 핵심 임무는 서유럽으로 진격해 오는 바르샤바 조약군의 탱크부대를 저지하는 것이었다. 열화우라늄탄을 퍼붓는 GAU-8 30mm 개틀링 기관포를 장착한 A-10은 적의 전차와 강화진지에 숨어 있는 지상군에게는 거의 사신같은 존재였다. 하지만 공군조종사의 승진에 불리했던 A-10은 공군에서 그렇게 인기 있는 기종은 아니다.[12] 그렇지만 의회와 정치 지도자들이 더 좋아하는 전투기가 A-10 공격기이다. A-10에 대한 수출 문의는 항상 있어 왔다. 특히 한국군도 1970년대부터 A-10의 구입을 지속적으로 타진했지만, 미국은 A-10을 (마치 F-22, B-52, B-1, B-2처럼) 아직까지 어느 나라에도 판매하지 않고 있다. A-10의 보유가 미국에 대한 군사적 의존도를 현격히 낮추고 또한 F-16 같은 상대적으로 비싼 멀티롤 전투기의 수요를 줄일 수 있다는 미국 정치계의 판단이 있었던 것으로 보인다.[13] 그래서 그런지 미공군은 A-10을 퇴역시키고자 꾸준히 노력하고 있지만, 걸프전, 아프가니스탄 대테러전 및 ISIS 대테러전에서 올린 혁혁한 전과 덕분에 의회와 정치가들은 지금도 A-10의 퇴역을 막고 있다.

스텔스 전투기인 F-22와 F-35가 개발될 때, 이들이 F-15, F-16 및 A-10을 대체할 것이라고 했다. 그러나 공대공 미사일과 중소형 유도폭탄 정도만 탑재할 수 있는 이들 전투기가 F-15, F-16 및 A-10이 수행했던 전술적 타격임무까지 이어받을 수 있다고 생각하는 사람은 애당초 거의 없었다. 단 F-22와 F-35가 많이 배치되면 현역 공군 장성과 장교의 출세와 퇴역 이후의 삶에는 큰 도움이 될 수 있다. 이들 4세대 전투기의 임무를 대체할 수 있는 새로운 전투기가 없기 때문에 이들 전투기들은 환갑을 넘더라도 계속해서 현역에 머물면서 노인학대를 당해야 한다.

---

12 A-10에 대한 공군 내부의 푸대접은 미국만의 문제가 아니다. 먼저 육군은 고정익 근접지원 공격기를 도입하면 아파치 공격헬기의 도입 대수가 줄 수 있기 때문에 반대를 하고, 공군은 근접공중지원기보다 초음속 전투기를 선호하기 때문에 미적지근한 입장을 취할 수밖에 없다. 육군과 공군 사이의 고정익 근접공중지원기에 대한 시각 차이는 모든 나라의 군대가 직면한 문제이며, 그 때문에 희생된 가성비 높은 고정익 공격기 프로그램이 하나 둘이 아니다.

13 A-10이 미국에게는 근접공중지원기에 불과하지만, 우리에게는 게임체인저가 될 수 있는 공격기이다. 단지 북쪽의 전차에 대한 대응뿐만 아니라 사소한 국지도발에 대해서도 효과적인 대응 수단이 될 수 있기 때문이다. A-10을 보유하고 있다면, 주한미군에 대한 의존도도 지금보다 많이 낮아질 수 있다.

잊혀 가는 교훈

이른바 천조국(千兆國)이라는 미국조차도 감당하기 버거운 가격표와 운용비를 요구하는 스텔스 전투기와 폭격기가 본격적으로 개발된 1980년의 상황은 지금과는 완전히 딴판이었다. 물론 스텔스기에 대한 기본적인 개념의 개발과 입안은 인권외교를 표방했던 카터 대통령 재임 시절, 즉 1970년대 말에 수행됐지만, 로널드 레이건(Ronald Reagan)이 신보수주의 깃발을 휘날리던 1980년대에 들어와서 스텔스 전투기의 개발은 날개를 달고 비상하기 시작했다.

미소냉전의 막바지로 달려가던 1980년대 초반부터, 소련의 T-80전차가 유럽으로 밀려들어오고, SS-20 대륙간 탄도탄과 Tu-22M 백파이어 장거리 초음속 폭격기가 핵폭탄을 싣고 미국을 공습할 거라는 소련 위협론이 대두되고 있었다. 레이건 행정부의 국방장관이었던 캐스퍼 와인버거(Casper Weinberger)는 이들 위협에 대해서 설명하는 TV 대담을 하면서, 미소간 군비경쟁을 다시 촉발시켰다. 1970년 전후 잠시나마 자신들의 욕망을 자제했던 미국 군수산업계의 족쇄가 풀렸으며, 미국 정부도 그들에게 백지수표를 끊어주는 수준의 지원을 아끼지 않았다. 이런 무제한적 군비경쟁 덕분에 세상에 나온 항공병기들이 F-117 전폭기(폭격기인지 전투기인지 애매모호해서 전폭기라고 했음에 유의 바람), F-22 공중우세전투기 그리고 B-2 폭격기이다. 다음에는 이들 스텔스 항공 병기 가운데 아직 현역에 있는 F-22와 B-2에 대해서 간단하게 살펴보자.

F-15를 이을 차세대 공중우세기를 개발하기 위한 ATF(Advanced Tactical Fighter) 프로그램으로 탄생한 전투기가 록히드마틴의 F-22A 랩터(Raptor)이다. ATF 프로그램에서는 록히드(당시의 Lockheed는 Martin

ATF 프로그램에서 경쟁한 YF-22와 YF-23.

Marrietta와 합병하기 이전)의 YF-22와 노스럽(Northrop)의 YF-23이 최종 후보로 경쟁했으며, 두 시제 전투기는 완전히 다른 설계 사상을 가지고 개발됐다. YF-22는 F-15를 스텔스적으로 재해석한 공중우세 전투기이며, 스텔스 형상에서 오는 (F-15 대비) 기동력의 약화를 추력편향(Thrust Vectoring) 노즐을 통해서 상쇄함을 넘어서 지금까지 구현하지 못했던 초기동력(Super Maneuverability)을 구현했다. 물론 ATF의 기본적인 성능요구조건 가운데 하나가 후연소기(Afterburner)를 사용하지 않고 초음속 순항이 가능한 슈퍼크루징(Super-Cruising)이었으므로, 음속의 1.6배에 달하는 초음속 순항도 가능했다.[14] 한편 노스럽의 YF-23

---

14 ROC에는 마하수 1.4~1.5 수준의 슈퍼크루징을 요구했다고 한다. 슈퍼크루징은 스텔스와 더불어 ATF의 생존성에 가장 중요한 요소이다. 애프터버너를 켜지 않고 (즉, 적외선 신호를 최소화한 상태에서) 적진에서 가능한 빨리 벗어날 수 있다. 덕분에 ATF 전투기의 생존성을 (1) 저피탐성, (2) 적외선 저방출, (3) 적진 체류시간 단축을 통해서 3중으로 강화할 수 있다.

은 스텔스 성능과 기체의 경량화에 초점을 맞춰서 개발되었기 때문에, YF-22보다 훨씬 작은 레이더 단면적(Radar Cross Section, 이하 RCS) 값 및 높은 최고속도와 초음속 순항속도를 구현했다. 그러나 공군은 1991년 ATF의 승자로 록히드의 YF-22를 선정했으며, 1996년부터 2011년 사이에 195대의 F-22가 배치되고 양산을 종료했다. 물론 양산의 조기 종료는 F-22의 높은 생산단가와 운영유지비 때문이었다.

ATF 프로그램에서 YF-23이 탈락했다기 보다는 YF-22가 선정되었다고 보는 것이 좋을 정도로 두 전투기 모두 기술적인 완성도가 매우 뛰어난 전투기였다. 단지 YF-23이 선정되지 못한 배경에는 (1) YF-23이 YF-22 보다 심미적 관점에서 못생겼다는 점, (2) Northrop이 ATB 프로그램의 B-2 스텔스 폭격기도 개발하고 있었다는 점, (3) 그리고 YF-23의 기동성이 YF-22 보다 떨어졌다는 점 등이 작용했다고 알려져 있다. 특히 추력편향노즐을 채택하지 않아서 고난이도의 기동을 하지 못하는 것과 수평꼬리 날개가 없어서 회전을 할 경우 날개 끝 와류에 수증기가 응결되는 현상도 문제가 됐다.[15] 캘리포니아 사막에서 펼쳐진 시험비행에서도 수증기가 응결된다면, 습도가 높은 아시아 또는 유럽에서는 수증기가 더 쉽게 응축될 것이다. 결국 시계관측 가능 거리가 늘어나는 문제가 발생할 수 있다. 날개의 끝에서 수증기가 응축되는 것은 (수평꼬리 날개가 없는 노스럽 스텔스 형상 때문에) 주익이 모든 양력과 회전력을 감당해야 하는 YF-23 고유의 문제점일 가능성이 있다. 어쨌든 공군의 입장에서 YF-22의 높은 기동력은 공중우세기로서 현찰 같은

---

15 지금은 잘 거론되지 않지만, ATF 선정작업이 끝난 이후에 공군 측에서 우려의 목소리를 냈다고 한다. Youtube에 올라와 있는 YF-23에 대한 프로그램(https://www.youtube.com/watch?v=PYLiMYGBE2Q)의 약 40:34~38 부근에 회전하는 YF-23의 주익의 Wingtip Vortex를 따라서 수증기가 응결된 궤적을 선명하게 볼 수 있다. 즉, 주날개의 에너지 손실이 결코 무시할 수준이 아니라는 것을 암시한다

가치이고 YF-23의 낮은 RCS와 빠른 속도는 어음 같은 가치라서 ATF 승자로 YF-22가 선정됐을 공산이 크다.[16]

F-22는 스텔스 전투기가 가질 수 있는 모든 장점과 단점을 함께 가지고 있다. 전통적 전투기를 능가하는 초음속 순항능력, 초기동력과 저피탐성(Low Observability, LO) 뿐만 아니라 거의 최정상급의 센서 패키지를 모

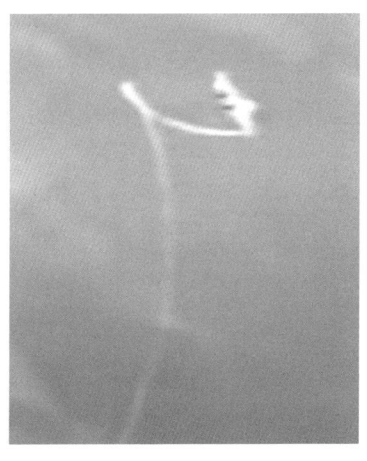

회전하는 YF-23의 날개 끝 와류에 응결된 수증기 궤적

두 가지고 있기 때문에 모든 형태의 공대공 전투에서 엄청난 수적 열세에 처하지만 않는다면 거의 천하무적인 위상을 지금도 유지하고 있으며, 차세대 공중우세기가 등장하기 전까지는 왕좌를 빼앗기지 않을 것이다. 한편 스텔스 전투기의 단점인 (1) 높은 가격에 따른 생산성 감소 (그리고 생산성 감소에 따른 가격의 상승적 증가), (2) 유지보수(특히 레이더 흡수도료인 RAM 유지)의 어려움에 따른 운용비의 증가와 가동률의 감소, (3) 내부무장창의 낮은 폭장량 때문에 전폭기로 활용하는 데 제약이 따르는 전술적 유연성의 부족 그리고 (4) RCS가 높은 외부연료탱크를 장착하지 않으면 작전반경이 아주 짧아지는 문제점들도 당연히 나타나고 있다.

---

16 ATF 프로그램이 신뢰성을 더 중시했다는 점은 엔진 선정에서도 알 수 있다. P&W F119와 GE YF1200이 경쟁한 엔진에서 가변사이클 터보팬을 채용한 GE의 YF1200이 선정되지 않았다. 엔진 같은 핵심장치에서 신뢰성은 다른 성능을 우선하는 가치이기 때문이다. 그러나 민항기 엔진시장에서는 P&W의 연료효율을 극대화하기 위한 Geared Turbofan 기술이 신뢰성을 중심으로 GE와 프랑스의 Snecma의 합작법인인 CFM International의 CM56 엔진에게 밀리고 있는 실정이다.

F-22A 랩터의 전술 기동

그러나 이런 문제들은 스텔스 형상을 가지는 모든 전투기들이 보유하고 있는 (수정불가능한) 태생적 단점이기 때문에, 중국과의 군사적 긴장이 커지는 서태평양 지역의 군사전략적 상황에서 F-22의 공중우세 전투기로서 전략적 임무수행 능력에 심각한 한계가 있다는 주장까지 등장했다.

1979년 카터 행정부 때 착수한 프로그램으로 개발한 폭격기가 노스럽(Northrop, 당시는 Northrop-Grumman으로 합병되기 이전) B-2 스텔스 폭격기이다. 1981년 B-2의 개발사업자로 선정된 노스럽은 1989년 B-2의 초도비행에 성공했고, 1997년부터 배치를 시작해서 2000년까지 총 21대를 끝으로 생산을 종료했다. 전익기(全翼機) 형태를 취하는 B-2는 스텔스 폭격기로서의 성능은 나무랄 데가 없다. 모든 방향에서 최소의 RCS를 가지고 있기

스텔스 폭격기: (상) B-2 (중) 아래에서 본 B-2 폭격기, (하) B-21 차세대 스텔스 폭격기의 상상도

때문에 지금도 최고의 저피탐성을 가진 항공기로 남아 있으며[17], 폭격기는 원래부터 내부무장창을 가지고 있고 기동성에 대한 요구도 크지 않

---

[17] 스텔스 전투기의 경우 (전면에 있는 전투기의 레이더 또는 대공레이더에 대한 피탐을 회피하기 위해서) 전면 RCS의 감소 위주로 설계되었기 때문에 다른 방향에서의 RCS는 아주 작지는 않다고 한다. 그러나 B-2 폭격기의 경우 모든 방향에서의 RCS가 매우 작다. 이는 전익기 형상의 장점이기도 하다. 대신 기동성을 기대해서는 안된다.

기 때문에 스텔스 형상을 위해서 폭격기 고유의 특성을 희생할 필요도 없다. 그리고 매우 작은 공기역학적 저항을 가지고 있는 기체이기 때문에 체공능력도 매우 우수하다. 단 스텔스 기체이기 때문에 필연적으로 따라다니는 생산단가와 유지관리비 상승의 저주는 B-2 폭격기도 피해 가지 못했다. 그러나 미공군은 성능에는 만족했는지 비슷한 형상의 (네트워킹 능력이 매우 우수한) B-21 레이더(Raider)를 후계기로 개발하고 있다.

과연 F-22와 B-2의 스텔스 성능이 극단적으로 평가가 양분된 것처럼 모든 문제의 출발점이거나 모든 문제의 해결책인가? 둘 다 아니다. F-22와 B-2의 스텔스 기술은 군사 기술적 관점에서는 획기적 진보이다. 물론 스텔스의 고질적 문제인 높은 생산단가와 유지비 그리고 낮은 가동률에 따른 경제적 부담은 앞으로도 해결해야 할 문제이다. 그럼에도 F-22와 B-2의 도입으로 미공군의 전투기 생태계도 훨씬 건강해졌다. 미 국정부가 파산하지 않는다면, F-22와 B-2는 마이너스 보다는 플러스 요소라고 평가할 수 있다.

그런 상황에서 F-35 문제가 터졌다. F-35는 계획 단계부터 생태계 파괴적 개념을 가지고 추진된 무기체계이다. 전차와 자주곡사포 모두 장갑차량에 포를 얹혔다고 둘을 합치라는 것도 부족해서, 모든 지상화력 체계를 둘을 합쳐놓은 신개념 무기로 대체하자는 것과 같은 생각에서 추진된 프로그램이 F-35를 탄생시킨 JSF(Joint Strike Fighter, 통합타격기) 프로그램이다. 그럼 다음에는 JSF가 어떻게 미국 공군과 해군 항공전력의 생태계를 파괴시키는 위기를 초래했는지 알아보도록 하자.

생태계의 파괴자, F-35

F-35의 개발이 시작단계부터 잘못됐다는 것은 프로그램의 이름인 통합타격기(JSF)에서 누구나 직감하고 있었다. 그럼에도 불구하고, JSF가 탄생한 과정을 이해하려면 당시의 시대상을 알아야 한다. 1980년대 내내 레이건 행정부가 밀어붙인 군비경쟁을 견디지 못하고 미하일 고르바초프(Mikhail Gorbachev, 1931년생, 소련 공산당 서기장 재임: 1985~1991, 초대대통령 재임: 1990~1991)의 소련이 결국 타월을 던졌다. 미소간의 냉전구도가 막을 내렸다. 베를린 장벽이 무너지는 것을 시작으로 동유럽 국가들과 소련 내 공화국들이 각자의 길을 걷게 됐다. 냉전이 끝나고 새로운 시대가 열림에 따라서 미국 군산복합체에 대한 구조조정도 막이 올랐다.

군산복합체에 대한 구조조정의 예고편으로 부시행정부는 걸프전을 치렀다. 냉전을 위해서 쌓아 놓은 무기들에 대한 재고정리도 하고, 다가올 구조조정에서 군산복합체의 연착륙을 유도하기 위해서라도, 하나의 커다란 불꽃놀이가 필요했을 것이다.[18] 그래서 F-117 스텔스 전폭기에 유도되는 미사일이 목표물의 창을 통과해서 정확히 명중되는 장면을 전 세계인들이 CNN 뉴스를 통해서 실시간 중계로 볼 수 있었다. 걸프전은 냉전의 종식을 알리는 일종의 쫑파티였으며, 걸프전 이후의 군비 감축은 쫑파티 다음날에도 어김없이 뜨는 아침 해와 같은 것이었다. 미국이 운영하고 있던 많은 군사기지가 폐쇄되거나 축소 또는 통합됐다. 그러는 과정에서 샌디에이고 미라마 해군비행기지(Miramar Naval Air Station)

---

18 이런 관점에서 1991년 걸프전쟁은 한국전쟁과 일면의 공통점을 가지고 있다. 한국전쟁도 제2차 세계대전 이후 미국 군산복합체의 연착륙을 유도하기 위한 측면도 있었다. 덕분에 횡재한 국가가 일본이다.

도 해병대에 이양되었으며, 탄생 시기부터 미라마에 있던 (샌디에이고의 상징과도 같았던) 'TOPGUN 스쿨'도 네바다 주로 이사를 떠났다. 이러한 사회적 분위기 때문에, 해군 공군 공통으로 개발된 F-111의 참혹한 실패를 경험했음에도 불구하고, 1993년 미국 공군, 해군 그리고 해병대는 함께 JSF라는 통합타격기 개발사업을 공식적으로 출범시켰다. 그렇게 적이 사라진 최강의 군대가 방황의 길에 접어들기 시작했다.

냉전 종식 이전과 이후, 미국의 무기개발 성과는 극과 극으로 갈린다. 이전에 개발된 무기들은, F-22A랩터와 시울프(Seawolf)급 공격잠수함처럼, 비용 상승의 문제는 발생했지만 개발된 결과물이 의도된 임무를 수행할 수 있는 능력만은 확실하게 보여줬다. 그러나 냉전 종식 이후에 개발된 무기들은 특정되지 않고 그저 넓고 추상적인 임무만 부여 받은 상태에서 개발이 진행됐기 때문에, 무기체계의 개발이 아직 실증되지 않은 첨단기술의 베타 시험장으로 전락했다. 이와 같은 주먹구구식 무기개발의 첫 타자가 F-35였으며, 이후 줌왈트급 구축함, 연안전투함, 포드급 항공모함 등이 줄줄이 망작의 대열을 따르고 있다.

걸프전 직후 미국의 군대는 적도 없고 장래도 불투명했다. 그래서 하나의 커다란 철밥통이 필요했으며, 공군, 해군 그리고 해병대의 경력주의자, 자칭 군사전문가라는 컨설팅 그룹, 군수산업체, 국방부의 경력직 관료들 그리고 미국 의회까지 힘을 합쳐서 한몫 챙길 수 있는 마지막 기회를 만들었다. 두 번 다시 오기 힘든 기회이니 JSF 프로그램은 절대로 죽어서는 안 되는 프로그램이었다. 그래서 대마불사를 실현하기 위해서 몸집을 불릴 만큼 최대한 불렸다. 공군, 해군, 해병대의 모든 항공전술임무를 몰아넣었으며, 걸프전 이후 거의 신드롬을 일으켰던 스텔스 기능도 모두 우겨 넣었다. 지역과 정파를 초월해서 48개 주에 흩어진 납품업자들의 후원을 받는 모든 국회의원들이 적극적으로 밀어줄 수 있는 프로젝트로 JSF가 탄생했다. 그리고 1996년 록히드마틴과 보잉에게 각각 X-35와 X-32로 명명된 시제기 2대씩을 제작하는 계약이 주어졌다.[19]

2001년 보잉의 X-32와 록히드마틴의 X-35 경쟁에서, 록히드마틴의 X-35가 JSF 개발사업자로 최종 선정되었다. X-35 선정의 공식적인 의견은 X-35가 해병대용으로 제작한 STOVL(Short Take Off & Vertical Landing, 단거

JSF에서 경쟁한 보잉 X-32 (상,중)와 록히드마틴 X-35 (상,하)

리 이륙 수직 착륙) 성능이 월등했기 때문이라고 하지만, X-32의 (웃고 있

---

19 세계 최대의 항공기 제작사 보잉과 (F-4 팬텀과 F-15 이글을 만든) 전투기의 명가인 맥도넬 더글라스(McDonell Douglas, 이하 MD)는 1997년 합병했다. 따라서 X-32에는 MD의 전투기에 대한 Know-How가 어느 정도는 들어갔을 수 있다. 단 MD가 F-15를 개발한 시기가 X-32 시제기가 나오기 30년전이라는 점과 MD가 생산하고 있던 F/A-18의 원형은 노스럽이 LWF에 제안했다가 F-16과의 경쟁에서 탈락한 YF-17이었다는 점을 간과해서는 안된다. 어쩌면 2000년경 MD는 전투기 설계 역량의 상당부분을 이미 잃어버렸을 가능성이 매우 크다.

는 펠리칸을 닮은) 우스꽝스런 모습을 본 어느 누구도 X-32가 선정될 것이라고 생각하지 않았다. 경쟁 상대의 허무한 패배 때문에, 미국 군용기 시장에서 록히드마틴은 경쟁상대가 없는 독점적 우위를 확고히 구축했다. 그리고 미국 국방부는 록히드마틴에게 완전히 끌려 다니는 신세로 전락했으며, F-35의 개발 및 양산 계약은 사실상 수의계약과 마찬가지였다.

JSF 프로그램의 문제점은 하나 둘이 아니다. 먼저 정확한 임무가 정의되지 않고 그냥 공군, 해군, 해병대를 위한 통합타격기가 개발되었다. 미국의 3군이 전투기를 공동으로 개발했는데 공통된 부품은 전체의 20%밖에 되지 않는다고 한다. 그런데 더 본질적인 문제점은 이런 문제가 발생할 것을 JSF가 출범할 때부터 누구나 알고 있었고, 앞으로도 더 악화될 것이며, 또한 얼마나 악화될지 아무도 모르지만 대마불사라고 이제는 죽이기도 힘든 프로젝트가 되었다는 점이다. 좋든 싫든 문제를 끼어 안고 갈 수밖에 없는 상황이 됐다. JSF 프로그램의 전주기 프로그램 비용(Program Life-Time Cost)을 약 1.5 Trillion USD(1.5조 달러)라고 한 때 추정하기도 했지만, 정확한 근거는 미국 회계감사원(General Accountability Office, 이하 GAO)마저도 모른다. 그렇기 때문에 앞으로 프로그램의 총비용이 얼마나 올라갈지는 예상조차 할 수 없다. F-35의 프로그램 총비용에 대한 서로 상충되는 여러가지 자료 가운데 신빙성이 있는 내용의 일부가 다음과 같다. (물론 이후에 바뀔 가능성은 충분히 있다.)

- 공군의 1,763대의 F-35A, 해병대의 353대의 STOVL 버전 F-35B, 해군의 340대의 F-35C를 모두 합쳐서 2,456대의 F-35가 구매될 예정이며, 여기에 개발용으로 생산된 14대를 합치면 F-35의 총생산대수는 2,470대가 된다. (현재 바이든 행정부에서는 F-35의 총구매 물량을 줄이는 작업을 본격적으로 착수했지만, 축소 범위 및 향후 프로그램

타임 테이블은 아직 결정된 것이 없다.)
- GAO의 2018년 자료에 따르면, 총 2470대의 F-35 A, B, C를 획득하기 위해서 약 655억 달러의 개발비와 2,854억 달러의 구입비용이 들어가서 대당 가격은 약 1.44억 달러 수준이며 총 획득비용은 3,509억 달러(약 400조 원) 가까이 들어갈 것이라고 한다. 이 비용은 오직 획득비용이며, 유지비(Sustainment Cost)는 아직 포함되지 않았다.
- F-35의 프로그램 유지비는 2012년에는 0.857조 달러로 예측되었지만, 2015년에는 유지비가 1.026조 달러를 돌파했고, 지금도 계속 증가하고 있다.
- GAO의 2021년 자료에 따르면, 약 2,500대의 F-35의 총획득비용을 약 0.4조 달러로 예측하고 있으며, 66년간(2070년까지) 프로그램 총유지비로 1.27조 달러를 예측하고 있다. 따라서 F-35 프로그램의 총 비용은 이제 1.7조 달러의 수준에 도달했다.

더 웃기는 것은 미국민의 세금으로 개발된 전투기임에도 불구하고 개발자인 록히드마틴이 지적재산권을 주장하기 때문에 미공군이 S/W의 소유권을 갖기 위해서 록히드마틴과 법정에서 싸우고 있다. 그리고 시간당 운영비를 낮추고자 하지만, 록히드마틴은 독점적 장기계약을 줘야만 운영비를 낮추겠다고 배짱을 튕긴다고 한다. 소프트웨어의 소유권과 F-35의 유지보수 및 업그레이드에 대한 록히드마틴과의 정산관계가 복잡하기 때문에, F-35의 감산과 임무 재조정을 포함하는 출구전략을 짜는 것도 쉽지 않다. 한마디로 미국정부와 미국민들이 록히드마틴이라는 한 군수산업체의 볼모가 된 격이다.

F-35는 과연 세기의 망작인가?

생물학적 법칙에 최소량의 법칙이라는 것이 있다. 생물이 성장하는 과정에 필요한 영양소들 가운데 성장을 좌우하는 것은 넘치는 요소가 아니라 가장 부족한 요소라는 것이 최소량의 법칙이다. 그리고 최소량의 법칙은 단지 생물의 성장에만 적용되는 것이 아니라 세상의 많은 현상에 적용될 수 있는 일반적인 법칙이다. 당연히 전투기도 최소량의 법칙에서 예외일 수 없다. 전투기가 주어진 임무를 수행할 수 있는 종합적인 전술역량도 가장 우수한 성능으로 결정되는 것이 아니라 가장 부족한 성능으로 결정될 수 있다. 상대방이 현명하다면 언제나 가장 취약한 부분을 집요하게 파고들기 때문이다. 스텔스 전투기는 기체의 레이더 탐지에 대한 은닉성을 위해서 다른 성능의 일부분을 희생하는 것이 불가피하기 때문에 무엇인가 약점을 드러낼 수밖에 없다.

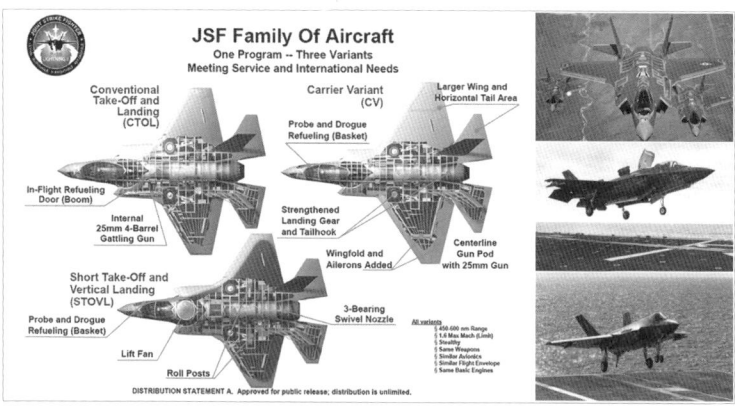

F-35 통합타격기 유형: (좌) 공군용 F-35A형, (중) 단거리이륙 수직착륙(STOVL) 기능이 있는 해병대용 F-35B형, (우) 항모 CATOBAR 이착륙을 위해서 날개의 면적이 크고, Tailhook이 있는 해군용 F-35C형

통합타격기로서 F-35의 성능을 간단하게 살펴보면, 성능이 탁월한 부분과 부족한 부분이 쉽게 눈에 들어온다. 다음은 필자 나름대로의 생각에 의존한 F-35의 요소 성능에 대한 간단한 분석이다.

성능요소	F-35의 특성	4.5세대 전술기 대비 성능
화력	· 기체의 스텔스 성능을 위해서 내부무장창에 무기를 장착해야 하기 때문에 화력의 감소가 불가피하다 (SDB가 기본 공대지 무장이었지만, 최근에서 F-35A의 경우 JDAM 장착도 가능)	✓ 상당히 열세
정확성	· 매우 진보된 센서 체계를 가지고 있어서 정확성은 매우 우수하다. · 기체 및 시스템 운영의 향상된 은밀성 덕분에 적진 깊숙이 침투해서 작전이 가능하다.	✓ 매우 우세
기동력	· 스텔스 형상 때문에 공기역학적 성능이 아주 좋은 편은 아니다. · FBW(Flight-by-Wire) 제어의 개선 등으로 기동력의 상당부분은 회복했을 수 있다. · F-35는 추력편향노즐이 없어서 F-22 수준의 기동력은 불가능하다.	✓ 거의 동등
방어력	· 제한적 저피탐성 : X-Band 레이더에 대한 전면 은밀성이 매우 우수. 그러나 L-밴드 등 장파장 레이더에는 탐지된다고 하지만 아직 탐지기술이 완성돼서 전력화되지는 않았음. 당분간은 우수한 저피탐성 보유 · 전자전 능력 : 매우 우수하다 · 아직 스텔스 전투기에 대한 공격전술이 완성되지는 않은 상태이다	✓ 상당히 우세
네트워킹	· 데이터 공유의 은밀성 : 구체적인 자료는 아직 드러나지 않고 있지만, 현존 전투기 가운데 당연히 최고수준으로 볼 수 있다.	✓ 매우 우세
운용성	· 시간당 운용비용 및 가동률 모두 나쁘다 · 시간당 운용비는 약 36,000달러로 알려졌으며, 가동률은 평균 50%를 약간 상회하는 수준이다. · 해외의 구매자들에게는 정비의 제한성 때문에 더 나쁘다 · 록히드마틴과 미공군 사이의 IP 다툼 등을 고려하면, 당분간 상황이 개선될 것으로 보이지 않는다.	✓ 매우 열세

위의 주관적 평가에서 볼 수 있는 바와 같이, F-35가 5세대적 전투기의 장점은 확실히 가지고 있지만, 모든 무기체계의 가장 기본적인 요구사항인 화력과 운용성 측면에서 4.5세대 전투기 대비 활용도가 매우 떨어지는 결정적인 약점을 가지고 있다. 특히 운용성면에서 나쁜 특성을 지니게 된 가장 큰 이유는 오히려 공군, 해병대, 해군의 공통 전투기를 개

발하려고 했었다는 점에서 발생했다는 것이 아이러니이다.

공군, 해병대, 해군이 기본 기체를 공유하도록 개발했기 때문에, F-35A, B, C의 개발과정에서 기술적 어려움이 오히려 상승적으로 증폭됐다. 미국방부의 당초 계획에 따르면 약 70~90%의 공통성을 목표했음에도 불구하고 (공통성의 정확한 정의조차 명확하지 않지만), F-35A, B, C가 공유할 수 있는 부품은 전체의 20%에 불과하다고 한다. 개발의 상당한 어려움을 감수했음에도 불구하고, 공유기체라는 장점을 하나도 살리지 못하고 그저 겉모양만 비슷한 3종의 전투기가 탄생했다.

그런 가운데 F-35의 스텔스 성능마저도 심각한 도전을 받고 있다. 암호는 영원히 풀리지 않는 것이 아니라 단지 풀리는 데 시간이 오래 걸릴 따름인 것과 마찬가지로, 스텔스 전투기도 전혀 탐지가 되지 않는 것이 아니라 단지 탐지할 수 있는 신호가 약할 따름이다. 그래서 스텔스 전투기를 정확하게는 저피탐성(Low Observability, LO) 전투기라고 부르기도 한다. 탐지기술이 발전함에 따라서 언젠가는 자신의 존재를 확연하게 드러낼 수밖에 없는 것이 저피탐성 전투기이다. 그리고 현재 기술의 관점에서도 F-35의 저피탐성은 제한적 저피탐성이라는 것이다. 즉 전면에서 조사(照射)되는 X-밴드(8~12GHz 대역 전자기파, 3.75~2.5cm 파장) 레이더에 대한 스텔스 성능을 주안점으로 설계했기 때문에, 다른 방향에서 레이더파를 조사하거나 장파장의 전자기파를 조사하는 레이더에는 F-35와 F-22가 탐지될 가능성이 제법 있다고 한다.

스텔스 전투기의 탐지에 대해서 현재까지 알려지기로는 공중조기경보 및 (대표적으로 E-2D와 같은) 전술통제기의 L-밴드(1~2GHz 대역,

스텔스 전투기 탐지 포텐셜이 있는 대한민국 국군의 레이더 자산: 세종대왕급 이지스 구축함

30~15cm 파장) 레이더에 스텔스 전투기가 탐지된다고 한다.[20] 단 미사일을 유도할 수 있을 만큼의 정밀한 분해능은 아직 없지만 기술이 발전되면 L-밴드 레이더도 미사일을 유도할 수 있을 수준의 분해능을 충분히 얻을 수 있다고 전해진다. 그리고 심지어 S-밴드(2~4GHz 대역, 15~7.5cm 파장)의 레이더에도 탐지된다는 이야기도 있다.[21] S-밴드 레이더는 L-밴드와 X-밴드(8~12GHz 대역, 3.75~2.5cm 파장)의 중간 대역이지만 L-밴드에 훨씬 가까운 주파수 대역을 가지고 있다. 이지스(Aegis) 구축함의 (탄도탄요격) 방공 시스템에서 쓰는 S-밴드 레이더는 고출력 대면적 위상배열 레이더이기 때문에 스텔스 탐지 능력을 가질 수 있는 포텐셜이 충분하다. 즉 대공레이더와 방공구축함의 레이더를 단독 또는 네트워크로

20 대한민국 공군이 운용하고 있는 보잉 737 AEW&C 공중조기경보/항공통제기의 레이더도 L-밴드 다기능 위상배열레이더이다. MESA 레이더의 Array의 크기는 약 7.3m X 2.7m이다.
21 세종대왕급 구축함의 AN/SPY-1D도 4m X 4m의 크기를 가지는 S-밴드 다기능 (수동)위상배열 레이더이다.

스텔스 전투기 탐지 포텐셜이 있는 대한민국 국군의 레이더 자산: E-737 공중조기경보통제기

연결한 강력한 컴퓨터를 이용해서 신호처리를 할 수 있는 시스템을 구축할 수 있다면, F-35급(또는 J-20급)의 스텔스 전투기를 탐지하고 추적하고 요격미사일을 유도하는 것이 조만간 충분히 실현될 수 있다.

레이더의 네트워크를 통해서 탐지능력을 획기적으로 개선하는 것은 이미 확립된 기술을 응용하는 것에 불과하다. 천체관측에서 전파망원경의 Array를 이용해서 관측의 해상도를 증가시키는 것은 이미 통상적으로 수행하는 관측행위이다. 대표적인 예가 칠레 아타카마 사막에 있는 ALMA(Atacama Large Millimeter/submillimeter Array) 전파망원경이다. 단지 한 사이트에 있는 전파망원경의 Array만 네트워크로 연결하는 것이 아니라 지구상에 흩어져 있는 전파망원경을 연결해서 관측하기도 하며, 그런 대표적인 경우가 2019년 블랙홀의 이벤트 호라이즌을 관측한 Event

ALMA 전파망원경 네트워크

Horizon Telescope 프로젝트이다.[22] 물론 네트워크로 연결된 전파망원경의 관측 데이터를 비교 분석해서 대상물을 포착하려면 엄청난 계산능력이 동원돼야 하지만, 이미 실현된 기술이다. 스텔스 전투기를 고출력 대면적 레이더 또는 네트워크로 연결된 레이더로 탐지하기 위해서는 천체관측에서 사용하는 방법론과 유사한 신호처리 방법론이 동원될 수 있다. 만약 지금 당장이 아니더라도 수년 내에 불가능할 이유를 찾기는 힘들다.

그와 동시에 스텔스 전투기도 어쩔 수 없이 방출하는 적외선 대역의 신호를 피동적으로 탐지할 수 있는 기술들도 개발되고 있다. 스텔스 전투기도 적외선 신호를 줄이기 위해서 다양한 기술적 장치가 도입되었지

---

22 블랙홀의 사건지평선을 관측하기 위한 Event Horizon Telescope는 달에 있는 테니스공을 관측하는 수준의 해상도가 필요하다고 한다. 그러나 스텔스 전투기의 관측은 몇백km 밖의 테니스공을 관측하는 것과 같은 수준의 해상도가 필요하다. 현재 스텔스기 탐지의 핵심은 레이더 네트워크에서 획득한 데이터에서 충분히 빠르게 스텔스 전투기의 위치정보를 미사일 유도에 적합한 정밀도를 가지고 추출할 수 있을 만큼의 빠른 계산력을 확보하는 것이 핵심일 수 있다. 즉 스텔스기 탐지의 핵심은 네트워크와 계산의 속도이다.

만, 적외선의 방출 자체를 막을 수 있는 방법은 많지 않다. 레이더에 대한 피탐보다 적외선에 대한 피탐이 기술적 관점에서는 훨씬 어렵다.

거기다 기동력이 상대적으로 약한 스텔스 전투기는 헌터-킬러 방식의 미사일 요격에도 매우 취약할 수 있다. L-밴드 또는 S-밴드 레이더가 스텔스 전투기의 대략적인 위치를 탐지할 수 있다면, 발사된 미사일을 전투기의 근처까지 유도한 이후에 (X-밴드 레이더 and/or 적외선탐지추적(IRST) 장치를 장착한) 미사일 자체의 능동탐색기(Active Seeker)에 의해서 스텔스 전투기를 격추하는 것도 충분히 가능하다. 어쩌면 이미 스텔스 전투기를 격퇴할 수 있는 전술이 개발되었음에도 불구하고 자신들의 공중전 전술을 상대에게 노출하지 않고 있을 가능성이 오히려 더 크다고 예상해도 많이 틀리지 않을 것이다.

S-밴드 레이더를 이용한 F-35 또는 J-20급 스텔스 전투기에 대한 탐지 및 요격기술의 개발은 우리에게도 발등에 떨어진 불과 같이 시급한 과제이다. 일본 중국과의 정치적 마찰이 언제 군사적 마찰로 비화할지 모르는 상황에서 대비할 것은 모두 대비해야 한다. 대한민국 공군은 L-밴드 레이더를 채용하고 있는 E-737 공중조기경보/항공통제기를 운용하고 있으며, 해군은 S-밴드 레이더(AN/SPY-1 계열)를 채용하는 세종대왕급 이지스 구축함을 운용하고 있다. 물론 이들 레이더를 통해서 스텔스 전투기를 탐지할 수 있는 신호를 획득할 수 있더라도, 스텔스 전투기의 탐지를 위한 신호처리능력이 개선된 소프트웨어를 장착하기 위해서 MESA 레이더 시스템에 국내 기술진이 접근하는 것을 미국이 허용할지는 현재 알 수가 없다. (아마 접근을 거부할 것이다) 그래서 국내 독자기술로 개발된 방공레이더 시스템의 구축이 아주 시급한 것이다. 다행히 국산 대공미사일 시스템과 차세대 방공구축함 건조사업을 통해서 관련 기

술들이 점차 성숙단계에 진입하고 있는 것은 매우 고무적이라고 할 수 있다. 특히 (S-밴드 + X-밴드) 듀얼밴드 AESA 레이더 시스템을 장착한 차세대 구축함인 KDDX와 호위함인 FFX3 & FFX4를 건조하는 프로그램이 본격적으로 진행되고 있다. 이들 다기능 레이더 탐지자산을 네트워크로 엮어서 활용할 수 있다면, 스텔스 전투기를 포함하는 어떠한 대공위협에도 충분히 대응할 수 있지 않을까 기대할 수 있을 것이다.

    F-35의 스텔스 성능을 X-밴드에 대한 전면 RCS로 판단하는 것은 스텔스에 대한 편협한 관점이다. F-35의 가장 두드러진 장점은 강력한 센서와 네트워킹 능력이라고 한다. 그러나 정확한 성능이 어느 정도인지 알려진 것이 거의 없다. 적외선탐색추적기(Infrared Search and Track, IRST)와 같은 피동형 센서가 아니라, AESA 레이더 같은 능동형 센서를 사용하거나 전자전(Electronic Warfare) 장비를 가동하거나 아군과 데이터 통신을 할 경우, 전투기는 모두 자기의 존재를 알릴 수 있는 신호를 발생한다. 현재 다른 전투기와 비교해서 F-35가 가지는 최고의 강점은 (1) 피동형 센서 패키지와 (2) 전자전과 네트워킹의 은밀성이 매우 뛰어나다는 점이다. 그리고 F-35의 개발에 관여된 어느 누구도 이에 대한 구체적인 정보를 유출하지 않고 철저히 비밀로 유지하고 있다. 그만큼 **전자적 신호의 스텔스 성능이 F-35를 정의하는 진정한 정체성**이기 때문이다.

    이제 네트워크 중심 공중전은 선택이 아니라 필수이다. 2019년에 인도와 파키스탄 사이에서 벌어진 공중전에서도 전자전기기가 동원되었다고 한다. 헌터-킬러식 공중전에 동원될 수 있는 헌터용 전투기로는 F-35를 능가할 전투기가 현재는 없다고 봐야 한다. 실제로 F-35는 F-16이나 A-10 같은 전술적 타격임무를 수행할 전투기로 태어날 것이 아니라, 헌터형 전투기로 태어나야 했다. 그렇다면 사업의 지연과 비용 상승의 문제가 지금같이 심하지도 않았을 것이며, 통합타격기라는 정체성의 혼란도 겪지 않았을 것이다. 이와 같이 F-35의 문제점은 F-35라는 전투기의 문제점이 아니라 개발사업 관련자들의 부적절한 의도에서 탄생한 상황적 문제였다.

우리를 비롯한 미국의 여러 동맹국들이 F-35를 샀다. 그러나 동맹국의 운용 실력에 따라서 F-35의 실질적인 가치는 천차만별일 것이다. 즉, F-35만의 센서 패키지, 스텔스 네트워킹 능력을 극대화할 수 있는 임무 수행 전술을 개발할 수 있는 국가는 F-35의 가치를 제대로 즐기겠지만, 카탈로그 스펙이나 읊으면서 스스로 만족하는 국가는 실전적으로 혼자 해결할 수 있는 것이 별로 없는 아주 비싼 '하마'를 구입했을 수도 있다. 그리고 더 중요한 것은 F-35를 제대로 쓸 줄 아는 안목과 실력을 가지고 있더라도 미국이 F-35의 핵심 소프트웨어 시스템에 접근을 허용하지 않을 것이라는 점은 F-35를 구매한 국가들이 안고 있는 또 다른 문제이다. 하드웨어 중심이 아닌 소프트웨어 중심의 전투기를 팔아서 상대방 국가를 군사적으로 종속시키겠다는 미국의 전략적 의지가 F-35에 확실하게 반영되어 있으며, 그에 대한 대안을 도출하는 것도 F-35 사용국가의 역량이라고 할 수 있다.

Less is More, KF-21 보라매

이제 시제기가 막 베일을 벗은 KF-21 보라매는 산업화의 막차를 탄 국가만이 할 수 있는 아주 독특한 방법으로 개발되는 나름 첨단이라고 하기에 충분한 전투기이다. 물론 시제기가 초도비행을 마친 시점에 KF-21에 대해 뭐라고 평을 한다는 것이 부적절 할 수 있다. 향후 본격적

한국우주항공의 KF-21 보라매 출고식

인 시험비행이 진행되면서 어떤 기술적 어려움에 처할지 예측하기 어렵지만, 일단 국민의 한 사람으로서 KF-21이 맡은 임무를 잘 수행할 수 있는 전투기로 완성되기를 기대할 따름이다.

대한민국이라는 나라의 산업화 과정 자체가 특이하다. 우리가 아는 거의 모든 산업선진국들은 19세기가 끝나기 전에 이미 산업선진국의 대열에 합류했다. 그때 완성된 산업선진국(또는 제국주의) 클럽은 본격적인 산업화의 경력이 고작 60년에 지나지 않는 한국이라는 나라가 문을 두드리기 전까지는 150년 이상 새로운 회원을 받아들인 적이 없었던 아주 배타적인 클럽이다. 버스정류장에 나갔는데 버스는 이미 떠났지만, 그나마 멀리 보이기에 수단과 방법을 가리지 않고 눈치껏 뒤쫓아가서 올라 탄 이후에 어렵사리 한 자리를 차지하려고 하는 것이 대한민국 산업화의 현주소이다. 이런 산업화의 과정에 일관되게 적용된 전략이 바로 '중간진입전략'이다. 이미 성공적으로 정착한 모델을 분석하고, 좋은 점은 배우고 약점의 틈새는 파고들어 야금야금 입지를 늘려서 현재의 산업 역량을 키웠다. 누구는 중간진입전략을 모방이라고 폄하하지만, 제대로 모방해서 나름 자기만의 스타일을 구축했다면 그것도 실력이라고 말할 수 있다.

이런 중간진입전략을 군사기술에 거창하게 적용한 것이 KF-21이다. 물론 이전에 있었던 우리의 무기체계 개발도 중간진입방식의 개발이었지만, KF-21과 같은 십조원이 훌쩍 넘는 개발 및 양산 비용이 들어가는 커다란 규모의 중간진입은 아니었다. 중간진입에 어느 정도 도가 튼 대한민국의 산업계이기 때문에 국내외의 많은 전문가들 가운데 KF-21이 당초 계획한 목표를 달성할 수 있다고 판단하는 측이 우세하다. 물론 줏대 없는 사대주의적 자칭 군사전문가들이 미국을 비롯한 주변국들의 흔들기성 보도에 호들갑을 떨기는 하지만, 그들의 지질함에 휘둘릴 대한민국도 아니다.

KF-21의 가장 큰 미덕은 중간진입의 오랜 경험에서 나오는 영악한 개발전략이다. 덕분에 KF-21은 기본적인 성능요구조건이 좋은 균형감을 가지고 있을 뿐만 아니라 미래의 공중전술에서도 효과적으로 적응할 수 있는 개발개념을 가지고 있다. 무엇보다도 전투기의 전통적 가치와 미래적 가치를 잘 아우르고 있다. 일단 F-16 보다 우수한 미들급의 전술기로서 만족할만한 성능요구조건을 가지고 있다. 다음은 F-16과 비교한 KF-21의 성능을 필자의 주관으로 비교 분석한 내용이다. (F-16 기체에 대한 기본자료는 F-16C/D형 기준)

	F-16	KF-21

기체의 기본 성능	• 공허중량 : 8,570kg
	• 탑재중량 : 12,000 kg
	• 최대이륙중량 : 19,200kg
	• 엔진/추력 : F110-GE-129
	  17,000(Dry)/29,500(Max) lb
	• T/W Ratio : 1.095
		• 공허중량 : 11,800kg
		• 탑재중량 : 17,200 kg
		• 최대이륙중량 : 25,400kg
		• 엔진/추력 : GE F414-400 x 2
		  13,000(Dry)/22,000(Max) lb x 2
		• T/W Ratio : 1.16

화력	• 공대공, 공대지 무기에서 KF-21이 우세 • 미티어 공대공, TAURUS 공대지 미사일 등 탑재 예정 • 무장 탑재량도 약 15% 더 클 것으로 예상 (최대이륙중량 - 탑재중량 기준)	
정확성	• KF-21이 스펙상으로는 약간 우세 (그러나 통합돼 봐야 안다) AESA Radar 등 핵심 센서에서 F-16E/F 보다 뒤처지지는 않음	
기동성	• F-16이 약간 우세 또는 동등 • T/W Ratio는 KF-21이 약간 좋지만, F-16의 공역학적 특성이 좋다	
방어력	• 거의 동일할 것으로 예측 • KF-21의 RCS가 작지만, F-16E/F or V의 전자전 능력도 탁월함	
네트워킹	• 거의 유사할 것으로 예측 • Link-16을 공유 F-16V와 KF-21의 네트워킹 능력은 현재로서는 판단하기 어려움	
운용성	• KF-21이 국산전투기이기 때문에, 운용성면에서 매우 우수	
확장성	• KF-21 우세 • 5세대 개량을 염두에 두고 개발되는 쌍발엔진 전투기이기 때문에 추가적인 성능 개량의 여지가 아주 크다.	

일단 기본적인 공대공 임무에서 F-16(V형 Upgrade 포함)보다 KF-21이 우세할 것으로 예상할 수 있다. KF-21은 비교적 뛰어난 기체 성능을 가지고 있으면서 동시에 (미국의 AIM120 AMRAAM 공대공미사일보다 성능이 우수하다는) MBDA의 Meteor 시계외공대공미사일(BVRAAM, Beyond Visual Range Air-to-Air Missile)로 무장했기 때문에 시계 내 또는 시계 외 공중전에서도 F-16과 최소한 호각세 이상을 예측할 수 있다.

특히 최근 미군 미사일의 거의 대부분을 공급하고 있는 Raytheon 제 미사일은 품질과 성능 면에서 많은 문제점을 노출하고 있다.[23] 램젯을 채용한 타국의 공대공 또는 지대함(공대함) 미사일들이 실용 사거리, 순

---

23 한국군이 수입한 Raytheon의 SM-2 미사일과 엑스칼리버 정밀유도포탄이 시험발사과정에서 무기로서 보여줘서는 안되는 매우 높은 불량률을 보여줬다고 한다.

항속도 및 종말접근단계의 성능에서 Raytheon제 경쟁 미사일 기종들을 압도한다. 그리고 국내에 도입된 다수의 Raytheon제 미사일 또는 유도무기들의 시험발사에서 걱정스러운 수준의 불량률이 발생했다. 램젯엔진이 고체연료로켓을 비행성능에서 압도하는 것은 물리적 법칙상 피할 수 없는 결과이며 (램젯의 I_{sp}-값이 고체연료로켓과 비교해서 최소 3배 이상으로 크기 때문에), 미국 전투기들이 시계 외 공중전에서 심각하게 위협받는 것도 피할 수 없는 상황이다. 또한 시장에 워낙 많은 수량이 팔린 미제 공대공 미사일의 전자적 특성이 상당히 노출됐기 때문에 전자전 과정에서 재밍(Jamming; 전파방해)될 가능성도 크다. 그런 점에서 미국의 기술에 전적으로 의존하는 전투기 및 공대공 무기를 보유하는 것은 공군 화력의 측면에서 매우 위험한 올인(All-in) 전략일 수 있다.

KF-21은 현명하게 진화적 개발전략을 채택했다. KF-21은 F-15와 F-22의 유전자를 물려 받은 기체형상을 가지고 있다. 물론 F-22와 유사한 기체형상이 스텔스적 관점에서는 최적화된 형상이 아님에도 불구하고, KF-21의 기체 형상은 스텔스적 특성과 전술적 특성의 적절한 타협으로 볼 수 있다. 2026년까지 개발이 완료될 Block-I은 공대공 임무 중심으로, 그리고 2028년에 개발이 완료될 Block-II는 공대지 임무까지 통합할 예정이다. Block-II까지 완성된다면, 아마 4.5세대와 5세대 사이에 있는 5세대-마이너스급 전투기의 입지를 가질 수 있을 것으로 보인다.

그리고 KF-21의 개발사업단은 공식적으로 인정을 하고 있지는 않지만 본격 5세기 전투기로 진화하기 위한 Block-III가 개발될 것이다. 현재 시제기의 형상에서 찾을 수 있는 향후 성능개량은 한국형 공중우세기를 지향하는 것으로 보인다. (1) 내부무장창을 장착해서 RCS를 다른 5세대 전투기와 비교할 수 있는 수준으로 낮출 예정이며 (레이더흡수물질(RAM)에 대해서는 공군과 KAI가 함구하고 있기 때문에 구체적으로 알려진 내용이 많지 않음), (2) 엔진을 GE F414-EPE(Engine Performance Enhancement)로 개량한다면 음속 이상의 속도로 순항할 수 있는 슈퍼크루징(Super-Cruising)의 가능성도 있고[24], (3) 현재 엔진노즐출구 부근 기체 형상을 보건대 F-22와 유사한 추력편향노즐을 장착해서 F-22에 버금가는 초기동성(Super-Maneuverability)을 확보할 가능성도 배제할 수 없다. 그렇다면 KF-21이 Baby Raptor라는 별명에 걸맞는 한국형 공중우세기의 역할을 수행할 수 있을 것이다. 단 레이더흡수물질인 RAM의 유지관리가 F-22와 F-35의 미국도 감당하기 버거울 정도의 유지비 상승과 가동율 감소의 1차 원흉이었다는 점도 염두에 둬야 한다. 수명과 유지보수성이 원천적으로 개선된 RAM이 개발되지 않는다면, Block-III도 운영비 상승의 저주를 피할 수 없을 것이다. 그렇지만 모든 KF-21을 Block-III로 개량하지 않고 적정 수량의 Block-III만 공중우세기로 운영한다면 한국공군의 전술적 유연성을 대폭 개선하는 계기가 될 수 있다.

그렇지만 위와 같은 5세대 전투기의 물리적 특성에 대한 성능개량보다도 향후에 더 신경을 써야 할 부분은 센서 퓨전, 오픈 아키텍처, 네트워킹의 은밀성 등 미래 네트워크전 수행을 위한 역량 확보라는 점을 항상 염두에 둬야 한다. 네트워크 기반 헌터-킬러 전술을 구사할 수 없는 전투기는 미래전장에서 도태될 것이 명백하기 때문이다.

KF-21이 본격적인 5세대 전투기로 충분히 진화가 가능하더라도, 미들급 전투기의 한계를 벗어나기는 결코 쉽지 않다. 현재 미국이 대외 수출

---

24 F-22의 경우 Gross Weight 1톤당 약 7.9kN의 건(Dry)추력을 가지고 있다. (건추력 = 애프터버너를 작동시키지 않은 추력임) KF-21의 경우 현재 Gross Weight 1톤당 약 6.7kN의 건추력을 가지고 있다. 따라서 현재의 F-414-400형의 건추력에서 20% 정도를 개선하면, 공역학적 특성을 많이 공유하는 F-22처럼 초음속 순항이 가능하다고 추측할 수 있다.

을 허용하는 최상급의 엔진이 KAI KF-21과 Saab JAS-39 그리펜(Gripen)에 장착된 GE F414 계열 엔진이다. 5세대 혹은 6세대의 정상급 전투기로 진화하기 위해서는 보다 강력한 추력과 전력 생산능력이 필수적인 요소인데, 항공기 엔진에 대한 국산화 능력이 없는 우리나라로서는 (KF-21의 후속 기종을 개발한다고 하더라도) 최정상급 전투기 개발경쟁에 뛰어들 수 있는 기본 역량을 갖추고 있지 못하다는 엄중한 현실을 직시해야 한다.

지금 진행되고 있는 KF-21의 개발사업에서 성패를 결정하는 가장 핵심적인 부분은 In-Time과 In-Budget 개발을 완료하는 것이다. 전 세계 어느 나라에서도 당초에 목표한 시간과 비용을 심각하게 초과하지 않고 전투기 개발을 완료한 경우가 거의 없다. 시간과 비용 초과가 얼마나 위험한 것인지는 K-2 전차의 사례에서도 잘 알 수 있다. 단 한국이라는 나라가 이종간 기술을 통합해서 시장의 틈새를 공략하는 데 특화된 산업 능력을 가지고 있기 때문에, 주어진 시간과 예산 범위 안에서 KF-21의 개발을 성공할 실질적인 가능성이 존재한다. 만약에 성공한다면, 그 자체가 대단한 기술적 업적이다.

일부 호사가들은 미국이 (F-16을 대체할) 4.5세대급 차세대 멀티롤 전투기를 개발한다고 또 다시 호들갑을 떨고 있다. 그러나 미국이 4.5세대 전투기의 개발에 뛰어드는 것은 결코 쉬운 정책적 결정이 아니다. 이미 F-35에 너무 많은 시간과 돈을 투자했으며, F-35가 향후에 수행할 임무에 대한 교통정리도 되지 않은 상태에서 차세대 전투기 포트폴리오를 기획한다는 것은 문제를 더 키울 가능성이 농후하다. 이미 미군에게 F-35는 치우기 힘든 똥차가 됐다. 천조국 미국이 천조 원 급에 해당하는 매몰비용을 감당하면서 F-35의 생산량과 임무를 대폭 축소하지 않는다면, 차세대 전술기 구성은 결코 내리기 힘든 전략적 결정일 뿐만 아니라 효과도 의심스러운 정책적 미봉책이라고 할 수 있다. 그리고 이미 미국은 F-15EX와 F-16V라는 검증된 성능과 전과를 가지고 있는 명품 4.5세대 전투기가 있다. 4.5세대 전투기가 필요하다면, F-15EX 또는 F-16V를 더 생산하면 그만이다. "If it works, do not change"라는 격언까지 있지 않은가? 미국이 4.5세대 전투기에 대해서 심각하게 고려하고 있는 현재의 상황은 KF-21이 매우 실용적인 개념을 가지고 개발된 전투기라는 것을 국제적으로 선전해주는 격이어서, 오히려 KF-21의 미래에 훨씬 큰 이득이 될 수 있다.

미국에게 F-35가 골치 아픈 똥차와 같은 존재라고, 우리에게도 똥차일 필요는 없다. 전술적 지혜를 짜낸다면, F-35는 매우 값진 전략적 자산이 될 수 있다. F-35에게 전술적 타격임무를 부여하기보다 5세대적 센서, 전자전 그리고 네트워킹의 허브로서 가치를 극대화할 수 있다면 대한민국 국군의 전력을 획기적으로 개선할 수 있다. 향후 KF-21의 진화적 발전 과정에서 가장 핵심적인 요소는 일면 상투적으로 짜인 Block-I, Block-II 그리고 Block-III로의 진화적 개발도 있지만, F-35 그리고 국군 전체가 가지고 있는 방공망과 유기적인 네트워크를 구성해서 상호보완적으로 각자가 가지고 있는 성능을 극대화할 수 있는 시너지를 만들어 내는 것이다.

물론 미국이 F-35의 최대 성능에 접근하는 것을 제한할 가능성이 거의 확실하기 때문에, 그에 대한 우리만의 만반의 대비책도 마련해야 한다. 그런 면에서 KF-21의 개발과정에서 네트워크 공중전에 대한 자신들만의 독창적 역량을 구축하고 효율적으로 활용하고 있는 이스라엘 및 스웨덴과 밀접하게 협력하는 것은 매우 영리한 개발전략이라고 할 수 있다. F-35의 피동적 센서 능력과 네트워킹의 은밀성을 Block-III에 구현해서 KF-21 Block-III를 한국형 네트워크 기반 헌터 전투기로 개발할 수만 있다면 공군의 자체적 전술역량뿐만 아니라 해군 및 육군과 협동교전역량도 획기적으로 개선할 수 있을 것이다.

6세대 전투기가 무엇인지는 아직 아무도 모른다

조만간 6세대 전투기가 나오는데 4.5세대뿐이 되지 않는 KF-21은 큰일났다고 호들갑을 떠는 이들을 방송과 미디어에서 자주 볼 수 있다. 어차피 인터넷 클릭 수에 목을 매는 무리들은 있기 마련이다. 그런데 6세대 전투기를 이야기하는 사람들마저도 다음 세대 전투기의 개념이 무엇인지는 전혀 모르고 있다.

바이든 행정부가 들어선 2021년부터 본격적으로 언급되기 시작하는 NGAD(Next Generation Air Dominance)의 개발을 진행하고 있는 미공군의 주장을 들어보자면 6세대 혹은 차세대 전투기의 개념이 과연 현존 5세대와 근본적인 차이점이 있는 것인지 헷갈리기만 한다. 그렇지만 수명 연한에 다가오는 F-22의 대체 기종 개발이 필요하다는 점, F-35가 전술적 타격임무를 모두 떠안기에는 턱없이 펀치력이 부족하다는 점과 4.5세대 전투기의 역할이 지속적으로 필요하다는 점을 미공군이 공개적으로 인정하기 시작한 것은 그나마 고무적인 인식의 전환이라고 할 수 있다. 하지만, 지금 회자되는 차세대 전투기의 개념은 현존 5세대 전투기에서 드러난 단점을 보완하기 위한 일종의 진화적 발전형이라고 할 수 있는 5.25~5.5세대 정도이지 공군 전략의 질적 차이를 만들어내는 6세대로 보기는 어렵다.

NGAD(Next Generation Air Dominance)의 이름을 고려한다면 현재의 공중우세기인 F-22를 대체하는 차세대공중우세기를 말하는 것이라고 생각할 수도 있지만, 과연 어떻게 공중우세를 확보할 것이며 확보된 공중우세를 어떻게 (특히 중국에 대한) 전략적 우세로 전환할 것인지에 대해서는 구체적인 설명이 없다. 그렇지만 몇 가지 사소한 디테일은 확실하게 추측해볼 수 있다. NGAD는 5세대 전투기의 강점이라고 할 수 있는 저피탐성(Low Observability)을 더욱 강화할 것이다. 기존의 전면 X-밴드 대응의 제한적 스텔스 성능의 한계를 극복하고, 장파장 레이더를 이용한 스텔스 탐지 방안에 대응하기 위해서 광대역 전방향(全方向) 스텔스 성능을 강화하기 위한 기술이 도입될 것으로 예상할 수 있다. 물론 스텔스 성능의 강화를 위해서 필연적으로 지불해야 하는 화력과 기동력의 약화를 최소화하면서 전술기로서의 최적의 균형감을 유지할 수 있는 것이 NGAD 기체 개발의 핵심 과제가 될 것은 뻔하다.

물론 NGAD의 신호적 저피탐성을 강화하기 위한 센서기술, 전자전기술 및 네트워킹기술의 중요성은 더 강조되면 강조되었지 후퇴하는 일은 절대로 없을 것이다. 조종석에 앉아 있든 네트워크로 연결된 조종실에 있든 상관없이, 전투임무의 수행자에게 전장에 대한 3차원적 정보를 제공하기 위한 센서기술 및 데이터 융합기술이 적극 도입될 것은 누구나 예상할 수 있다.

잠수함이 선측에 선배열 소나를 장착해서 음향탐지의 범위와 해상도를 높였던 것처럼, 공간적으로 분산된 센서를 통해서 신호의 감도와 해상력을 높이는 것은 과학적으로 이미 확립된 방법론이다. 따라서 향후의 전투기들은 레이더 소자를 전투기의 표면 밑에 널리 분포시켜 적기에 대한 탐지능력을 키우려고 하는 당연한 기술적 진화 경로에 있다. 전투기도 센서를 분산배열해서 신호 획득의 범위와 해상도를 개선하려고 하겠지만, 현재는 아주 심각한 물리학적 한계에 부딪힌 상태이다. X-밴드 근처 파장의 전자기파를 이용하는 레이더는 전자파가 전투기의 표피를 통과할 수 있기 때문에 분산배열이 가능하지만, 능동센서이기 때문에 적에게 피탐될 수 있는 위험성도 동시에 지니고 있다. 따라서 능동센서보다는 피동센서에 대한 중요성이 증가하는 것은 군사기술에서 당연한 기술적 발전방향이다. 하지만 10μm 근처 파장의 적외선(IR, InfraRed)을 사용하는 피동적 센서는 광학창이 꼭 필요하기 때문에 분산배열이 쉽지 않다.[25, 26] 저피탐성 신호획득 능력을 개선하기 위해서는 위와 같은 물리적 한계와 끊임 없는 싸움을 벌여야 한다. 또한 전자전 및 네트워킹을 위한 신호의 송출 과정도 적에게 피탐될 수 있는 가능성은 항상 열려 있다. 향후 5세대 전투기 기술개발의 가장 핵심적인 방향은 센서, 전자전 그리고 네트워킹의 능력과 은밀성을 개선하는 것이며, 이런 이점을 극대화할 수 있는 공중 전술을 개발하는 데 있다고 확신한다.

5세대적 네트워크전의 이점을 극대화하기 위해서 무인기의 역할이 강조되고 있다. 조종사까지 탑승한 초고가의 전투기가 피탐과 격추의 위험을 무릅쓰고 적진 깊숙이 침투하는 작전은 군사적으로나 경제적으로 점차 효용성이 떨어지고 있다. 따라서 적진 깊숙이 침투해서 신호를 획득하거나 폭탄을 투하하거나 미사일을 유도하는 고위험의 전술적 임무는 무인기가 수행하고, 차세대 전투기는 무인기 작전의 지휘통제 허브 역할을 수행하는 방향으로 진화하고 있다. 이런 개념으로 이미 개발에 착수한 폭격기가 B-21이며, 다음 세대 전투기들도 이런 방향으로 진화하려고 한다. 물론 무인기가 실질적인 전투임무를 담당하기 위해서는 무인기의 성능뿐

---

[25] 뒤의 사진에서 볼 수 있는 바와 같이, 나중에 개발되서 센서 패키지가 월등한 F-35는 전투기 기수 바로 밑에 피동적 광학센서를 위한 창이 따로 설치되어 있지만, F-22에는 피동형 광학센서를 위한 창이 없다. 현재의 기술에서 IRST, FLIR, EOTGP 같은 광학적 센서는 광학창을 필요로 한다.

[26] 흑체복사에서 복사에너지의 강도가 최대가 되는 온도와 파장은 Wien's 법칙인_에 의해서 결정된다. 따라서 에너지의 복사현상과 연관된 물리현상을 탐지해야 하는 피동형 센서가 주로 목표로 하는 광학적 파장대는 Wien's 법칙에 의해서 대충 알 수 있다. 상온인 300K 목표는 10μm의 파장대가 가장 강력한 복사에너지를 발산하며, 목표의 온도가 600K이면 5μm의 파장대가 가장 강력한 복사에너지를 발산한다.

만 아니라 부분적이나마 자율적 의사결정능력이 있는 인공지능(AI)의 발전이 병행되어야 한다. 그런 무인기를 개발하는 과정으로 무인전술기들에 대한 다양한 베타테스트가 진행될 것이다. 또한 성능요구조건이 유인기만큼 까다롭지 않고 특정 임무에 적합하게 무인기가 개발된다면 무인전술기 개발의 비용과 시간을 대폭 줄일 수 있는 가능성도 존재한다. 하지만 가능성만 존재하는 것이

피동센서의 비교: (상) F-35, (하) F-22

지 실제 상황이 개선될지 여부는 개발이 끝나 봐야 알 수 있다.

아마 궁극적인 6세대 전투기는 전기화를 통해야만 실현될 가능성이 크다. 강력한 센서 및 전자전 능력과 더불어 레이저와 같은 지향성에너지 무기를 사용할 수 있다면, 5세대 전투기의 약점으로 지적되는 화력 부족을 보완함과 동시에 공대공 임무를 근본적으로 바꿀 수 있다. 그러나 지향성 무기까지 통합된 전투기를 운영하기 위해서는 강력한 파워가 필요하기 때문에 해군에서 먼저 레이저 병기의 실용성을 검증할 때까지 기다려야 할 것이다. 해군에서 지향성 무기가 안착하지 못한 상태에서 크기와 에너지 공급이라는 면에서 물리적 제약이 명백한 전투기에 전기화와 지향성 에너지 무기를 성공적으로 장착하는 것은 결코 쉬운 기술적 과제가 아니다.

일본도 F-3이라고 부르는 차세대 스텔스전투기 개발에 발을 들여 놓았다. 그렇지만 일본이 추구하는 F-3의 개념을 누구도 명백하게 이해하고 있지 못한다. 일단 기본형상은 YF-23에서 영감을 받은 것이 확실해 보이며, 홋카이도 북단에서 대만의 국경까지 거의 3000km 정도로 넓게 벌어진 일본의 공역을 방어하기에 적합한 기체형상이라고 판단된다. 그리고 일본은 오랜 기간의 노력을 통해서 F-22의 주엔진인 P&W F-119 급에 근접한 24,000(Dry)/33,000(Max) 파운드 추력을 가지고 있는 IHI XF9-1 터보팬 엔진을 개발하는 데 성공했다. 따라서 일본의 산업 능력만을 고려한다면, 현재 제안되고 있는 수준에 해당하는 전술능력을 가진 F-3의 개발이 충분히 실현 가능하다. 그러나 내가 F-3의 개발계획에서 쉽게 수긍할 수 있는 내용은 여기까지이다.

일본 항공자위대의 방공임무를 거의 전담하다시피 하는 F-15J는 1980년부터 도입되었기 때문에 기체 수명이 다하고 있다. 따라서 일본의 항공자위대는 200여 대의 F-15J를 조만간 수명연장 및 성능개량 하지 않는다면 새로운 공중우세기로 대체할 필요성이 있다. (F-15J의 약 50%를 F-15EX로 개량하기로 예정했지만, 보잉과 비용에 대한 이견으로 지연되고 있다고 한다) 그러나 일본의 현재 계획은 F-3로 2000년경부터 전력화된 F-2를 대체하는 것이라고 한다. 스텔스 전투기는 아무리 잘 만들어도 화력과 기동력의 희생은 불가피하다. 그렇기 때문에 멀티롤 전술기로서의 기능에는 제약이 따르기 마련이다. 차세대 스텔스 전투기인 F-3로 일본이 보유하고 있는 멀티롤 전투기인 F-2를 대체한다면, 200여 대에 달하는 F-15J와 100대 전후의 F-3로 공대공 임무에 특화된 공군력만 보유하게 된다. 결국 전술적 타격임무는 F-35와 새로 개발될 무인기로 대체한다는 것을 의미하지만, 과연 F-35와 무인기가 유인 멀티롤 전투기의 전술적 타격임

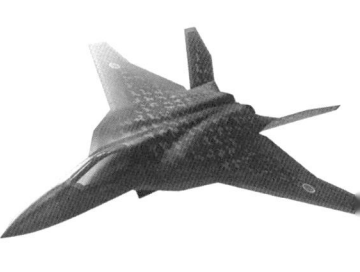

일본의IHI XF9-1 터보팬 엔진(좌)과 F-3 개념도(우)

무를 완벽하게 대체할 수 있을지는 의심스럽다. 그렇다면 일본 공군이 자랑하는 약 1톤에 달하는 ASM-3 램젯 공대함미사일을 수명 50년이 넘은 공대공 임무에 특화된 F-15J가 날라야 한다. 독도도발이나 해상봉쇄 같이 양국간의 잠재적 군사적 마찰 가능성을 신경 써야 하는 우리로서는 일본 항공자위대의 전술적 혼돈 상황이 그렇게 나쁠 것이 없다.

역시 F-3의 개발에도 일본 무기개발의 고질적 문제점인 비용초과문제를 충분히 예상할 수 있다. 약 5조 엔의 비용을 들여서 최대 100대 정도의 F-3를 개발 생산할 예정이라고 한다. 확실치는 않지만 F-3와 협동전술을 구사할 무인기의 개발비용은 포함되지 않았을 것이다. 일본 무기개발의 이상한 점 가운데 하나는 전술적 임무를 우선적으로 생각하고 개발을 하기보다는 일본의 기술력 과시를 위해서 개발되는 경향이 있다는 것이다. 그렇기 때문에 개발 개념의 혼선, 개발 지연과 비용 초과 같은 고질적 문제점이 이번에도 재발될 가능성이 매우 농후하다. 지금의 내 심정은 일본이 제발 F-3개발을 현재와 같은 방향으로 끝까지 밀고 나가주길 바랄 따름이다. F-35가 부럽지 않은 망작이 탄생할 수도 있다.

4장 테크노로지컬 포르노그라피

보잉이 보잉을 하다!

1997년 세계 최대의 항공우주기업인 보잉이 전통의 전투기 명가인 맥도넬-더글라스(McDonnell-Douglas, 이하 MD)를 합병했다. 1916년 윌리엄 보잉(William Boeing)이 시애틀에 항공기 제작회사를 설립한 이후, 보잉은 민항기와 폭격기 등 대형 항공기 제작에서 압도적인 세계 최고의 위치를 굳건히 지키고 있는 회사이다. 그리고 1967년 맥도넬 항공기 회사와 더글라스 항공기 회사가 합병해서 탄생한 MD는 F-4 팬텀, F-15 이글 그리고 노스럽의 YF-17을 이어받아서 제작된 F/A-18 호넷(Hornet)을 생산하면서 미국 공군과 해군 항공 전투력의 거의 50% 정도를 책임졌던 전투기의 명가였다. 1997년 두 회사가 합병했을 때, 사람들은 민항기와 군용기 시장 모두를 장악할 수 있는 슈퍼 항공기 제작사가 탄생할 수 있다고 생각했지만, 20년이 지난 지금의 상황은 그것이 오히려 보잉과 MD의 동반 몰락의 시작이었다.

두 회사의 합병이 긍정적 시너지를 통한 동반 성장보다는 동반 몰락으로 치달은 원인은 미국 경제의 근원적 결함에 기인한다. 두 회사의 합병에 뒷돈을 댄 월스트리트는 두 회사의 발전보다는 주가를 부양해서 투자수익을 빨리 회수하는 것에 관심이 컸다. 그래서 합병 이후 바로 구조조정이 시작됐다. 그런데 그 구조조정이 시작부터 이상했다. MD를 흡수한 보잉이 구조조정을 주도한 것이 아니라 흡수당한 MD의 임원진들이 보잉의 경영권을 틀어쥔 것이다. 그래서 보잉 내부에서는 보잉의 돈으로 보잉이 MD에게 합병당한 것이라는 자조적 농담이 돌았다고 한다. 월스트리트 자본의 관점에서는 MD의 임원진들이 보잉보다 자신들의 이익을 더 잘 챙겨줄 것이라고 생각한 것은 너무나도 당연하다. 그리고 보잉의 몰락을 알리는 구체적인 정황들이 세상에 드러나기 시작했다.

2005년 유럽의 에어버스가 세계 최대의 민항기 A-380을 출시했다. A-380은 너무 크기 때문에 오직 중요 허브공항들만 취항할 수 있는 단점이 명백했다. 그래서 보잉은 A380에 대한 대항마로 787 드림라이너라는 공항과 공항을 직접 연결해주는 장거리 고효율 중형항공기를 2009년에 출시했다. 그러나 출시 초기 품질관리에 실패함에 따라서 항공사에 납품된 787에서 다양한 기술적 결함들이 나타났다. 아마 이때 보잉이 787의 기술적 완성도를 신경 써서 품질을 제대로 관리했다면 에어버스의 추격을 멀찌감치 따돌릴 수 있었을 것이다. 그러나 기술개발과 품질관리보다 수익성 개선을 위한 원가절감을 우선시 했던 보잉은 그런 절호의 기회를 날려버렸다. 그리고 바로 본격적인 위기가 찾아왔다.

2014년 에어버스는 연비가 우수한 협동체 항공기인 A320neo를 출시했다. 저가항공사들 사이의 치열한 가격경쟁에서 살아남기 위해서는 연비가 좋은 고바이패스 터보팬엔진(High Bypass Turbofan Engine)을 장착한 신형 항공기의 출시가 필연적이다. A320neo에 대응하기 위해서 보잉은 737NG의 차세대 기체로 737MAX8를 출시했다. 그런데 737의 동체 높이가 낮기 때문에 연비가 좋은 대형 터보팬 엔진을 장착하기 위해서 엔진의 설치 위치가 날개의 앞과 위쪽으로 당겨졌다. 이러한 형상변경이 비행기의 무게중심과 양력과 추력의 발생 위치를 변경시켜서 동적 특성까지 변경시킬 것은 너무나도 명백했다. 물론 보잉의 엔지니어들과 FAA의 전문가들은 이에 따른 새로운 승인 절차와 조종사 교육 절차가 필요하다는 것을 알고 있었지만, 수익에 눈이 먼 보잉의 경영진, 월스트리트의 투자자, 그들과 연계된 정치권 및 FAA의 고위직이 이런 요구를 묵살했다. 그리고 보잉 737MAX8는 추가적인 승인 및 교육 절차가 필요 없는 737NG와 같은 비행기라고 인증해줬다. (미국 정치계에서 보잉이 에어버스에게 시장을 잠식당하지 않도록 지원하기 위해서 핵심 승인절차를 면제해주는 특혜를 준 것이다.) 그러나 737MAX8과 737NG 두 비행기의 동적 특성은 명백히 다르다.

737MAX8의 엔진이 크고 앞에 위치했기 때문에 높은 받음각을 가지고 이륙할 경우 추가적인 양력이 날개의 앞쪽에서 생성됐다. (즉 엔진의 커다란 덮개가 높은 받음각을 받으면서 상승할 경우, 추가적인 양력을 생성한 것임) 따라서 받음각이 큰 상태에서 상승하는 경우, 오히려 비행기의 기수가 올라가는 피치불안정성(Pitch Instability)이 발생했다. 이런 불안정성을 제어하기 위해서 항공사 및 조종사들이 전혀 인지하지 못하도록 숨겨진 MCAS(Maneuvering Characteristics Augmentation System, 기동성능개선시스템)라는 비행기의 피치 제어 프로그램을 장착했지만, 날림으로 개발된 MCAS의 오작동으로 2019년과 2020년 737MAX8 두 대가 추락하는 사고가 발생했다.[27] 두 사고로 비행기에 타고 있던 346명의 승객과 승무원 전원이 사망했으며, 전세계에 팔려나간 387대의 737MAX8에 대해서 운항금지 조치가 내려졌다. 이들 사고를 통해서 보잉의 명성은 땅에 떨어졌으며, 수익성은 곤두박질쳤고, 기술력은 의심받기 시작했다. 그러나 보잉의 문제는 단지 보잉만의 문제가 아니다. 보잉 737MAX8의 사고가 발생하는 과정에는 보잉의 경영진, 미국의 자본시장, 정치권과 행정부 고위관리까지 포함 하는 미국사회 맨 꼭대기의 시스템적 부패가 개입돼서 문제를 해결하기 못하고 오히려 은폐하면서 최악의 결과를 만들었다.

이미 내상을 입을 대로 입은 보잉이 이번에는 군용기 시장에서 대형 사고를 치고 있다. 미공군의 차세대 고등훈련기사업에서 록히드마틴과

---

27 2018년 10월 29일 라이온에어 610편이 추락했고, 2019년 3월 10일 에티오피아항공의 302편이 추락해서 총 346명이 사망했다.

KAI가 제안한 T-50을 꺾기 위해서 보잉은 말도 안되는 낮은 가격으로 T-7 레드호크(Red Hawk)를 제안했다. 물론 미공군이 보유한 전투기들과 비행특성도 유사하고 이미 기술적으로 완성된 T-50을 선택하는 것이 공군의 관점에서는 당연한 선택이지만, 보잉의 몰락을 구제해줘야만 하는 미국정부는 T-7을 선정해야만 했다. 당연히 보잉의 T-7 개발이 원만하게 진행될 것이라고 생각하지는 않았지만 요즘 들려오는 소식에 따르면 보잉이 아주 절체절명의 상황에 처한 것으로 보인다.

두개의 수직꼬리날개와 'Strake'라고 부르는 곁날개가 두드러진 특징인 T-7은 MD와 (이어서) 보잉에서 생산하고 있는 F/A-18과 매우 유사한 기체형상을 가지고 있다. 그래서 오히려 해군용 고등훈련기로 적합하다고 하는 것이 빈말은 아니다. 그러나 T-7은 곁날개 덕분에 높은 받음각을 받고 비행할 때 F/A-18처럼 곁날개의 뒤에 매우 강한 와류가 생성된다. 따라서 T-7은 곁날개의 후류에 형성된 와류의 불균형이 있을 경우에 동체가 좌우로 흔들리는 윙락(Wing Rock) 현상이 발생할 개연성이 아주 높은 기체형상을 가지고 있다. 그러나 보잉은 개발 기간과 비용을 낮추기 위해서 기체형상의 개발을 위한 많은 시험을 생략하고 전산유체역학(Computational Fluid Dynamics, 이하 CFD)에 의존해서 기체를 설계하고 있었다. 그러나 전산유체역학이 매우 유용한 설계도구임에는 틀림없지만 곁날개에서 발생하는 와류의 특성까지 정확히 예측할 수 있는 수준까지 도달했다고 보기는 힘들다. (와류의 정확한 시공간적 구조를 해석하는 것은 아직도 해결되지 않은 유체역학문제이다.) 이제 T-7의 개발 지연과 비용 초과는 불 보듯이 뻔한 상황이 됐으며, 어쩌면 심각한 성능미달 사태까지 발생할 수도 있다. 개발이 완료되더라도 미공군을 만족시켜줄 수 있는 기체로 완성될 가능성은 매우 희박하다고 할 수 있다.

곁날개(Strake)라는 공역학적 공통 형상을 가지고 있는 (좌) T-7과 (우) F/A-18

컴퓨터기반설계를 통해서 비행기를 개발하겠다고 주장한 보잉의 제안 자체가 과학기술적 근거가 부족한 허언이었으며, 다른 한편에는 50년전 F-15라는 불세출의 명품 전투기를 개발했던 MD의 전투기 개발의 전통과 노하우가 경영진과 자본가의 탐욕에 의해서 완전히 사라졌다는 것을 보여준다. 그러나 진정한 문제는 T-7에서 발생하고 있는 문제가 단지 T-7에서 그치지 않을 것이라는 점이다. 미국은 차세대 공중우세전투기로서 NGAD를 말하고 있다. 중국 군사력의 부상에 대비해서 조속히 NGAD를 개발해서 배치하기 위한 방안으로 미공군은 컴퓨터기반설계(Computer Aided Design)를 통해서 개발에 필요한 비용과 기간을 획기적으로 줄이겠다고 호언장담하고 있다. 그리고 접었다 펼칠 수 있는 한쌍의 수직꼬리날개를 가지고 있는 (준)전익기 형태의 NGAD의 개념도까지 미디어에 돌아다니고 있다. 기동성이 없어서는 안되는 (폭격기가 아닌) 전투기는 매우 높은 수준의 공역학적 성능을 요구한다. 전산유체역학의 수치모사결과를 이용해서 설계하겠다는 (고기동성이 필요한) NGAD도 어쩔 수 없이 수많은 많은 시행착오를 거치면서 개발 지연과 비용 초과 및 성능미달의 문제점을 겪을 가능성이 매우 농후하다.

T-7의 개발과정에서 나타난 기술적 문제는 미국의 항공공학적 역량이 지난 40년간 전혀 발전하지 못하고 오히려 1970년대까지 갈고 닦은 고전

NEXT GENERATION AIR DOMINANCE

적 개발역량마저 잃어버렸다는 것을 보여준다. 중국은 양적 우세를 앞세워서 서태평양지역에서 미국 공군의 제공권에 도전장을 냈지만, 미국이 대응방안으로 제시한 개발 프로젝트들은 2020년대 내내 공전될 가능성마저 크다. 더 걱정되는 점은 이런 문제점을 해결할 수 있는 전략적 기술적 식견을 가진 사람이 미국 양당의 전략가 그룹 또는 미국 국방부내 전문가 그룹 가운데 어디에서도 찾아보기 힘들어졌다는 것이다. 물론 당분간 전 세계적으로 가장 강력한 공군을 보유한 국가는 미국이겠지만, 서태평양에서 중국의 양적 도전을 물리칠 수 있을 만큼의 압도적 우위를 유지할 가능성은 점점 희박해지고 있다. 2030년경 서태평양에서 미국과 중국의 군사력에서 역전이 발생한다 하더라도 결코 놀라운 사실이 아니다. 단지 그 역전이 양적 역전에만 머물고 질적 역전까지 확산되지 않기만을 바랄 따름이다. 보잉의 몰락은 바로 미군 항공전력의 몰락의 시작일 수 있다.

극초음속 미사일은 과연 실체가 있는 무기체계일까?

요즈음 군사기술분야에서 가장 핫한 주제는 당연히 극초음속미사일이다. (극초음속이란 마하 5 이상의 속도영역을 말한다.) 2019년 중국은 국경절 군사퍼레이드에 DF-17이라는 극초음속활공체(Hypersonic Glide Vehicle, HGV)를 탑재한 미사일을 공개했고, 러시아는 무려 마하 10의 속도까지 낼 수 있다는 Kh-47M2 킨잘(Kinzhal) 극초음속미사일을 개발했다고 주장하고 있으며, 북도 HGV를 탑재한 미사일을 시험발사하고 있다. 그에 따라서 지금까지 개념탐색단계에 머물렀던 미국, 한국 등 많은 나라들도 실전용 극초음속미사일을 개발하겠다고 속속 발표하기에 이르고 있다.

극초음속미사일이 신문, 방송, SNS등 모든 매체의 관심을 끌어들이는 것을 보면, 속도가 섹시한 것임에는 틀림이 없다. 그러나 매체를 뜨겁게 달구는 극초음미사일에 대한 다양한 주장들 가운데 기술적 타당성은 고사하고 심지어 물리적 타당성마저 결여된 주장들도 쉽게 찾아볼 수 있다. 그렇기 때문에 과학기술과 군사기술에 대한 전문성이 높은 사람일수록 극초음속미사일에 대한 과열된 개발경쟁에는 예산확보를 위한 군과 연구계의 고질적인 조직 이기주의가 도사리고 있을 수 있다고 우려하기도 한다.

1990년을 전후해서 NASA 연구비의 상당부분이 극초음속 추진체인 SCRamJet엔진에 투입되었다. 그 덕분에 지도교수가 극초음속 유체역학(Hypersonic Fluid Dynamics)이라는 매우 생소한 과목을 한 학기 동안 강의한 적이 있었다.[28] 그리고 그 특별강의에서는 우리에게도 잘 알려진

---

28 극초음속 유체역학에 대해서 강의가 제공된 것은 그 이전에도 그 이후에도 없었던 것으로 기억된다. 물론 미국의 대부분의 대학원에서 제공되는 과목이 아니며, 관련자 연구자들이 자습을 통해서 배우는 유체역학 주제이다.

전략연구소인 RAND에서 극초음속비행기의 기술적 타당성을 검토했던 전문가의 초청세미나를 열기도 했다. 그때의 경험을 살려서 극초음속미사일의 기술적 실현 가능성에 대해서 한번 같이 살펴보고자 한다.

극초음속 유체역학의 역사는 아이작 뉴턴까지 거슬러 올라간다. 군사기술은 물리학에서 가장 중요한 응용분야이며, 그것은 현대과학의 창시자 뉴턴에게도 예외일 수 없다. 운동의 법칙과 미적분을 발견한 뉴턴은 그의 과학적 성과를 포탄에

(상) MIG-31에서 발사되는 Kh-47M2 러시아의 킨잘. (중) 2019년 국경절 퍼레이드에 참가한 중국의 DF-17. (하) 미국의 X-51 Waverider 비행의 상상도.

작용하는 항력을 계산하는 데 적용해봤다. 포탄이 아주 빠르게 날아간다고 가정하면 주변의 공기가 포탄의 표면에 찰싹 달라붙어서 뒤로 밀려나간다고 볼 수 있다. 이런 운동상태에 대한 운동량 균형을 고려해서 항력을 계산했는데 너무 작게 나왔다. 그래서 한동안 잊혀졌다. 그러나 로켓이 개발되기 시작한 20세기 중반, 항공역학자들은 뉴턴의 해법이 마

하 5 이상 극초음속 영역에 적용될 수 있다는 것을 재발견했다. 그래서 극초음속 비행체에 대한 연구는 언제나 Newtonian Approximation(뉴턴 근사)에서부터 시작한다.

지금의 극초음속 비행체에 대한 관심은 제3차 유행 정도로 보면 된다. 극초음속 비행의 첫 유행은 1960년대에 있었다. 미국은 X-15이라는 마하 5~6 속도로 약 20~100km의 고도에서 날 수 있는 유인로켓비행기를 실험했으며, 지금도 X-15의 마하 6.7이 가장 빠른 유인 비행 속도기록으로 남아 있다. 그리고 1980년대 군비경쟁에 열중하던 레이건 행정부가 '동경특급(Tokyo Express)'이라는 극초음속 여객기(Hyper-Sonic Transport, HST)를 개발하겠다고 선언하면서, 극초음속 비행체 개발의 제2차 유행의 불을 댕겼다. NASA는 HST 개발 위해서 X-43 프로그램을 출범시켰다. X-15가 로켓으로 추진된 비행기였던 반면, X-43은 승객용 비행기를 지향했기 때문에 로켓을 사용할 수 없고 대신 극초음속에서 작동하는 초음속연소 램젯엔진인 SCRamJet(Supersonic Combustion RAMJet)엔진이 필요했다. HST의 개발에 여러 가지 고난이도의 기술적 문제들 가운데에서도 가장 어려운 것이 SCRamJett 엔진 개발이지만, SCRamJet 엔진 개발의 열풍은 금새 식어버렸다. 그리고 거의 20년 이상 잠잠하던 극초음속 비행체에 대한 열풍이 최근에 다시 타오르고 있다.

극초음속 비행체의 개발이 기술적으로 어려운 이유는 아주 간단하다. 속도의 제곱에 비례하는 운동에너지가 너무 크기 때문이다. 공기가 가지고 있는 운동에너지를 열에너지로 전환했을 때 온도를 정체온도(Stagnation Temperature, T_0)라고 하는데, 마하 5의 속도에서는 $T_0 \approx$ 1,000℃, 그리고 마하 6의 속도에서는 $T_0 \approx$ 1,500℃ 이상의 아주 높은 온도이다. 이와 같이 높은 정체온도에서 기인하는 다음의 기술적 난제들이 극초음속 비행체를 개발하는 과정에 항상 따라온다.

(상) X-15 극초음속 로켓비행기와 (하) NASA X-43 (스크램젯 추진) 극초음속 비행기 상상도

- 극초음속 비행체의 표면은 1,000°C를 초과하는 정체온도의 공기와 계속 접촉하기 때문에, 높은 온도를 견딜 수 있는 재료가 필요하다. 탄화탄탈(Tantalum Carbide, TaC) 같은 재료가 아주 높은 온도를 견딜 수 있다지만, 값이 비싸고 너무 단단해서 가공성이 떨어지는 문제가 따라온다.
- 열 차폐와 냉각에도 신경을 써야 한다. 비행체의 각 부분이 서로 다른 온도에 노출되기 때문에 재료의 불균일한 열팽창에 따른 구조적 스트레스를 견뎌내는 것도 결코 해결하기 쉬운 문제가 아니다. 특히 재료, 구조, 기계 및 열전달이 따로 설계된 후 나중에 통합되는 것이 아니라, 모든 요소가 동시에 통합적으로 설계돼야 하기 때문에 개발과정의 기술적 난이도가 매우 높다.
- 추진기관을 개발하는 것은 더 어렵다. 연소실에 유입된 공기도 정체온도 수준으로 온도가 아주 높다. 특히 연소실의 온도가 높으면

연료를 분사했더라도 화염의 온도가 너무 높아서 오히려 연소생성물인 CO_2와 H_2O를 열해리 시키는 데 열량의 50% 이상이 소모되기 때문에 추진효율이 급격하게 떨어진다. 그래서 연소실의 온도를 낮추기 위해서는 공기를 거의 감속시키지 않고 초음속 상태로 연소실을 통과시켜야 하지만 이제는 연료를 태울 시간마저 부족하게 된다. 이렇게 초음속 상태에서 연소를 진행시켜야 하는 램제트엔진을 SCRamJet 엔진이라고 하는데 기술개발의 난이도가 최악이다. RamJet을 이용하면 CO_2와 H_2O의 열해리 때문에 추진효율이 엉망이고, SCRamJet을 이용하면 완전연소가 어려워 역시 추진효율이 엉망이 될 수 있다.

현재까지 알려진 SCRamJet을 이용한 극초음속 비행체의 최고기록은 미국의 X-51 Waverider가 2014년에 기록한 마하 5를 조금 넘는 속도를 약 3.5분 동안 유지한 것일 정도이다. 그래서 그런지, DF-17과 킨잘의 극초음속 비행체도 로켓추진체로 알려지고 있다. SCRamJet의 추진효율이 나쁘지만, 로켓의 추진효율은 더 나쁘다. 결과적으로 극초음속 활공체의 회피기동성을 위해서는 속도, 사거리, 탄두중량 등 무기의 핵심적 성능에서 희생이 불가피하다. 그런데도 '앰플연료'를 들먹이면서, 마치 SCRamJet의 뉘앙스를 풍기는 북의 선전에서 의심스러운 냄새가 진동한다.

마지막으로 비행체가 아주 높은 온도에 노출되기 때문에 비행체의 정밀유도를 위한 센서, 통신 및 제어 장치가 제대로 작동하게 하는 것도 결코 쉬운 일이 아니다. 그리고 무엇보다도 재료와 구조, 추진기관 및 컨트롤 시스템이 유기적으로 작동하도록 시스템을 통합하는 작업도 수없이 반복되는 비싼 시험이 필수이기 때문에, 개발비용이 천정부지로 치솟을 수 있다.

그래서 많은 전문가들은 극초음속미사일이 완성됐을 때 드러날 수 있는 약점으로 다음 사항들을 언급한다. 먼저 아주 비쌀 것이라는 점이다. 비싸긴 한데 돈 값을 할 수 있을지에 대해서는 모두 말을 아끼는 편이다. 또한 극초음속 비행체의 재료와 구조에 대한 문제에 신경을 쓰느라 비행체가 너무 무거워져서 탑재할 수 있는 탄두의 중량이 아주 작아질 가능성도 있다.[29] 역시 무기는 펀치력이 있어야 제 맛이지만, 극초음속미사일은 빠르더라도 펀치력은 장담 못한다. 그리고 레이더 지평선 너머에서 날아오기 때문에 생존성이 좋다는 주장과 달리, 비행체의 표면이 너무 뜨거워서 정찰위성의 열센서에 쉽게 탐지될 수 있으며, 60km 이상의 활공고도에서 목표로 내려오는 종말진입단계에서 회피기동성을 유지하고자 한다면 밀도가 높은 공기와의 마찰에 의한 심각한 운동에너지의 손실이 불가피하다.[30] 그렇기 때문에 대공미사일에 요격될 확률도 낮지 않으며, 고출력 레이저와 같은 지향성 에너지무기가 실전적인 대공무기로 배치되기 시작한다면 극초음속미사일의 종말단계 요격은 더 쉬워질 수 있다.

그러나 극초음속미사일의 가장 뼈아픈 약점은 충분히 빠르지 않다는 사실이다. 미군부에서는 중국 또는 러시아에서 발사한 대륙간탄도

---

29 1990년대 초반 레이건 행정부가 추진했던 극초음속 여객기 HST의 기술적 타당성을 연구했던 RAND의 전문가의 의견은 HST의 탑재중량비(Payload Ratio)는 1% 미만으로 아주 낮아서, 승객을 태울 수 있는 여객기가 불가능하다고 했다.

30 DF-17같은 극초음속 활공체(HGV)의 경우, 양력을 발생시키기 위해서 희박하더라도 대기층과 접촉이 필요하다. 그러나 빠른 속도로 인한 높은 공기저항 때문에 빠르게 운동에너지를 잃어 버릴 수 있다. 또한 탄도탄의 비행고도 보다 HGV의 활공 고도가 훨씬 낮기 때문에 종말집입단계에서 운동에너지로 전환할 수 있는 위치에너지도 크지 않다. 이와 같은 극초음속 미사일에 대한 운동학적 특성이 정확히 규명되지 않았음에도 불구하고, 인터넷 상에서는 극초음속 미사일이 모든 탄도탄 미사일의 운동학적 한계를 극복했다는 류의 설들이 넘쳐나고 있다.

미사일이 미국에 도달하는 데 30분 걸리는 반면 극초음속미사일은 15분밖에 걸리지 않는다고 하지만, 그것은 (더 많은 예산확보를 위한) 미군부의 의도적 과장일 수 있다. 극초음속미사일의 도달 시간도 거의 30분에 육박할 정도로 속도의 이점은 거의 없다. 빠르기와 펀치력을 생각하면 탄도미사일에 대한 비교우위가 없고, 순항미사일로 이용하고자 한다면 (마하 3 이상의 속도로 비행할 수 있는 램젯 추진) 초음속순항미사일과 경쟁하기 힘들다. 즉 탄도미사일과 초음속순항미사일 사이에 끼어서 자신만의 전술적 틈새가 아주 좁고 가성비까지 나쁜 미사일이 극초음속미사일일 가능성이 실재한다. 특별세미나에 초청됐던 RAND의 전문가에 따르면, 극초음속비행체가 '신속한 타격이 필요한 고부가가치 목표 (Time-Sensitive High-Value Target)'에 대한 타격 수단으로 활용가치는 있다고 한다. 하지만, 이미 초음속순항미사일의 개발을 완료한 우리 군은 극초음속미사일을 신속타격자산으로 확보할 필요성도 그렇게 크지 않다. (발사준비시간까지 포함한다면, 초음속순항미사일이 극초음속미사일보다 훨씬 짧은 타격 시간을 갖을 가능성이 크다.)

오히려 극초음속 무기보다는 램젯 추진 순항미사일의 효용성에 주목할 필요가 있다. 극초음속은 아니지만 음속의 3~5배에 이르는 제법 빠른 속도 그리고 고체로켓 대비 약 3~6배 이상의 I_{sp}-값 덕분에 공기흡입구의 체적을 고려하더라도 비교적 큰 탄두를 장착한 상태에서 사거리도 늘일 수 있기 때문에 램젯 미사일이 고체로켓기반 전술미사일의 시장을 잠식하고 있다. 램젯 추진 전술미사일로는 유럽 MBDA의 시계외 공대공 미사일인 미티어(Meteor), 러시아의 지대함 미사일인 '야혼트(Yakhont)'라고 알려진 P-800 오닉스(Oniks) 대함 미사일과 인도의 파생형인 브라모스(BrahMos), 그리고 일본의 ASM-3 공대함미사일 등이 있다. 미티어 공대공 미사일은 시계외 공대공미사일 시장의 강자였던 미국 Raytheon사의 AIM-120 AMRAAM(Advanced Medium Range Air-to-Air Missile)의 강력한 경쟁자로 인식되고 있다. 특히 램젯추진 대함 미사일 여러 발이 동시에 발사돼서 군집 저공비행으로 전투함에 접근한다면, 위력과 사거리에서 한계가 있는 팰렁스(Mk. 15 Phalanx) 근접방어무기(CIWS, Close In Weapon System)로는 방어가 불가능할 수 있다. 물론 대함미사일의 군집비행을 위해서는 비싼 미사일을 여러 발을 동시에 발사해야 하지만, 수십억 원대의 미사일 여러 발로 수천억 원에서 수조 원의 가격표가 붙은 전투함을 격침 또는 무력화 시킬 수 있다면 가성비가 매우 우수한 대함공격전술이 될 수 있다. 그리고 이것은 우리도 향후 더욱 발전시켜야 하는 대함공격전술이다.

러시아, 중국 그리고 북에서 선보인 극초음속미사일은 아직도 여러 단계의 개발과정이 남아 있는 미완성 무기체계일 가능성이 높다. 러시아가 우크라이나 전쟁에서 킨잘 미사일을 사용했다고 하지만, 전세를 지배할 수준의 위력을 보여주는 것에는 성공하지 못한 것이 확실하다. 어쩌면 극초음속 미사일은 러시아의 킨잘처럼 영원한 미완성의 무기체계로 남을 가능성도 실재한다.[31] 그러나 미완성임에도 불구하고 기만전술용 선전 무기라면 이미 반쯤 성공했다고 볼 수 있다. 미국은 극초음속미사일의 개발에 박차를 가하기 위해서 FY2022에만 38억 달러의 예산을 할당했으며, 미해군 최악의 망작인 줌왈트급 구축함의 후속함으로 계획되고 있는 DDG(X)에는 극초음속미사일을 배치하겠다고 발표

---

31 우크라이나 전쟁에서 사용된 킨잘이 극초음속 미사일이라기 보다는 공중발사탄도미사일(Air Launch Ballistic Missile, ALBM)로 보는 견해도 있다. 그런 견해를 받아들인다면, 러시아와 중국에서 개발했거나 하고 있다고 주장하는 극초음속 비행 무기인 아방가르, 지르콘 그리고 DF-17 가운데 실체가 검증된 것은 아직 없다. 어쩌면 영영 실전배치 수준으로 개발되지 못할 수도 있다.

까지 한 상태이다.

또한 한국의 매체들도 북의 미끼를 물었다. 매체의 선정적 보도와 밀리터리 유튜버들의 경쟁적 퍼나르기가 국민들의 불안감을 증폭시키고 있으며, 국방부도 직접 대응에 나설 수밖에 없다. 그래서 KF-21 탑재형을 포함한 다양한 극초음속미사일 개발계획을 발표하고 있다. 지금 우리에게 가장 시급한 과제는 북의 대량살상무기와 중국과 일본의 군사적 팽창에 대응하는 것인데, 실체가 불명확한 극초음속미사일 때문에 벽돌의 밑장빼기를 하는 상황에 내몰리고 있다. 그런 면에서 북의 극초음속미사일 쇼케이스는, 그것이 실체이건 허구이건 상관없이, 기만전술에서는 이미 성공작이라고 할 수 있다.

"극초음속 미사일, 그건 기술적으로 너무 어려우니까 뻥일거야"라고 하면서 무시해서는 절대로 안 돼지만, 그것이 '미래 전장의 게임체인저 (Game Changer)'라고 인식해서 과잉대응을 하는 것 또한 피해야 한다. 세상에 완벽한 무기체계는 없다. 강점 뒤에는 항상 치명적인 약점이 숨겨져 있기 마련이니, 지금은 차분하게 대응책을 준비하는 것이 최선일 것이다.

화력의 집행자, 전투함

미군의 슬로건 가운데 "Peace is our profession(평화는 우리의 직업이다)"[32]이 있다. 그런데 냉전이 종식되고, 세상이 좀 더 평화롭게 바뀌자, 평화를 직업으로 삼는다는 집단들이 맥을 못 추고 있다. 냉전의 막판에 개발된 미국 공군의 F-22 공중우세기나 해군의 시울프급(Seawolf Class) 공격잠수함도 당초의 예상을 훨씬 초과했던 개발 비용 때문에 상당한 비판에 시달렸지만, 의도된 임무를 수행할 수 있는 성능만큼은 확실하게 보여줬다. 그러나 냉전이 끝나고 1990년대에 착수해서 이제 모습을 드러내고 있는 차세대 무기체계들은 그야말로 망작의 연속이다.

미공군은 천조 원 규모의 F-35라는 희대의 망작을 선보였다. 그리고 공군에 뒤질세라 해군도 줌왈트급 구축함(Zumwalt Class Destroyer), 연안전투함(Littoral Combat Ship) 그리고 제럴드 포드급 함공모함(Gerald R. Ford Class Aircraft Carrier)이라는 망작 3총사를 내놓았다. 쏟아 부은 액수의 규모면에서는 공군이 앞서지만, 구멍 난 임무수행 능력에서는 해

---

32   정확히는 미국 전략공군사령부(Strategic Air Commnad)의 모토이다.

군이 압도적이다. 미해군의 연이은 실책의 틈새를 비집고 중국이 태평양과 인도양에서 미국에게 도전장을 내밀고 있다. 중국의 거센 도전을 받고 있는 미국이 이제 정신을 차리겠다고 마음을 다잡고 있지만 너무 늦은 감이 있다.

미 해군 주포 개발의 잔혹사

군함과 화력은 불가분의 관계이다. 화력이 강한 무기일수록 무거울 수밖에 없다. 따라서 지상에서 거대한 화포를 사용하고자 한다면, 이동성을 포기하고 지반에 단단하게 고정해야만 한다. 거대한 화포를 이동하기 위한 엄청난 불편함을 우리는 나치 독일의 슈퍼건이었던 구스타프 열차포(Schwerer Gustav)에서 잘 알 수 있다. 그래서 전차와 자주포는 충분한 이동성을 확보하기 위해서, 포의 크기를 무작정 늘리지 않는다. 그러나 배는 물의 부력을 이용해서 크기에 그다지 구애 받지 않고 물건을 들어올릴 수 있기 때문에, 해군은 포의 무게의 한계에서 자유로울 수 있다. 배만이 갖고 있는 무게로부터의 해방 덕분에, 화력을 투사하는 데에는 역사적으로 해군이 앞서갈 수 있었다.

해군만이 가질 수 있는 화력의 우위를 우리는 임진왜란 당시 이순신 장군의 조선 수군에서 확인할 수 있다. 임진왜란 당시에도 조선의 화력이 왜군의 화력을 압도했다. 그러나 육지에서 화포를 이동하는 것은 결코 쉬운 일이 아니기 때문에 조선은 화력의 우위를 전력의 우세로 전환하는데 애를 먹을 수밖에 없었다. 그러나 수군은 화포로 무장한 함선을 통해서 화력을 집중할 수 있는 이점이 있었다. 조선의 앞선 화포기술 없이 이순신 장군이 왜군을 상대로 연전연승하는 것은 결코 가능하지 않앉을 것이다. 이처럼 해군과 화력은 찰떡궁합이다.

새로운 화력투사기술을 개발하는 데 해군은 육군보다 절대적으로 유리하다. (1) 먼저 무게의 제한이 크지 않다. 물의 부력이 무거운 물체도 물 위에 띄워주기 때문에 화포의 무게에 대한 제약에서 상대적으로 자유롭다. (2) 부피에 대한 제약에서도 자유롭다. 배는 아주 큰 이동수단이기 때문에 커다란 화포를 배 위에 설치하는 것에 대한 제약이 크지 않다. 따라서 탄의 적재, 이송, 장전, 발사, 냉각 등 모든 요소가 하나의 체계로 통합된 포를 운용하는 것이 충분히 가능하다. (3) 동력에 대한 제약이 작다. 배는 하나의 움직이는 발전소로 볼 수도 있다. 동력 공급이 충분하기 때문에 전기화 및 자동화에 대한 제약도 상대적으로 작다. (4) 그리고 규격에 대한 제약이 상대적으로 크지 않다. 전함(또는 동일급의 전함들)은 하나의 독립적인 시스템으로 설계, 생산 및 작동되는 경우가 많아서 독자적인 보급체계를 구축하기 쉽다. 따라서 동맹군과 통일된 보급체계를 유지한 것이 절대적으로 요구되는 육군 및 공군과 달리 새로운 규격을 가지는 신무기를 개발하는 데 상대적으로 자유롭다. 이런 자유로움 때문에 새로운 기술을 적용하는 화력시스템을 개발하고자 한다면, 해군이 먼저 앞장을 설 수 있다.

새로운 주포에 대한 미국 해군의 관심은 지대하다. 물론 순항미사일은 강력한 무기이다. 그러나 순항미사일의 발사 수량은 수직발사관의 수에 따라 제한된다. 그리고 공군과 육군도 순항미사일을 발사하기 때문에 순항미사일은 해군만의 차별성과 거리가 멀다. 그래서 미해군뿐만 아니라 전 세계의 해군들은 해군만의 차별성이 있는 무기로서 수십 발이 아닌 수백 발의 포탄을 퍼부을 수 있는 장거리 대구경 화력투사 능력을 염원해왔으며, 그런 목적을 달성하기 위해서 Advanced

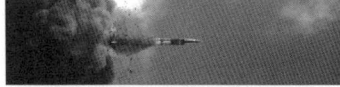
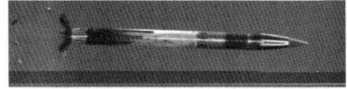

(상) AGS 시험발사, (중) LRLAP 발사 장면, (하) 줌왈트급 구축함에서 발사된 LRLAP의 상상도

Gun System(AGS)과 레일건(Railgun) 개발에 남들보다 큰 노력을 기울였다.

미해군이 개발에 손을 대고 20년이 넘었지만 아직도 완성하지 못하고 있는 AGS는 155mm 62구경장의 함포로서 다르게는 Mk. 51 AGS라고 부른다. AGS의 개발에서 가장 문제가 된 부분은 포의 개발보다는 LR-LAP(Long Range Land Attack Projectile)이라는 AGS 전용의 장거리 대지타격용 포탄의 개발이었다. 무게만 자그마치 102kg에 달하고 길이가 사람의 키보다 큰 224.2cm인 정밀유도가 가능한 LRLAP의 목표 사거리는 약 100해리(~180km)였다고 한다. 그러나 AGS의 탄속이 다른 155mm 곡사포의 탄속과 유사한 825m/s 였다는 점에서 목표 사거리를 물리적으로 실현 가능성이 없을 정도로 높게 잡았다. 앞 3장의 식 (7)에 주어진 바와 같이, LRLAP의 무항력 최대사거리($L_{MAX} = v_M^2/g$)는 70km 수준에 불과하다. 물론 정밀유도용 귀날개를 이용하여 탄두의 사거리를 늘일 수는 있지만, 귀날개가 생성하는 양력이 크지 않기 때문에 LRLAP의 사거리를 무항력 최대사거리의 거의 2.5배에 해당하는 180km까지 연장하는 것은 실현하기 힘든 목표이다.[33] 2005년 록히드마틴이 만든 LRLAP 시제탄은 시험 사격에서 목표에 한참 못 미치는 59해리(~109km)의 사거리를 얻었다고 한다.

LRLAP의 개발에서 더 황당한 것은 LRLAP의 생산단가를 M982 엑스칼리버 정밀유도포탄과 유사한 35,000달러로 제시했지만, LRLAP의 개발이 끝나고 미국방부에 드리 내민 가격은 80만 달러라고 한다. 어떤 자료에는 100만 달러라고도 나와 있지만, 둘다 말도 안 되게 비싼 가격이다. 포탄의 가격이 100만 달러에 육박한다면, 미사일 대비 포의 장점인 가성비마저도 사라진 것이다. 순항미사일급의 LRLAP의 가격 때문에 줌왈트급 구축함에는 AGS가 2문씩 장착되었지만 당초에 목표한 100 해리에 달하는 장거리 대지타격능력은 물거품이 되었다. 그리고 줌왈트급 구축함도 단 3척만 생산되고 프로그램이 종료되는 비참한 최후를 맞았다. 해군의 개발책임자가 탄의 운동에 대한 고등학교 물리학 수준의 과학적 판단만 했더라도 AGS와 줌왈트급 구축함의 운명은 지금과 판이하게 달랐을 수 있다. AGS와 LRLAP의 터무니없이 높은 목표를 제시했던 사업 추진 주체들의 도덕적 해이가 전혀 견제되지 않는 미군 무기개발사업의 관리시스템이 어이없을 따름이다.

줌왈트급 구축함이 건조되고 있던 당시, 많은 사람들은 AGS보다는

---

33 식 (7)의 관점에서 사거리를 2.5배 연장하기 위해서는 수직방향의 가속도를 약 40%로 줄이면 된다. 즉 정밀유도포탄의 귀날개를 이용해서 탄의 무게의 약 60%에 해당하는 양력을 발생시킬 수 있다면, 약 2.5배의 사거리 연장이 가능하다고 추정할 수 있다. 조그만 귀날개로 약 60kgf의 양력을 발생시킬 수 있는지는 별도의 유체역학적 계산으로 검증해야 하지만, 일견 가능해보이지는 않는다.

(상) BAE Systems와 (중) General Atomics에서 개발한 레일건 시제품 및 (하) 포구를 나오는 레일건 탄두

레일건(Railgun)에 대한 기대가 더 컸다. 화학추진제를 이용하면 탄속을 2km/s 이상으로 끌어올리는 것이 결코 쉽지 않다. 화학추진의 한계를 극복하기 위해서는 물리적으로 완전히 다른 발사 메커니즘이 필요했다. 그리고 오랫동안 사람들이 고대하던 전자기력에 의한 탄의 발사가 가능한 시대가 무르익었다고 생각하던 차에 레일건 발사에 충분한 전력을 공급할 수 있는 줌왈트급 구축함까지 건조되고 있었다. 추진제가 필요 없는 레일건이 실용화되면, 전함에 더 많은 탄을 적재할 수 있고, 피탄되더라도 추진제의 연쇄 폭발을 걱정하지 않아도 되는 전술적 이점까지 따라온다. 줌왈트급 구축함과 레일건은 적에게 강철비를 퍼부을 수 있는 극강의 조합으로 보였다.

2007년 미해군과 계약했던 미국의 BAE Systems는 32MJ 시제 레일건을 개발했으며, 2008년 테스트발사에서는 탄속 2.5km/s와 포구에너지 10.64MJ을 달성해서 기존 화학포의 성능을 가뿐하게 뛰어넘었다. 그리고 해군의 레일건 개발에 대한 다른 계약자인 General Atomics도 Blitzer라는 레일건의 시제품을 내놓았다. 그러나 레일건의 성과는 2010

```
Specifications
Compatible with Mk 45, Advanced Gun System (AGS),
155mm Tube Artillery, EM Railgun
Length   (길이)
    Integrated Launch Package            26 inches
    Flight Body                          24 inches
Weight
    Integrated Launch Package  (발사체 통합 중량)   40 lbs
    Flight Body                (비행체 중량)      28 lbs
    Payload (탄두 중량)                       15 lbs
Range   (사거리)
    > 50 nmi (93 km) from Mk 45 Mod 1
    > 40 nmi (74 km) from Mk 45 Mod 2
    > 70 nmi (130 km) from AGS
    > 43 nmi (80 km) from 155mm Tube Artillery
    > 100 nmi (185 km) from EM Railgun
Maximum rate of fire      (최대 발사 속도)
    Mk 45                          20 rounds per minute
    AGS                            10 rounds per minute
    155mm Tube Artillery            6 rounds per minute
    EM Railgun                     10 rounds per minute
```

5" Compatible HVP
(5인치 대응 HVP)

155mm Compatible HVP
(155mm 대응 HVP)

EM Railgun Compatible HVP
(레일건 대응 HVP)

BAE Systems의 극초음속 탄두(Hyper-Sonic Projectile, HVP)의 제원과 모습

년 직전에 두 종류의 레일건 시제품이 나온 딱 거기까지였다. 레일건의 엄청난 탄속과 함께 레일의 마모가 극심했다. 탄두와 같이 레일건의 포구에서 나오는 붉은 불꽃은 연소된 추진제의 연소가스의 복사가 아니라 (추진제가 없으니 당연히 연소가스가 있을 수 없음), 발사되는 탄과 레일 사이의 마찰로 발생한 뜨거운 열기에서 나오는 복사이다. 탄과 레일 사이의 강한 마찰 때문에, 몇 번만 사격하고 나면 레일을 교체해야 될 정도로 레일의 마모가 극심했다. 레일의 마모에 대한 확실한 해결책이 나오기 전까지 레일건의 실용화는 불가능한 실정이다.

AGS는 LRLAP탄이 너무 비싸서 쓸 수 없고, 기대했던 레일건도 실패함에 따라서 줌왈트급 구축함은 타격능력을 상실한 전투함이 됐다. 결국 돌고 돌아서 다시 화학포의 시대로 돌아왔다. 그러나 레일건 개발에 상당한 공을 들였던 BAE Systems는 레일건용으로 개발했던 탄에 HyperVelocity Projectile(HVP)이라는 그럴 듯한 이름을 붙여서 기존 화학포의 탄으로 팔려고 노력하고 있다. 100kg이 넘는 육중한 포탄을 쏘

기 위해서 만들어진 AGS에 송탄통(Sabot) 포함 총 18kg(40파운드)의 탄체를 발사하니 극초음속의 탄속을 얻어내는 것은 아주 쉽지만, 송탄통을 떼어내면 고작 6.8kg(15파운드)도 되지 않는 탄두를 멀리 날린다고 적에게 과연 어떤 타격을 줄 수 있을지 의심스럽다. 그런 면에서 사거리만을 위해서 모든 것을 희생한 북한의 주체포를 미국이 흉내 낸 것이 HVP를 발사하는 AGS라고 할 수 있다.

서구의 군수업체의 부도덕성은 어제 오늘의 일이 아니지만, 도가 지나친 경우가 비일비재하다. 레일건을 놓고 BAE Systems와 경쟁했던 General Atomics(이하 GA)는 필자의 박사과정 모교인 UCSD 캠퍼스의 바로 북쪽에 있는 원자력과 방산 관련 기업이다.[34] 과거에는 원자력 관련 프로젝트를 많이 수행했지만 지금은 M&A를 통해서 MQ-9 리퍼 무인 공격기를 판매하고 있으며 레일건의 개발과 항공모함용 전자기식 사출장치인 EMALS(Electro-Magnetic Aircraft Launch System)도 공급한다. 그래서인지 대한민국 해군이 중형항모를 짓는다면 EMALS 기술을 제공하겠다고 부채질한 적도 있다. 하지만 GA의 가장 특이한 기업 이력이라면 핵융합 반응로인 토카막(Tokamak) 개발을 위해서 성인잡지 《펜트하우스》의 발행자였던 밥 구치오네(Bob Guccione)의 투자까지 받은 것이다. 내가 우연치 않게 2000년대 초반 《Rolling Stones》 잡지에 실린 그의 인터뷰 기사를 읽은 적이 있는데, 1980년대까지만 해도 성인잡지는 상당한 수익을 창출했던지 밥 구치오네는 뉴욕 맨해튼에서 가장 비싼 맨션에 살았다고 한다. 물론 그는 뉴욕의 맨션에 그가 고용했던 모델들과 동거하는 하렘을 차렸고, 잡지에서 확실하게 드러내지는

---

34 국내에서도 운전되고 있는 TRIGA 연구용 원자로를 만든 회사가 GA이다.

않았지만 미국 경제계와 정치계의 실력자들에게 성적 편의를 제공한 듯한 냄새도 풍겼다. 1990년대부터 인터넷에 밀리던 《펜트하우스》가 파산 직전으로 몰리고 있었지만, 샌디에고에 있는 회사가 개발하는 핵융합기술이 성공하면[35] 자신도 화려하게 부활할 것이라면서 그 회사가 투자자인 그에게 기념으로 만들어준 토카막(Tokamak) 모형을 인터뷰 작가에게 직접 보여줬다고 한다. 성인잡지 발행인에게까지 기술적 환상을 심어서 투자를 받는 기업이 군사기술에 대한 헛된 꿈을 국민과 정부에게 팔지 않을 이유가 없다. 군수기업과의 거래에서 과학기술적 지식이 없으면 털린다는 너무나 당연한 사실을 GA와 밥 구치오네가 한때 엮였던 일화에서도 알 수 있다.

레일건의 개발도 정체된 상태에서 다음은 무엇일까? 아마 다음은 레이저를 이용한 지향성 에너지 무기가 아닐까 생각한다. 전투함은 큰 에너지를 공급할 수 있는 발전설비를 가지고 있다. 만약에 전투함에 장착된 레이저 무기가 충분한 에너지 밀도를 가질 수만 있다면, 응용할 수 있는 분야는 지금도 도처에 깔려 있다. 그렇지만 가장 먼저 적용될 가능성이 있는 분야는 함대의 근거리 대공방어를 위한 CIWS(Close In Weapon System)이다. 초음속 대함미사일이 단독도 아니고 군집비행으로 접근한다면 단거리 미사일 또는 기관포에 의존하는 현재의 CIWS는 충분히 신속한 대응이 어렵다. 레이저를 이용해서 순간대응능력이 획기적으로 개선된 CIWS가 개발되지 않는다면, 해군, 특히 항공모함 전단의 입지는 줄어들기만 할 것이다. 함대의 근거리 방어기술로 언제쯤 레이저가 정식 도전장을 내밀지 한번 지켜볼 일이다.

---

35 샌디에이고에서 원자력 관련 일을 하는 회사는 GA밖에 없다.

임무가 없는 줌왈트급 구축함

USS Zumwalt(DDG-1000)는 만재배수량 16,000톤급의 줌왈트급 구축함의 초도함이다. 2013년 USS Zumwalt가 구축함이라기 보다는 순양전함에 걸맞는 16,000톤의 육중한 덩치를 가지고 있으면서도 공상과학영화에나 나옴직한 날렵한 모습을 드러냈을 때, 누구도 줌왈트급 구축함의 미래가 지금처럼 처량하게 변하리라 예상하지 못했다. 그러나 현실의 줌왈트급 구축함은 당초에 계획했던 임무수행 역량이 완전히 결여된 이빨 빠진 호랑이와 다름없다. F-35의 문제는 너무 많은 임무가 주어져서 발생했기 때문에, 임무만 잘 조정한다면 F-35는 아직 나름대로 쓸모가 있을 수 있는 전투기로 환골탈태할 수 있다. 하지만 **줌왈트급 구축함은 마땅히 맡길 임무가 없어서 사실상 구제불능이다.** 그렇다 보니 군사기술에 대한 지식이 풍부하지 않은 대중들에게 그저 여기저기 모습을 드러내야만 하는 행사용 구축함으로 전락하고 말았다.

줌왈트급 구축함에 대한 개념적 연구는 SC-21(Surface Combatant for the 21st Century)이라고 불렀던 21세기형 수상전투함 개념연구사업을 통해서 시작됐다. SC-21 연구사업은 텀블홈(tumblehome) 선형을 가지는 장사정포로 무장한 16,000톤급 전투함의 DD-21(Destroyer for the 21st Century, 21세기형 구축함) 개념을 제안했다. DD-21은 화력을 중시하는 전통적 해군 전략으로 회귀하기 위한 구축함으로 실제로는 전함(Battle Ship)의 21세기적 재해석임과 동시에 21세기적 수상전투함의 원형을 개발하기 위한 개념 실증의 임무도 부여 받았다고 볼 수 있다.

1997년 공식적으로 출범한 DD-21 프로그램(2001년 프로그램명을 DD(X)로 변경)은 선체의 설계를 위한 프로젝트를 (그것도 무려 록히드마틴과 제너럴 다이나믹스 두 곳에) 발주하면서 총 32척의 줌왈트급 구축함을 확보하기 위한 총액 700억 달러짜리 초대형 구축함 건조사업을 시작했다. 그러나 2000년대 들어와서 모든 외적 여건이 달라지기 시작했다. 2003년 이라크 전쟁 이후, 미국은 사방에서 벌어지는 대테러전의 늪(Quagmire)에 빨려 들어갔고, 미국 의회가 해안지역에 화력을 투사하기 위한 구축함의 건조사업에 예산을 할당할 수 있는 여력은 날로 줄어 들었다. 줌왈트급 구축함은 당초의 32척에서 24척, 그리고 7척으로 줄어든 이후, 제너럴 다이나믹스(General Dynamics)의 배쓰아이언웍스(Bath Iron Works)에서 건조가 시작됐던 2009년에는 3척 건조로 마무리하기로 공식화하기에 이른다. 건조를 시작하자마자 프로그램이 종료되는 어처구니 없는 상황이 벌어졌다. 그런 우여곡절이 있었음에도 불구하고 2013년 USS Zumwalt는 세상에 모습을 드러냈고 2015년 초기전투적합판정을 받았다. 그러나 2016년 DDG-1001과 2018년 DDG-1002가 완공된 것을 끝으로 줌왈트급 구축함은 더 이상 건조되지 않았다. DDG-1000과 1001 모두 샌디에고를 모항으로 미해군 3함대에 배치한 것은 중국을 견제하기 위함으로 볼 수 있으며, DDG-1002도 3함대에 배치될 것으로 예상할 수 있다.

줌왈트급 구축함은 다른 구축함과 많은 차별화된 점을 가지고 있지만 특히 (1) 텀블홈(tumblehome)과 인버티드 바우(inverted bow)라는 스텔스 특성이 강한 독특한 선형, (2) AGS를 통해서 구현하려고 했던 장사정 대지화력지원 능력, 그리고 (3) 탄도미사일 방어능력이 부여되지 않은 그저 평범한 대공방어능력이 가장 대표적인 차별성이면서 또한 몰락의 원인이다.

텀블홈의 선형은 줌왈트의 정체성이라고 할 수 있는 외형적 특징이다. 텀블홈 스텔스 형상의 이점을 가지고 있는 줌왈트는 적의 해안에 최

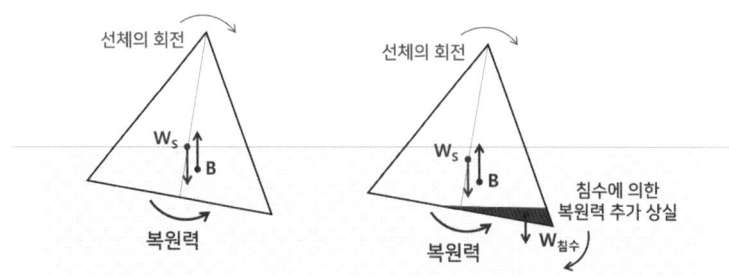

텀블홈 선형의 안정성: 복원성이 매우 우수하지만, 피탄돼서 침수되기 시작하면 복원력을 빨리 상실하는 문제점이 있다.

대한 가까이 접근한 이후 AGS로 대량의 화력을 퍼붓기 위해서 만들어진 전함의 성격을 가지고 있는 구축함이다. 텀블홈 선형의 뛰어난 스텔스 특성이 없다면 수상함의 근접화력지원임무가 위험에 빠질 수 있다. 한때는 텀블홈 선형이 불안정하다는 설도 많이 회자되었지만, 사실 텀블홈 선형의 복원력은 매우 우수하다. 그림에 나타낸 것처럼, 흘수선 밑의 폭이 넓을수록 기울어진 반대 방향으로 부력의 복원 토크가 더 크게 작용하기 때문에, 텀블홈 선형을 가진 배는 파도에 덜 흔들리는 장점이 있다. 덕분에 아주 좋은 발사 플랫폼이 될 수 있다. 단 텀블홈 선형의 경우 피탄돼서 선체가 부분적으로 침수될 경우, 침수된 물의 무게로 생성된 토크가 복원력을 떨어뜨리는 방향으로 작용하기 때문에 오히려 침수가 가속화될 수 있다. 그렇기 때문에 함이 피격되었을 경우, 침몰되기 이전에 함과 승조원을 구할 수 있는 골든타임이 아주 짧은 치명적 리스크도 동시에 가지고 있다. 결국 해안에 가깝게 접근하기 위해서 스텔스성이 높은 텀블홈 선형을 가졌지만, 오히려 피탄될 경우에는 침수가 빨라지는 단점이 있어서 적에게 탐지되지 않기 위한 스텔스 성능이 더 크게 요구되는 텀블홈과 스텔스의 무한 순환적 의존관계가 생겼다. 또한

줌왈트급 구축함이 임무수행능력이 없게 된 핵심적인 결함들

줌왈트급 구축함의 인버티드 바우(Inverted Bow)의 선수 형상은 파도를 뚫고 항해할 수 있는 장점이 있지만, 큰 조파저항이 작용하는 선수에 응력피로가 빨리 발생할 수도 있다. 따라서 인버티드 바우 형상의 배는 이를 극복하기 위한 충분한 구조적 강도도 필요하다. 이와 같은 장단점에도 불구하고, 줌왈트의 선형은 미래 수상전투함의 선형으로 두드러진 장점이 충분히 많아서 앞으로도 이와 비슷한 모습의 수상전투함이 다시 나올 수 있다.

줌왈트급 구축함이 가지고 있는 가장 두드러진 자기모순은 피격의 위험을 무릅쓰고 화력지원을 위해 적의 해안 가까이까지 접근했음에도 불구하고, 대량의 화력을 투사할 수단이 전혀 없다는 것이다. 주포로 개발되던 AGS와 LRLAP는 100해리라는 사거리에 대한 성능요구조건도 만족시키지 못했을 뿐만 아니라 순항미사일에 버금가는 80~100만 달러에 달하는 LRLAP의 가격 때문에, 줌왈트급 구축함은 AGS 함포를 설치해 놓은 상태이지만 장거리 화력투사를 위한 포탄이 없다. 유럽의 BAE Systems[36]와 레오나르도에서는 아구경 정밀유도포탄을 제안하고 있지만, 아직도 줌왈트급 구축함이 목표했던 화력과 사거리에 한참 못 미치고 있다. 결국 줌왈트급 구축함은 장사정 대지화력투사라는 당초의 임무를 수행할 수 없는 절름발이 수상화력지원함이 됐다.

줌왈트급 구축함이 화력지원능력을 상실한 이후에 대공방어용 구축함으로 개조하는 것이 고려되었지만, 그것도 여의치 않다. 당초에는 X-밴드 다기능 레이더(Multi-Function Radar, MFR)인 AN/SPY-3와 S-밴드 탐지레이더(Volume Search Radar, VSR)인 AN/SPY-4를 모두 가지고 있는 듀얼밴드레이더를 장착할 예정이었지만, 탄도미사일 대응 탐지 범위가 넓은 S-밴드 VSR은 장착되지 않았기 때문에 탄도탄 요격능력도 가질 수 없다. (현재는 설치공간만 확보된 상태) 거기에 더해서 전투시스템도 미해군의 표준 전투시스템이라고 할 수 있는 이지스 전투시스템(Aegis Combat System)이 아니기 때문에,[37] 기존의 대공/대탄도 미사일 시스템과 아직 통합되지 못하고 있다. 현재의 줌왈트급 구축함은 탄도미사일 요격 임무를 맡기기에는 성능이 턱없이 부족한 그저 평범한 중단거리 대공미사일 정도만 무장하고 있다.[38] 단거리 대공방어능력만 가지고 있

---

[36] 영국의 BAE Systems가 미국의 United Defense를 합병해서 미국의 BAE Systems라는 회사가 설립되었지만, 미국과 영국의 BAE Systems는 거의 독립적으로 운영되기 때문에 결코 같은 회사라고 볼 수 없다.

[37] 이지스 전투시스템은 록히드마틴의 제품이고, 줌왈트급 구축함의 건조는 제너럴 다이나믹스가 맡았다. 두 업체가 DD-21 사업에서 경쟁관계에 있었고 줌왈트급 구축함이 방공구축함이 아니었기 때문에 줌왈트급 구축함에 Aegis 전투시스템이 장착되지 않았을 수 있다. 그럼에도 불구하고 이런 문제점은 해군의 무기체계 개발과정에서 발생한 단순한 실수가 아니라 시스템상 부패 또는 태만에 의해서 발생했다는 것을 보여주는 사례라고 할 수 있을 것이다.

[38] 줌왈트급 구축함은 Mk 48 VLS 20모듈을 가지고 있음에도 불구하고, 스탠다드 대공미사일인 SM-2, SM-3 및 SM-6를 사용하지 못한다. 대신 RIM-162 ESSM(Evolved Sea Sparrow Missile) 같은 AIM-7 Sparrow급의 단거리 대공미사일만 무장한 상태이다. (초기 Sea Sparrow인 RIM-7M의 사거리는 14해리(26km)이다)

는 줌왈트급 구축함이 탄도탄방어(BMD, Ballistic Missile Defense) 또는 함대 방공 임무를 수행하는 것은 둘째치고, 적의 해안 근처에서 자기 방어나 제대로 할 수 있을지 의심스럽다.

줌왈트급 구축함이 미해군을 대표하는 망작이 된 이유에는 임무가 없다는 점에 더해서 상상을 초월하는 비용초과가 있었다. 줌왈트급 구축함의 프로그램 비용에 대한 인터넷자료들은 서로 상충되는 경우가 많다. 미국 회계감사원(GAO)이 2018년 4월 발표한 각 무기개발프로그램의 성과분석자료(GAO Weapon Systems Annual Assessment)에 발표된 내용에 따르면 개발비용이 당초의 25억 달러에서 113억 달러로 늘어났으며, 획득비용은 360억 달러에서 131억 달러가 됐다. 획득비용이 줄어든 배경에서 건조수량이 32척에서 3척으로 줄어들었기 때문이다. 결과적으로 줌왈트급 구축함 1척당 획득비용은 목표한 12억 달러에서 무려 580% 가까이 부풀려진 81억 달러로 증가했다. 줌왈트급 구축함 1척 획득비용은 달러당 환율을 1,200원 대로 가정해도 거의 10조 원에 달하는 비용으로 현재 예상되는 대한민국 해군이 개발하고 있는 KDDX 6척 개발 및 건조 프로그램 전체 예산을 초과한다. (참고로 KDDX 구축함은 탄도탄방어(Ballistic Missile Defense, BMD)급 듀얼밴드 레이더를 장착할 예정이다)

줌왈트급 구축함은 그렇게 속절없이 임무는 없으면서 예산만 낭비한 구축함이 되었다. 그리고 간혹 동북아시아의 개념 없는 방송사 뉴스데스크의 호기심이나 채워주기 위해서 여기저기 모습을 드러내는 전시용 함정으로 이용되거나, 미해군 3함대의 모항인 샌디에고에 그냥 정박해 있기만 한다.[39] 이렇게 이빨 빠진 호랑이와 같은 줌왈트급 구축함이 동북

---

39   Google Earth를 보면 샌안토니오급 상륙함, 타이콘데로가급 이지스 순양함과 같은 잔교(Pier)에 정박된 줌왈트급구축함의 모습을 볼 수 있다.

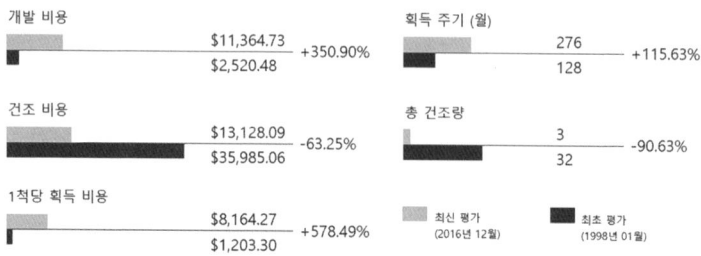

2018년 미국 회계감사원에서 발표한 줌왈트급 구축함의 프로그램 성과분석 자료

아에 모습을 보인다고 중국이 겁을 먹을 이유도 없으며, 당연히 북쪽도 겁을 먹지 않는다. 현 상태에서는 그냥 샌디에고항에 머물다 퇴역하는 것이 최선으로 보일 정도로 구제불능의 상태이다.

하지만 중국과 마찰이 격화되는 현 시점에서 강력한 화력을 제공해 줄 새로운 수상전투함은 꼭 필요하다. 대만해협이나 남중국해에서 벌어질 중국과의 싸움은 서로 치고 박는 근접화력전의 양상을 띨 가능성도 충분하기 때문에, 미해군이 어떤 수를 써서라도 줌왈트급 구축함이 당초 목표했던 임무를 맡아줄 수상전투함을 서태평양에 배치할 필요성이 절실하다. 줌왈트급 구축함의 공백을 빨리 메우지 못한다면 중국의 도전은 더 거세질 수밖에 없다.

2022년 초반, 미해군은 퇴역이 가까워진 알레이버크급(Arleigh-Burke Class) 구축함 전력의 공백을 메우기 위해서 2028년 초도함 건조를 목표로 하는 약 12,000톤급의 차세대 구축함 프로그램인 DDG(X)를 발표했다. DDG(X)에서는 줌왈트급 구축함의 실패를 반복하지 않기 위해서 검증되지 않은 신기술을 거의 채택하지 않았다. 심지어 줌왈트급 구축함 몰락의 원인도 아니었던 텀블홈 선형마저 채택하지 않았다. 오직 600kW급 레이저를 이용한 근접방어무기체계(CIWS)만이 전에 없었던 신기술이다. 이런 보수적 구축함 개발계획이 줌왈트급 구축함의 처참한 실패에 대한 단순한 반작용의 산물인지, 아니면 미해군이 더 이상 미국 해군조선업계의 기술혁신 능력을 신뢰하지 않기 때문인지 확인하기 어렵다. 그럼에도 불구하고, 미국의 함선 건조능력 자체가 심각하게 후퇴했다는 점은 확실하다.

화력이 없는 연안전투함

줌왈트급 구축함이 매우 미래적인 함형을 가지고 있다지만, 감히 연안전투함(Littoral Combat Ship, LCS)에 비교할 바는 아니다. 쾌속선이 전투함으로 재탄생한 모습을 가지고 있어서, 연안전투함을 처음 본 사람들은 엄청난 전투력을 기대한다. 하지만 연안전투함의 실상을 보면, 덩치는 호위함급(Frigate Class)이지만, 가격은 구축함급(Destroyer Class)인데 반해, 화력은 초계함급(Corvette Class)의 민망한 수준이다.

LCS는 적국의 연안에서 전투를 수행하거나 함대를 호위하는 임무를 담당하기 위해서 줌왈트급 구축함과 거의 같은 시기에 개발된 수상전투함이다. 기본적으로 적의 연안에서 대잠, 소해, 대함 등의 여러 임무를 겸하는 다목적함으로 설계됐다. 다양한 임무를 수행하기 위해서 LCS의 코어에 임무 모듈과 인원을 추가하는 방식으로 주어진 임무를 수행할 수 있도록 설계된 일종의 모듈형 전투함이다. 그리고 2004년 미해군은 록히드마틴 및 제너럴 다이나믹스와 각각 두 척의 LCS 시제함을 건조하는 계약을 맺었다. 그리고 2006년과 2008년 프리덤급 LCS와 인디펜던스급 LCS가 등장했을 때, LCS는 사람들의 가슴을 설레게 만들기에 충분한 멋진 모습을 가지고 있었다. 그러나 LCS에 대한 희망적 기대는 딱 거기까지였다.

LCS는 한마디로 성능요구조건에 턱없이 못 미치는 불량 전투함이었다. 아래는 2016년까지 LCS가 성능요구조건 대비 실제로 보여준 성능을 비교한 표이다.

성능요구조건 (2003년)	LCS가 보여준 성능 (2016년)
• 만재 배수량 : 2,500톤 • 흘수선 10 feet (3m) : 지금까지 미해군이 작전하지 못했던 해수면이 낮은 연안에서 작전하기 위한 요구조건 • 수시간 ~ 수일 이내 대잠, 소해 및 대함 모듈간 교체 • 승조원 : Core 15~50명 + 임부모듈 19명 -총 75명 이하	• 프리덤급 : 3,500톤 • 인디펜던스급 : 3,100톤 • 14 feet : 프리덤급, 그러나 중량문제로 흘수선이 깊어지고 있음 • 15 feet : 인디펜던스급 • 두 LCS 모두 하나의 영구적 임무만 수행. 임무모듈 교체에 12~29일 소요된다고 함 • 현재는 Core 승조원 70명 수준
• 최고속도 : 50 노트 with 1500 해리 지속 • 순항속도 : 20 노트 with 4300 해리 지속	• 프리덤급 -최고속도: 43.6 노트 (855 해리 지속) -순항속도: 14.4 노트 (1960 해리 지속) • 인디펜던스급 -최고속도: 37.6 노트 (1000 해리 지속) -순항속도: 14.0 노트 (4200 해리 지속)
• 가격 : 2.2억달러 per vessel • GAO 자료는 3.75억달러 per vessel라고 표시했지만, 이 가격은 당초 4척에 대한 비용 분석이 끝난 2004 회계연도 예측가격임	• 6.5억 달러 & 개량 비용 지속 증가 • 임무 모듈 : 척당 1.1억 달러 x 2 모듈 추가 필요 • 수량 : 28~32 LCS + 12 Frigate LCS -현재는 40 LCS로 알려졌지만 계속 변동

앞의 표에서 볼 수 있는 바와 같이 LCS가 대부분의 성능요구조건에 미달한 근본적인 이유는 현실과 물리적 한계를 무시한 과도한 목표성능 때문이라고 볼 수 있으며, 두 조선소에 일방적으로 끌려 다녔던 미해군

록히드마틴이 건조한 프리덤급 연안전투함(상)과 제너럴다이나믹스가 건조한 인디펜던스급 연안전투함(하)

의 무능한 사업관리도 단단히 한몫 했다.[40] 그렇지만 진짜 안타까운 것은 LCS의 가격과 중량 대비 허약하기 짝이 없는 화력이다. 다음은 LCS, 그리고 LCS와 가장 유사한 수준의 화력을 가지고 있다는 스웨덴의 비스비급(Visby Class) 초계함 그리고 대한민국 해군의 대구급 호위함의 화

---

40 홀수선은 선박의 무게와 체적에 의해서 거의 결정된다. 홀수선에 대한 ROC마저 제대로 설정할 수 없었다는 점은 미해군의 개념설계능력 자체에 상당한 문제가 있다는 것을 여실히 보여준다.

력을 비교한 내용이다.

	LCS 프리덤급 US Navy	Visby급 초계함 스웨덴 왕립 해군	대구급 호위함 대한민국 해군
크기	115.5m × 17.3m	72.6m × 10.6m	122m × 17.3m
흘수선	4. 3m	2.5 m	4.15 m
만재 배수량	3,500 톤	640 톤	3,600 톤
속도	47 노트 (Sea State 3)	35 노트	30 노트
주무장 함포	57mm/L70 Mk. 110 함포 × 1문 (보포스 함포와 동일형)	57mm/L70 보포스 Mk. 3 함포 × 1문	KMk. 45 127mm/L62 함포 × 1문
VLS	VLS × 2셀	VLS : 0	VLS × 16셀
대함 미사일	NSM × 8기	RBS 15 Mk. II × 8기	SSM-700K 해성 4×2
가격	6.5~8.7억 달러 8.7억달러는 2개의 임무 모듈을 추가한 가격	1.8억 달러	3,400억원 2016년 가격

위에서 볼 수 있는 바와 같이, LCS는 속도를 제외한 모든 성능지표에서 같은 호위함급인 대구급에 열세이며, 전체적인 화력은 초계함급과 유사하다는 것을 알 수 있다. 하지만 가격만은 대구급 호위함보다 약 2.5~3배 비싸다. LCS는 빠르다는 것을 빼면 할 줄 아는 것이 전혀 없는 화력결핍증에 시달리는 전투함에 불과하다.

미국 회계감사원(GAO)의 자료가 보여주는 바와 같이, 2018년 추산에 따르면 첫 32척의 개발비와 건조비로 약 205억 달러가 지출됐으며, 이를 척당 가격으로 환산하면 약 6.5억 달러가 된다. 그리고 이 비용은 추가적으로 72억 달러가 필요한 임무패키지의 획득비용을 포함한 가격이 아니다. 대잠, 소해 및 대함 모듈 패키지의 가격을 포함하면 LCS는 척당 약 8.7억 달러의 가격표를 자랑한다. 거기에 더해서, LCS의 연간 운용 유지비용도 싸지 않다. GAO의 2014년 추산에 의하면 알레이버크급 구축함의 연간 운용비용이 약 0.88억달러인 것과 비교해서, LCS는 함선과

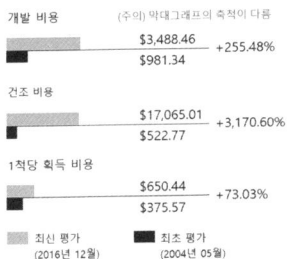
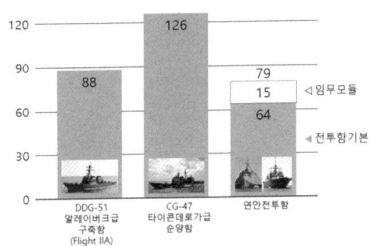

미국 회계감사원(GAO)에서 2018년 발표한 연안전투함 프로그램 성과분석 및 2014년 발표한 연간 운영비 자료

임무모듈에 각각 0.64억달러와 0.15억달러씩 총 0.79억달러의 연간 운용 비용이 필요하다고 한다. 즉 임무수행능력 및 화력은 최소 2등급 아래인 전투함의 운용비용이 이지스 방공구축함 운용비용과 거의 맞먹을 정도의 형편없는 가성비를 자랑한다.

LCS에 대한 더 참담한 소식은 프리덤급과 인디펜던스급 각각 초기 2척씩 총 4척이 벌써 취역 이후 10년도 채우지 못하고 퇴역해서 폐선 절차를 밟고 있다는 것이다. 조기퇴역의 사유는 함체균열 및 (갈바닉)부식 발생과 같은 매우 기초적인 제작상의 결함이었다는 보고도 있다.[41] LCS는 미해군의 총체적 난맥상을 상징하는 전투함이 되었으며, 지난 20년간 중국 해군이 서태평양에서 미해군에 도전할 수 있을 정도로 추격할 수 있는 계기와 자신감을 불어 넣어준 결과를 만들었다.

그나마 다행인 것은 미해군이 줌왈트 구축함과 LCS 프로그램의 실

---

41 알루미늄 선체를 가지고 있는 인디펜던스급에서 갈바닉(Galvanic) 부식이 발생했다고 하며, 이것이 조기 퇴역과 폐선의 결정적 원인이었다고 한다. 이종 금속의 접촉부에서 발생하는 갈바닉 부식은 부식현상 가운데 가장 잘 알려진 초보적인 부식임에도 불구하고 심각한 부식이 발생했다는 것은 미국 조선소의 선박의 품질관리에 관한 엔지니어링 수준이 매우 심각하게 퇴보했음을 보여주는 단적인 사례이다.

4장 테크노로지컬 포르노그라피   365

패를 인정하고 차세대 호위함 사업에서는 현실적인 방안으로 돌아가고 있다는 점이다. 2020년 착수한 미해군의 FFG(X) 프로그램은 만재배수량 7,300톤급의 컨스텔레이션급 호위함(Constellation Class Frigate)을 프랑스와 이탈리아가 공동으로 개발한 FREMM급 호위함을 기반으로 건조한다. 사실 이름만 호위함이지 실제로는 7,300톤의 만재배수량과 Aegis전투시스템 및 AN/SPY-6 AESA레이다를 장착한 탄도미사일방어용 구축함이다. 그렇지만 미해군이 이제는 수상전투함의 설계를 이탈리아의 핀칸티에리(Fincantieri)라는 해외 조선소에 의뢰해야 될 정도로, 미국의 함선건조능력이 쇠퇴했다는 것이 향후에 풀어야 할 진짜 문제라고 할 수 있다.

이착륙이 어려운 포드급 항공모함

태평양전쟁을 승리한 이후 미국의 항공모함 전단은 거의 천하무적이었으며, 또한 미국 군사력의 상징이었다. 75년이 흐른 지금, 미국의 항공모함 전단이 중국 해군의 부상이라는 새로운 도전에 직면했다. 그리고 그런 도전에 대응할 항공모함 전력의 중심이 제럴드 R. 포드급 항공모함(Gerald R. Ford Class Aircraft Carrier)의 초도함인 USS Gerald R. Ford(CVN-78)이다.

지금까지의 주력 항모였던 니미츠급 항공모함과 비교했을 때, 포드급 항공모함의 가장 큰 차별성은 미래의 해양 항공전에 대응할 수 있도록 무인기의 원활한 이착륙까지 가능한 전자기식 사출기(Electro-Magnetic Aircraft Launch System, 이하 EMALS)와 첨단착함기어(Advanced Arresting Gear, 이하 AAG)라고 할 수 있다. 기존의 증기식 사출기와 유압

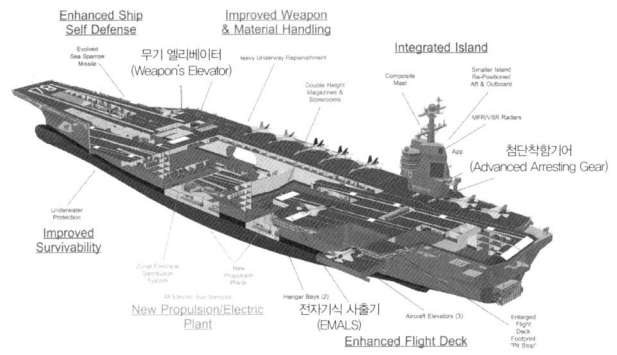

포드급 항공모함: 전자기식 사출기(EMALS), 첨단착함기어(AGG) 및 무기 엘리베이터가 충분한 기계적 신뢰성을 확보하지 못해서 실전 배치가 지연되고 있다. 함교에 장착된 커다란 AESA 레이더가 니미츠급 항모와 가장 두드러진 외형적 차이이다.

식 착함기어가 매우 신뢰성이 높은 장치이기는 하지만, 항공기에 과도한 기계적 부하를 작용시켜 해군 항공기의 수명이 짧아지는 문제가 있었다. 해군용 전투기와 가벼운 무인기 사출과 착함에 과도한 힘을 가하지 않고 부드럽게 비행기를 날려주고 잡아줄 수 있는 신형 사출기와 착함기어가 절실히 필요했다. 이들 이착륙 신기술을 통해서, 해군 항공기의 수명과 이착륙 작전의 운용효율이 개선될 수 있기를 바랐지만 아직까지 항공기의 이착륙에 심각한 수준의 신뢰성(Reliability) 문제를 안고 있다고 한다. (EMALS의 오작동 확률이 증기식 사출장치의 오작동 확률보다 수십 배가 높다고 한다.) 2013년 진수했고 2017년 정식 취역했지만, 2021년 12월이 되서야 겨우 초기전투적합판정을 받았다.

포드급 항모의 EMALS와 AAG의 공급업체는 앞에서 언급된 General Atomics이다. 검증된 엔지니어링 능력보다는 원자력 및 군사분야의 연구개발에 전문화된 기업에게 최종 시스템의 납품을 맡긴 리스크가 현실화된 것이 포드급 항공모함의 이착륙 문제이다. 어쩌면 EMALS는 중국이 먼저 성공할 가능성도 충분하다. EMALS의 기반기술은 철도차량의 추진기술이기 때문에, 전 세계에서 규모가 가장 크고 발전된 철도 인프라와 생산설비 및 경험을 보유하고 있는 중국이 항모의 이착륙기술에서 미국을 추월한다고 해서 이상할 것은 하나도 없다. 중국해군이 EMALS를 통해서 항모용 무인기의 활용도를 높일 수만 있다면, 미중간 항공모함 전력의 격차는 획기적으로 좁아질 수 있다.

포드급 항모의 초도함이 해군에 인수되고 4년이 지난 지금까지, USS Gerald R. Ford가 작전을 벌이는 사진이 공개되지 않고 있는 점에서, 이착륙 시스템, 듀얼밴드 레이더 및 무기 엘리베이터에서 발생했다는 문제점들이 아직도 해결되지 않았을 가능성이 크다. 항모와 같이 복잡한 무기시스템의 초도함은 당연히 많은 기술적 오류를 경험할 수밖에 없지만, 중국의 도전이 격화하는 현 시점에 미국 항공모함 함대의 상징과도 같은 엔터프라이즈(CVN-65)를 대체한 항모가 아직도 완전한 전투적합상태가 아니라는 점은 미해군의 작전 수행 능력이 현저하게 약화되었다는 단면을 여실히 보여준다.

줌왈트급 구축함, 연안전투함, 포드급 항공모함은 미해군의 난맥상을 보여주는 대표적인 사례라고 할 수 있다. 줌왈트급 구축함과 연안전투함이 개념설계단계에서부터 문제가 발생하기 시작해서 임무수행 불능 상태에 빠졌다는 점에서 미해군 지도부의 부패를 보여주고 있다면, 새로운 체계의 도입과정에서 발생하는 문제를 아직도 해결하지 못하고 있는 포드급 항공모함은 미해군 시스템의 무능한 실상을 보여주고 있다. 과연 미해군이 각성해서 과거의 막강했던 모습으로 돌아갈 수 있을지, 아니면 종이 호랑이의 나락으로 떨어질지 지켜봐야 할 상황이다. 이런 미해군의 장래에 대한 불확실성이 우리가 미국의 군사력에 대한 의존에서 하루 빨리 탈피해야 하는 또 다른 이유이기도 하다.

대한민국 해군 앞에 놓여 있는 4가지 과제

대한민국 해군 앞에는 지금 3개의 중대한 임무가 주어져 있다. 첫째는 북핵에 대응하기 위한 한국형 미사일 방어체계(Korea Air and Missile Defense, KAMD)의 한 축을 맡아야 하고, 둘째는 팽창주의적 야욕을 거침없이 드러내는 일본과 중국에 맞서서 우리의 앞바다를 지키기 위한 반접근 지역거부(Anti-Access Area Denial, A2AD) 역량을 조속히 구축해야 하며, 셋째는 경제적 주권을 수호하기 위해서 대양에 진출할 수 있는 청해해군(Blue Water Navy)을 건설하는 것이다. 물론 이들 임무들 사이의 우선순위를 논할 수는 있지만, 10~20년 안에 이들 임무를 수행할 역량의 상당 부분을 완성하는 것이 해군에게 주어진 시대적 사명이다. 그리고 이를 구현하기 위한 해군의 핵심 전투력 자산이 KDDX 차기 구축함, 경항모, (원자력 추진일 가능성이 있는) 차세대 잠수함 그리고 합동화력함 등이 될 수 있다. 이들 프로젝트에 대한 개발이 한참 진행 중인 상황에서, 감시의 눈을 부릅뜰 필요는 있지만 왈가왈부하는 것은 프로젝트의 진행에 도움이 되지 않는다. 그렇기 때문에 이들 무기체계의 개발 프로그램이 우리에게 무슨 의미가 있을지에 대해서만 간단하게 알아보도록 하자.

KDDX라고 불리는 경하 배수량 6,500톤급의 한국형 차기 구축함 사업의 핵심은 S-밴드 VSR(Volume Search Radar)와 X-밴드 MFR(-Multi-Function Radar)을 채용하는 듀얼밴드 레이더(Dual Band Radar,

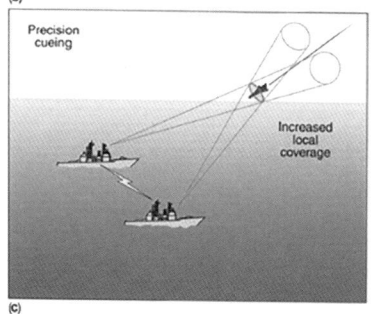

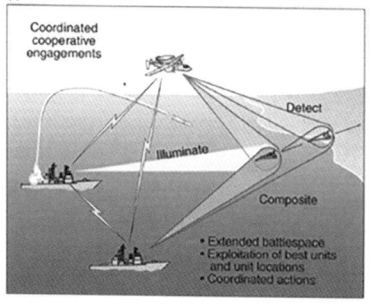

협동교전능력(Cooperative Engagement Capabilities, CEC)의 개념: 정보 자산의 네트워크를 통해서 (a) 정보획득의 사각지대를 없애고, (b) 탐지, 추적, 유도의 정밀도를 개선하며, (3) 정보획득 및 화력투사의 범위를 수직적 수평적으로 확대하는 것이 CEC의 핵심 개념이다.

DBR) 시스템이다. 특히 대면적의 4면 고정식 S-밴드 위상배열 레이더는 탄도미사일방어(BMD, Ballistic Missile Defense)와 스텔스 전투기 탐지의 중추적 역할을 담당해야 한다. 전 세계적으로 보더라도 미국의 알레이버크급 구축함의 최신형인 3차 플라이트(Flight-III)에 적용하고자 하는 AN/SPY-6 AMDR(Air and Missile Defense Radar) 시스템과 추구하는 방향성이 같은 레이더 시스템이기 때문에 대한민국 해군이 향후 20~30년 동안 경쟁력을 유지하는 데 초석과 같은 기술이 될 것이다. 그래서 별 다른 말은 덧붙이지 않고 제발 제대로 작동하는 하드웨어, 소프트웨어 및 전술적 유연성을 가진 네트워크 시스템이 나와주길 바랄 따름이다. 일단 좋은 레이더 시스템과 전투 시스템이 있으면, 요격체는 구입을 해서라도 탄도탄 방어 역량을 필요한 만큼 키울 수 있다.

경항모가 정답인가? 지금 상황에서는 경항모가 정답일 것으로 생각한다. 경항모에서 운용될 F-35B가 전투능력 대비 쓸 데 없이 비싸고 운영비가 많이 들어가는 STOVL(Short Take Off and Vertical Landing, 단거리 이륙 수직 착륙) 전투기이기는 하지만, 현재 대한민국 해군에게 가장 필요한 (수평선 넘어 레이더 사각지대까지 화력을 투사할 수 있는) 초수평선(超水平線, Over the Horizon) 작전역량을 획기적으로 개선해 줄 가장 확실한 항공기이다. 전투력까지는 생각할 필요도 없이 센서와 네트워크 허브의 역할만 충실히 해줄 수 있어도, 최소한 우리 해군에게는 자기 몸값을 하는 전투기가 될 수 있다고 생각한다.

현재 자주 거론되고 있는 초수평선 해군-공군 합동작전의 개념이 366쪽 그림에 나오는 협동교전능력(Cooperative Engagement Capabilities, 이하 CEC)이다. CEC의 개념은 퍼스널컴퓨터와 인터넷이 일반화되기 훨씬 전이 1970년대 미국 Johns Hopkin 대학 응용물리학실험실(Applied Physics Laboratory, APL)에서 제안된 개념이며, 정보기술의 발달에 따른 군사기술의 필연적 진화경로에 있는 전술적 개념이다. 육해공군이 보유한 다수의 레이더를 네트워크로 연결해서 데이터를 융합하면, (a) 탐지의 사각지대를 없앨 수 있고, (b) 탐지, 추적 및 유도의 정밀도를 개선할 수 있으며, (c) 정보획득과 화력투사의 수직적 수평적 범위를 확대할 수 있다. 그런 면에서 CEC는 정보 네트워크시대에 갑자기 등장한 전술적 개념이 아니라, 헌터-킬러 전술처럼 과거부터 있어왔던 협동교전전술이 정보 네트워크시대에 적합하게 확대 재해석된 것으로 보는 것이 오히려 더 적합하다.

최근 일본이 미국에서 구입했다는 E-2D 조기경보통제기가 이지스 구축함에서 발사된 SM-6미사일을 수평선 넘어 목표로 유도하는 CEC

시스템은 매우 초보적인 수준의 초수평선 협동작전 모형이다. 꼭 일본처럼 미국에 매달려서 비싼 돈을 주고 CEC를 구입해서 자신들의 해군력을 자랑할 필요는 없다. 센서기술, 네트워크기술, 신호처리기술 그리고 컴퓨터의 연산능력이 강화됨에 따라서 CEC는 누구나 추종해야 하는 군사기술의 필연적 진화 모델이다. 네트워크 기반 공해지 협동작전의 응용범위는 무궁무진하다. 초수평선 화력투사에서 스텔스 전투기의 탐지 추적 및 탄도탄 요격 모두 CEC의 범주에 포함된다. 해군이 경항모와 F-35B를 도입해서 제대로 활용하기 위해서는 포괄적인 협동교전 개념을 가지고 해군뿐만 아니라 공군과 육군이 보유하고 있는 정보체계와 무기체계의 역량까지 최대한 활용할 줄 알아야 한다. 그리고 인터넷과 무선통신기술이 세계정상급이라고 자랑하는 대한민국의 정부와 군 그리고 방위산업계는 그런 전술과 시스템 개념을 개발하고 구체화할 수 있는 자주적 기술개발 역량을 국민들에게 보여줄 의무가 있다.

    F-35B로 무장한 2개의 경항모 전단을 꾸릴 수 있다면, 일본과 중국이 동해, 서해 그리고 남해에 와서 집적거리지 못하게 만들기에 당분간 충분할 수 있다. 그리고 경항모를 운용하면서 노하우를 쌓고 해군 함대의 규모를 키운 다음에, STOBAR(Short Take Off But Arrested Recovery) 또는 CATOBAR(Catapult Assisted Take Off But Arrested Recovery) 방식 중형(中型) 항모를 이끌고 대양으로 나가는 것이 가장 현실성 있고 성공 가능성이 높은 항공모함 획득 경로일 수 있다. 그런데 2022년 신정부가 들어와서 항공모함의 개발에 대한 전략 자체가 수정된 것으로 보인다. 경항모 개발 예산이 차기년도 예산에 반영되지 않은 반면, KF-21의 해군형 버전인 KF-21N의 탐색연구가 착수될 예정이라는 소식도 들여온다. 물론 수직이착륙이 아닌 STOBAR 또는 CATOBAR 방

식의 중형 항모가 훨씬 강력한 작전능력을 보유하고 있는 것임에는 틀림없지만, 항모 운영의 경험이 전무한 우리 해군에게는 너무 큰 기술적 전술적 리스크가 따라 온다. 거기에 더해서 대륙세력과 대양세력이 격돌하는 동북아 해역에서 우리 해군의 전력 공백이 길어지기 때문에 따라올 수밖에 없는 국익의 손상도 만만치 않다. 일찌감치 항공모함에 대한 비전과 로드맵을 확립하지 못한 해군이 갈팡질팡 하는 것이 아닌지 걱정스럽다.

그리고 항상 일본을 경계해야 한다. 일본 해상자위대가 보유하고 있는 소류(蒼龍)급과 타이게이(大鯨)급 잠수함은 이중선체와 리튬이온전지 구동방식을 채택하고 있어서, 세상의 어느 잠수함보다 조용하기 때문에 매복에 특화된 잠수함이다. 지금은 러시아와 중국의 함대가 지나가는 바닷길목에서 매복하겠지만, 우리의 항모전단이 대양으로 나갈 때가 도래하면 우리를 향해서 매복할 것은 불 보듯이 뻔하다. 그런 면에서 일본 해상자위대는 대양해군을 지향하는 우리 해군이 가장 경계해야 하는 대상이다.

원자력 추진 잠수함은 필요한가? 있으면 좋지만 거기에 목을 맬 이유까지는 없다고 생각한다. 중형항모를 이끌고 대양으로 당장 나갈 생각이라면 꼭 필요하겠지만, 우리의 앞바다를 지키기 위해서는 다른 기술적 옵션도 충분히 고려할 수 있다. 일단 리튬전지를 이용한 잠수함은 최고의 수준으로 발전시켜야 한다. 2차전지의 기술이 발달함에 따라서 재래식 잠수함의 잠항시간과 전투지속시간도 길어지고 있다. 전고체 배터리 또는 그래핀을 활용한 차세대 배터리가 상용화된다면, 재래식 잠수함의 전투능력도 획기적으로 개선될 수 있다. 그리고 배터리기술과 더불어 공기불요추진(Air Independent Propulsion, AIP) 기술도 따라서 같이 발전하고 있다. 어쩌면 조만간에 디젤엔진을 떼어버리고도 충분한 작전성능이 나올 수 있는 전지(+AIP) 구동 잠수함이 나올 수 있다.[42, 43] 구동부가 거의 없는 전지 추진 잠수함은 원자력 추진 잠수함보다 정숙할 수밖에 없고 따라서 우리의 앞바다를 지키는 임무에는 더 적합할 수 있다.

우리 해군도 궁극적으로는 원자력 추진 잠수함이 필요하다. 그러나 원자력 추진 잠수함을 건조하기 위해서는 그 전에 해결해야만 하는 과제도 산적해 있다. '장보고-3'라고도 부르는 KSS-III 잠수함은 좋게 이야기하면 멀티롤(Multi-Role)이고 나쁘게 이야기하면 무엇 하나 똑 부러지게 잘하는 것이 없는 잠수함일 수 있다. 6~10발의 비핵탄두 지상타격용 미사일을 탑재한 수중배수량 4,000톤급의 초대형 재래식 잠수함이 전략적 임무를 수행할 수 없기 때문에 생긴 당연한 비판이다. 그런 KSS-III의 추진체계를 디젤-전기 방식에서 원자력-전기 방식으로 바꾼다고 잠수함이 갑자기 전략적 임무를 수행할 수 있게 되는 것이 아니다. 따라서 원자력 추진 잠수함을 개발하고자 한다면, 확실한 헌터 능력을 보유한 공격잠수함의 기본형부터 먼저 완성해야 한다.

대한민국 해군이 원자력 추진 잠수함을 건조해야만 한다면, KSS-III의 배치3으로 개발할 것이 아니라, 기존의 KSS-I, II, III와 완전히 별개인 KSS-N이라는 별도의 프로그램을 통해서 개발하는 것이 순리이다. 기존의 재래식 KSS 프로그램은 2차전지 기술의 발전을 최대한 이용하는 방향으로 KSS-III, KSS-IV로 연속성을 가지고 추진할 수 있다. 한편 원자

---

42   심지어 필자도 전지-AIP 시스템에 대한 연구 아이디어가 있어서, 기술개발 프로젝트를 수주하기 위해서 노력할 정도로 재래식 잠수함의 작전능력을 획기적으로 개선할 수 있는 기술적 방법론은 아직도 무궁무진하다.

43   프랑스의 Naval Group은 리튬이온배터리로만 구동하는 약 3,000톤급의 스텔스 형상을 가진 (심지어 세일도 없다) 차세대 잠수함인 SMX-31의 개념을 최근에 공개했다. SMX-31의 작전시간은 약 30~45일 정도라고 한다.

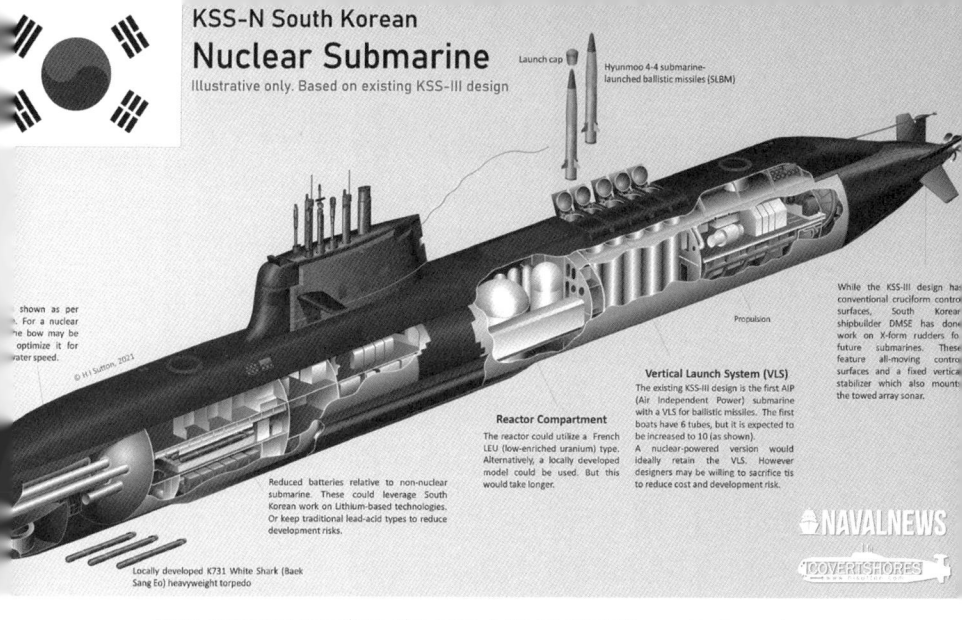

한국형 원자력 추진 잠수함(KSS-N)의 개념도. (출처: NAVALNEWS, www.hisutton.com)

력 추진 잠수함은 언제 배치될지 모르는 북의 (핵탄두를 장착했을) SLBM 발사 잠수함을 꼼짝 못하게 만들 진정한 헌터용 공격잠수함으로 개발해야만 한다. 그리고 원자력 추진 공격잠수함이 있을 때, 우리의 항모 전단이 (일본과 중국의 견제를 뚫고) 마음껏 대양으로 진출할 수도 있다. 이처럼 국민 모두가 납득할 수 있는 해군의 확실한 잠수함 전략이 갖춰져야만, 원자력 추진 잠수함이 개발되는 도중에 기술적 또는 정치적 문제로 프로그램이 지연되거나 중지되는 리스크를 효율적으로 관리할 수 있다. 프로그램을 잘못 운영해서 해군이 입는 피해는 결국은 국민들이 입는 피해가 될 수밖에 없다.

 미중 간의 군사적 경쟁이 격화하는 현재의 국제정세를 고려한다면, 머지않아 핵탄두를 제외한 모든 무기체계에 대한 미국의 제약이 풀릴 수 있기 때문에 원자력 추진 잠수함에 쓸 수 있는 (고농축) 핵연료를 확보할 가능성도 없지는 않다. 그렇지만 핵연료의 제공이 결코 공짜는 아니다. 원자력 추진 잠수함을 건조한다는 것은 (중형항모를 포함하는) 함대를 이끌고 대양으로 나가겠다고 공언하는 것과 마찬가지이다. 그러니 미국이 원자력추진 잠수함용 핵연료를 제공한다는 것은 대중국 압박작전에 동참하라는 것과 같은 이야기가 될 수 있다. 얻는 것이 있으면 잃는 것도 있는 것이 국제정치의 속성이다. 원자력 추진 잠수함이 모든 문제를 해결해주는 잠수함은 아니라는 점도 같이 명심하면서 우리에게 과연 무엇이 최선인지 계속해서 생각해볼 필요가 있다. 그렇기 때문에 원자력 추진 잠수함을 개발하더라도 시간에 쫓기면서 서둘러 개발할 필요가 없다. 우리가 원자력 잠수함을 개발한다는 제스처 그 자체가 충분한 전략적 가치를 발생할 수 있다.

통합화력함은 필요한가? 우리의 군사전략적 방향성을 본다면, 통합화력함이 필요하다고 본다. 특히 결코 착하다고 볼 수 없는 주변국가들을 고려한다면 더욱 필요하다. 그들이 싸움을 걸어오는 것은 자기들 마음대로일지 몰라도, 끝내는 것은 자기들 뜻대로 될 수 없다는 것을 확실하게 알려줘야 한다. 이런 전략을 많은 이들은 '독침전략'이라고 한다. 주변의 호전적 국가들에 대해서 우리가 가지고 있는 가장 확실한 보복수단은 강력하고 정교한 공격용 미사일이다. 우리에게 공격용 미사일은 많으면 많을수록 좋을 뿐만 아니라 효과 대비 가성비도 아주 좋은 무기체계이다. 그리고 우리의 독자적 탄도미사일 개발의 장애가 됐던 한미 미사일 지침도 폐기됐기 때문에, 미사일 전력을 양적 질적으로 개선할 수 있는 여건도 갖춰졌다. 하지만 아직까지 풀지 못한 가장 큰 병목은 미사일을 배치할 기지를 건설하는 문제이다. 국토가 좁기 때문에 땅값이 비싸고 민원이 발생하며 (복잡한 토목공사 때문에) 건설비용도 만만치 않다. 이미 초대형 에너지플랜트의 경우 부유식(Floating Platform)이 대세로 떠오르고 있다. 건설 비용과 시간 그리고 품질에서 해양플랜트가 육상 플랜트보다 이점이 많다. 확장성, 가성비, 약간의 이동성에서 오는 방어의 유리함 등등을 고려하면 우리의 독침저장소로 통합화력함은 충분한 가치가 있다. 언제든지 발사할 수 있는 수천 기의 공격용 미사일을 통합화력함에 배치한다면 주변의 어느 누구도 우리를 겁박해서 이익을 얻으려는 어설픈 행동을 취하지 못할 것이다.

에필로그

누구를 위한 군대,
누구를 위한 군사기술인가?

민주주의를 아주 정확하게 정의하는 것은 불가능에 가깝다. 그럼에도 불구하고 스스로를 민주주의 국가라고 말하는 많은 국가들에서 형식적인 민주주의는 살아 있을지라도 민주주의의 속살은 곪고 있다고 봐도 크게 틀리지 않은 현실이다. 중세봉건시대 국가의 주인은 왕이나 영주였다. 근대에 들어와서 국민국가(Nation State)라는 개념이 등장해서 중세봉건국가를 대체했지만, 국가는 여전히 전제 군주들이 소유하고 있었다. 진정한 의미의 국민국가는 미국의 독립전쟁과 프랑스 대혁명을 통해서 미국과 프랑스에서 처음 등장했다. 특히 미국은 대서양 반대편에 있는 식민종주국 영국을 물리치기 위해서 국민들이 스스로 무장했으며, 프랑스는 국내외의 반혁명 세력으로부터 혁명을 지키기 위해서 역시 국민들이 스스로 군대를 조직했다.[1] 국민들이 스스로를 위해서 총을 잡았기 때문에, 결국은 국가의 권력까지 잡을 수 있었다. 스스로 무장할 능력

---

1 여기에서의 국민은 people의 정확한 번역인 인민(人民)이 적합하지만, 인민이라는 단어에 경기를 일으키거나 트집을 잡는 사람이 많기 때문에 국민이라고 썼다. 여기에서 국민은 영어로 people이다.

에필로그 ―누구를 위한 군대, 누구를 위한 군사기술인가?

이 있는 국민들이 국가의 진정한 주체가 되는 것이야말로 어쩌면 국민국가의 완성이라고 볼 수 있다.

프랑스 대혁명 이후 거의 200년 간의 끊임없는 시민혁명의 노력으로 민주주의는 계속 발전했다. 인류 최대의 전쟁이자 진정한 총력전이었던 제2차 세계대전을 치루고 난 다음에는 민주주의가 절정에 이르렀다. 전쟁을 이기기 위해서는 모든 국민들의 자발적인 참여가 절실하게 필요했기 때문이다. 제2차 세계대전 전후 여성의 권익이 빠르게 성장한 이유도 그들이 전쟁터에 나간 남자들을 대신해서 부엌 밖으로 나와서 군수 공장에서 일했기 때문이다.[2] 그러나 월남전 이후부터 모든 것이 바뀌기 시작했다. 미국은 징병제 대신 모병제로 돌아섰다. 일반 국민들은 전쟁에 나가서 죽거나 다치지 않아도 됐지만 그 대신 권력의 중심에서 서서히 밀려나는 것은 필연이었다. 그리고 냉전이 종식된 이후에는 유럽에서도 징병제가 사라졌다. 최후의 전면적인 돌격전이라고 할 수 있는 '사막의 폭풍 작전(Operation Desert Storm)'이 냉전 시대의 재고를 털어낸 이후에는 더 이상 국민 군대가 전쟁을 수행하지 않는다. 심지어 미국의 이라크 전쟁에서는 모병뿐만 아니라 용병까지 동원됐다. 물론 용병을 고용한 비용은 국민들이 낸 세금에서 나갔다. 국민들이 낸 세금으로 국가(더 정확하게는 군주)가 군대를 사서 전쟁을 수행하는 것은 프랑스 대혁명 이전에 있었던 서양의 전쟁 수행 방식이었다. 당시의 국가의 주인은 전제 군주였지만 작금의 국가의 주인은 자본이라는 것만 다를 따름이다. 이런 사실들을 바라보면서, 우리는 "그러면 군대의 주인은 누구인가?"라는 질

---

2 제2차 세계대전 이후 여권의 급격한 신장이 페미니즘 덕분이라고 생각하는 것은 착각이다. 페미니즘을 통해서 중상층 백인 여성에게 더 많은 권익과 기회가 돌아간 것은 사실이지만, 모든 여성이 페미니즘의 혜택을 입은 것은 아니다. 즉 페미니즘에는 인종적 계급적 장벽이 내재 돼있다.

문을 하지 않을 수 없다.

　민주주의를 걱정하는 것과 더불어 같이 걱정해야 하는 것은 과학기술이다. 아이작 뉴턴 이후 300년간 과학기술은 눈부시게 발전해왔다. 그렇지만 지난 50년 간의 과학기술은 양적으로는 지금까지 보지 못했던 성장세를 보여줬지만, 질적으로는 오히려 후퇴하고 있는 것이 아닌지 많은 사람들이 의심하거나 걱정하고 있다. 과학기술의 질적 퇴보를 이끈 것은 다름 아닌 컴퓨터의 발전이다. 이제는 과학기술자들이 주어진 문제를 과학기술적으로 이해하고 해결하는 것이 아니라, 주어진 문제를 풀도록 만들어진 프로그램을 이용해서 결과만을 생산하는 존재로 전락했다. 물론 결과를 생산하기 위해서 사용한 프로그램이 과학적으로 적절한 것인지에 대한 판단도 하지 않는다. 그렇기 때문에 생산된 결과가 과학기술적으로 무엇을 의미하는지는 프로그램을 돌린 당사자도 모를 뿐 아니라 그 결과가 타당한 것인지를 검증할 방법조차 없다. 단지 최종 결과물이 원하는 대로 작동하는지만 확인할 수 있을 따름이다. 컴퓨터가 발전됨에 따라서 과학기술은, 이것저것 섞어보다 우연히 무언가를 찾아내던 중세 연금술의 시대로 회귀하고 있다.

　이제는 과학기술분야 박사학위를 따기 위해서 어렵고 복잡한 미분방정식의 해법을 공부하지 않아도 된다. 과학 전공의 가장 큰 장애물이었던 고등수학과 이론물리학을 공부하지 않아도 되기 때문에 적당한 학습능력을 가지고 있는 누구라도 박사학위를 받을 수 있는 세상이 됐다. 그에 따라서 과학기술분야 종사자의 가치는 수요와 공급의 법칙에 의해서 나날이 하한가를 갱신하고 있다. 결국 과학기술이 스스로 지식을 생산할 수 있는 역량까지 상실했기 때문에 자본시장의 논리에 의해서 지배 받는 피동적 학문분야로 격하된 것이 작금의 과학기술이 처한 냉혹한 현실이다. 자본과 권력의 논리에 장악 당한 과학기술이 양적으로는 발전했더라도 질적으로 정체 또는 후퇴하고 있다는 것을 보여주는 대표적인 사례가 미국에서는 테라노스(Theranos) 사기 사건이고 한국에서는 황우석의 줄기세포 논문조작 사건이다.

  인공지능 AI까지 등장하면서 과학기술의 소외는 더 심화될 것이 뻔하다. 컴퓨터라는 계산기계가 단순 정보 처리의 단계를 넘어서 지능적 작업까지 인간을 대신하게 된다면, 자본과 정보의 사회 경제적 지배력이 강해지고, 그에 따라 인간성의 상실마저도 심화된다. 결국은 과학기술은 소외의 단계를 넘어서 천민화의 단계까지 악화될 것이다. 그렇다면, 우리는 "과학기술의 주인은 누구인가?"라는 또 다른 질문을 하지 않을 수 없다. 과연 납세자인 국민들로부터 과학기술적 지식을 창출하는 역할을 위임 받은 과학기술인인가? 아니면 과학기술마저도 이미 자본에게 종속되었는가?

  민주주의도 과학기술도 자본에 지배되는 세상에서는 군사기술도 당연히 자본에 지배당한다. 자본에 지배당한 군사기술의 현재 모습은 바로 정체이다. 최근 50년 사이 우리가 직면했던 물리적 한계를 극복한 혁신적인 무기체계는 등장하지 않았다. 냉전의 종식 이후 미해군의 연속되는 망작, 거의 없다고 봐야 하는 미육군의 포병전력, 그리고 아직까지 성적표가 나오지 않은 F-35 전투기 등 엑스표(x)와 물음표(?)만 잔뜩 붙은 무기체계만 존재한다. 상대할 적이 사라진 세상에서 군대의 역할은 자본의 이익을 수호하는 것이지, 더 이상 국가와 국민을 지키는 것이 아니다.

  괄목할만한 적이 없으니 전투에서 이길 수 있는 무기는 나왔어도 전쟁에서 이길 수 있는 무기는 딱히 필요치 않았다. 더 이상 전쟁에서 이길 수 있는 무기들을 만들지 않는 이유는 그런 무기들의 효용성이 나빠졌기 때문이 아니라, 군수산업을 소유한 자본의 수익성에 크게 도움이 되지 않기 때문이다. 대신 소수의 인원으로 미국 자본의 이익에 방해되는 세력을 상대로 비대칭 전쟁을 수행할 수 있게끔 군대가 변모했다. 그에 따라서 소수의 인원을 가지고 전쟁을 치룰 수 있도록 자동화와 정보화는 엄청난 수준으로 발전했으며, 미국의 육군은 사실상 특수전부대로 탈바꿈했고, 미국의 공군은 반군 근거지에 대한 정밀 폭격으로 주특기가 바뀌고 있다. (냉전시대의 재고 정리 전쟁이었던) '사막의 폭풍 작전'처럼 대규모의 기동전을 펼치는 시대는 이미 지나갔는지 모른다.

그런 상황에서 러시아의 우크라이나 침공이 있었고, 중국이 대만을 합병하겠다는 욕망을 노골적으로 드러내고 있다. 이런 구시대적 물량 중심의 군사적 위협에 대응하기 위해서는 냉전시대의 군사 전략으로 돌아가야 하지만, 미국이라는 나라가 국민 군대를 동원해서 대응하는 것이 가능할지 의문이 든다. 국민 군대를 동원한다는 것은 바로 자본이 지금 누리고 있는 무소불위의 권력의 상당부분을 포기해야만 가능하기 때문이다.

군대와 정치가 자본에 장악 당한 것처럼 군사기술도 자본에 의해서 장악 당했다. 그러니 군사기술의 종사자들에 대한 처우도 과거와 같지 않다. 이제는 군사기술에 종사하던 과학기술자들도 전체 시스템의 한 부속품 취급을 받는 것을 넘어서 비용으로 인식되는 시대이다. 시스템의 문제에 대한 발언권이 없이 뒷방으로 밀려난 엔지니어들의 현실적 문제점을 보여주는 대표적인 사건이 미국 전투기의 명가인 (F-4 팬텀과 F-15 이글을 만들었던) 맥도넬 더글라스(McDonell Douglas)의 완전한 몰락이며, 미국 항공산업의 자랑이었던 보잉이 겪고 있는 여러가지 기술적 문제점들이다. 이런 모든 문제의 근원은 당장의 물질적 과잉 풍요가 가져다 주는 안락함에 길들여지는 과정에서 민주주의와 과학기술을 보살피지 않았던 보통 사람들의 정신적 타락이다.

2022년 들어서 K-방산은 날개를 달고 하늘로 솟구치는 모양새이다. 연초에는 UAE와 천궁 지대공미사일 시스템의 수출 계약을 맺었고, 이어서 폴란드와는 K2 전차, K9 자주곡사포 그리고 FA-50 경전투기까지 수출을 성사시켰으며, 다른 대형 방산 수출계약들이 속속 뒤따를 전망이다. 하지만 이런 성공에 도취되기에는 아직 이르다. K-방산의 비상은 운칠기삼이다. 미국과 유럽의 군사선진국에서는, 국민들이 자본이 제공하는 경제적 과잉 풍요에 도취해서 자신들의 권리를 보장하는 최후의 보루인 국방의 의무를 소홀히 하면서 군수산업의 인프라까지 거의 해체됐다. 그런데 러시아의 우크라이나 침공이라는 구시대적 전쟁이 발발했을 때, 그에 대응할 수 있는 군수산업 인프라를 유지했던 자본주의 진영 국가는 지난 75년간 재래식 전면전을 가정하고 군비를 확충한 대한민국밖에 없었다.

물론 대한민국의 무기체계가 성능, 신뢰성, 가성비를 포함하는 모든 분야에서 두루두루 경쟁력이 우수하기는 하지만, 그것을 개발하는 과정에서 투입된 우리만의 과학기술적 창의성은 매우 한정적이다. 마치 현재의 한국이 전 세계에서 가장 우수한 TV를 만들지라도 TV라는 영상매체가 등장하는 과정에서 한국의 과학기술적 기여가 매우 한정됐던 것과 마찬가지인 것이다. 국산 무기체계도 미국과 러시아 및 다른 군사선진국에서 이미 완성한 무기체계를 기반으로 실용성과 신뢰성을 개선한 버전으로 보는 것이 오히려 더 정확하다. 만약 무기체계의 개발을 개념 설계 단계부터 시작한다면, 일본이 실패하는 것과 마찬가지로 우리도 똑 같은 실패를 반복할 가능성이 제법 크다. K-방산은 결과물에서는 보여준 것이 있지만, 과정 전체에서는 아직 보여준 것이 없는 조심스러운 수준의 성공을 거둔 것에 불과하다. 현재의 성공이 운칠기삼이라는 것을 직시하고 질적 성장을 위해서 더욱 분발할 시기이다.

그렇다면 우리는 더 높은 단계로 발전할 정신적 과학적 준비가 되어 있을까? 불행하게도 우리에게는 서방 선진국에서 나타났던 민주주의와 과학기술의 후퇴 징후가 속속 드러나고 있다. 국민들의 민주화에 대한 열정은 이미 식었다. 자신들의 사적인 권리와 경제적 이익은 결사적으로 지키려 하지만, 자본이 내미는 자잘한 물질적 보상에 중요한 시민적 권리를 너무도 쉽게 포기하고 있다. 그리고 정보를 장악한 자본은 국민들의 불만마저 관리할 수 있을 정도로 비대해질 만큼 비대해졌다. 즉, 권력은 이미 시장에 넘어갔다는 이야기이다. 이것은 자본과 권력에 휘둘리는 연구개발과 산업의 현장에서 바로 확인할 수 있다.

과학기술이 자본과 권력에 완전히 종속됐다는 사실을 가장 극명하게 드러내는 것이 바로 기후변화에 대한 대응 전략이다. 물리학의 철옹성이라고 할 수 있는 열역학 제1법칙과 제2법칙조차 만족시키지 못하는 엉터리 기술들이 환경친화기술이나 탄소중립기술이라는 외피를 두르고 매년 KF-21 총개발비에 맞먹는 국가 보조금을 챙겨가고 있다. 당연히 국가보조금은 월급쟁이들이 낸 세금에서 나온 것이며, 그런 엉터리 정책을 만들어낸 정치권의 과학적 소양은 사칙연산조차 제대로 할 수 있을지 의심스런 수준이다.[3] (그런데도 과학적 무지를 부끄러워하지 않고 환경친화적인양 자화자찬을 한다.) 기후변화대응기술이 기후변화에 대응하기 위해서 개발되는 것이 아니라 자본과 권력 그리고 거기에 기생하는 집단들의 주머니를 채우기 위해서 개발되는 것처럼 말이다.

---

3   이명박의 녹색성장정책이나 박원순의 '원전 하나 줄이기' 태양광 사업의 경우 기본적인 숫자의 단위조차 틀린 엉터리 사업이었다.

K-방산이라고 해서 기회주의적 자본과 권력의 먹잇감이 되지 말라는 보장이 없다. 과학기술에 대한 지식이 거의 없는 정치가들과 그들에게 기생하는 매체활동가들이 전문가 행세를 하면서 방송과 인터넷 공간을 차지하고 있다. 군사기술이라고 해서 (과학적으로 무지한 자들이 입안한) 탄소중립기술의 실패를 반복하지 않을 이유가 없다. 그것도 부족해서 가짜 뉴스까지 퍼뜨리면서 자신들의 이익을 지키려고 한다. 그들 사이의 마피아적 이익 수호의 카르텔이 얼마나 대단했으면, KF-21 시제기에 대한 가짜 뉴스를 보도했던 기자와 언론사는 처벌은커녕 오히려 특혜까지 누렸다.

이렇게 당리당략적으로 문제를 해결하는 권력과 자본 그리고 그들을 옹호하는 매체들이 무기체계 개발사업에서 문제가 발생하면 현장의 개발자들만 괴롭힌다. 그것도 부족해서 국방과학연구소에서 은퇴한 연구자는 3년간 관련업계에 취업할 수 없는 제도까지 도입했다. 말인즉슨, 무기체계 개발자와 관련업계의 이해충돌을 방지하겠다는 것이지만, 정치권과 정부의 사업관리 주체와 매체가 '이해충돌'이라는 단어를 입에 담을 자격이 과연 있는지 의심스럽다. 코로나 바이러스와의 전쟁에서 인간을 지리멸렬하게 만든 장본인이 누구였는지 우리 모두 다시 한 번 곱씹어 볼 일이다. 머지 않아 우리도 미국의 줌왈트 구축함 같은 아무짝에도 쓸모 없는 한 척당 10조원짜리 구축함이 등장한다고 해도 전혀 이상할 것이 없는 (겉으로는 합법적이지만 속으로는 부패로 가득한) 사회로 서서히 진입하고 있다.

군사기술에서 당분간 게임체인저는 등장하지 않을 것이다. 한때 기대감이 컸던 액체 화포추진제(Liquid Gun Propellant), 레일건 모두 참담한 실패를 맛 봤다. 뭔가 대단한 것 같은 이름이 붙은 전열화학포도 과학기술적 실체가 없는 말장난에 불과하다. 레이저 무기도 드론의 요격 정도에는 쓸모가 있겠지만, 탄도탄 요격의 수준에 도달하기 위해서는 아직도 갈 길이 멀다. 그리고 레이저 무기는 비가 오거나 구름이 낀 날씨에는 무용지물에 가깝다. 한편 극초음속 미사일이 등장하면 전장을 지배할 것처럼 선전하지만, 극초음속 비행체가 개발될 수 있다는 보장도 없을뿐더러 효과적인 무기체계인지도 아직 확실치 않다. 음속의 3배 이상으로 날 수 있던 스파이 비행기 SR-71이 30년 전에 퇴역했지만, 그보다 먼저 개발된 아음속의 U-2는 아직도 현역으로 남아있다. 물리적 한계를 뛰어넘기 위해서는 그에 따른 막대한 비용이 따르기 마련이다. 음속의 3배 이상의 속도로 비행하려고 SR-71이 터무니 없는 유지비용을 지불했던 것처럼, 극초음속 미사일도 최악의 가성비를 가진 무기일 가능성이 농후하다. 가성비가 나쁘기는 스텔스 전투기와 폭격기도 마찬가지이다. 스텔스 성능을 위해서 비행 성능, 무장탑재량, 가동률, 유지비용 등 실질적인 전투력과 연계된 핵심 성능을 너무 많이 희생했다. 그렇기 때문에 스텔스 전투기는 전투를 이길 수는 있어도 전쟁을 이길 수는 없는 무기체계라는 꼬리표가 아직도 붙어 있다. 전쟁에서 이길 수 없는 무기체계를 어떻게 게임체인저라고 부를 수 있겠는가?

게임체인저급의 혁신적인 무기체계가 등장하지 못하는 이유는 물리학에서 지난 50년간 근본적인 발전이 없었기 때문이기도 하다. 물리학 분야 최고의 상이라는 노벨 물리학상이 고만 고만한 연구업적 가운데 운 좋은 놈이 타는 상이 됐을 정도로 기초과학에서 혁신적인 돌파구는 없었다. 그리고 앞으로도 한동안 없을 것이다. 컴퓨터의 등장 이후 기초과학의 필수가 되는 고등 수학을 가르치는 교육 시스템은 (배웠던 사람들이 사라졌기 때문에 가르칠 사람들마저 없을 정도로) 완전히 맥이 끊겼다.

당분간이 아니라 어쩌면 한참 동안 알베르트 아인슈타인이나 닐스 보어 급의 혁명적인 이론물리학자가 나타날 가능성은 거의 사라졌다. 혹시 그런 존재가 나타난다면 사람이 아니라 오히려 AI일 수 있다. 만약 그런 세상이 온다면, 인류는 단지 자본에 의해서 지배되는 것을 넘어서 어쩌면 영화 터미네이터 또는 매트릭스에서 묘사되는 것처럼 기계에 의해서 지배되는 세상에 살고 있을지도 모른다.

여기에서 말했던 모든 것이 가리키는 방향은 하나이다. 민주주의의 진정한 물리적 도구였던 국민의, 국민에 의한, 국민을 위한 군대는 사라지고 있다는 것이다. 군대의 모습은 국민개병제로 유지되던 국민국가의 군대에서 경제적 보상과 신분적 보상으로 유지되던 전제군주시대 군대의 모습으로 회귀하고 있다. 단지 자본이 전제군주의 역할을 대체했을 따름이다. 자본의 지배가 더욱 공고해질 수 있었던 핵심 도구는 자본에 의한 정보의 독점이다. 정보의 독점을 통해서 국민 각자가 어떤 약점을 가지고 있는지 꿰뚫어 볼 수 있으며, 그런 약점을 각각의 개인에 최적화된 형태로 공략할 수 있는 정보 처리능력마저도 자본이 지배하고 있다. 국민은 더 이상 국가의 주체가 아니라 자본이라는 권력의 관리 대상으로 전락했다.

국민국가 시대의 국민 군대가 사라졌다는 것은 올림픽과 월드컵을 보면 쉽게 알 수 있다. 이민자 출신 선수가 많을수록 성적이 좋다. 단지 이민자가 아니라 선수를 수입하기까지 한다. 이 모든 것은 결국 자본에 대한 충성이지 국가에 대한 충성은 아니다. 이미 전통적 의미의 국민국가는 해체됐고 자본에 따라서 국적마저 마음대로 살 수 있는 세상으로 시대가 변했다. 그런데 군대라고 그러지 말라는 법이 있는가? 실제로 미국과 프랑스 등 많은 부유한 나라들은 시민권 또는 영주권을 미끼로 이민자를 군대로 유인한다.

　군대가 자본의 것이니 당연히 군사기술도 자본의 것이다. 정치권과 매체에 얼굴을 내미는 자칭 군사전문가의 대다수가 자본의 이익을 대변할뿐 국민의 이익을 대변하지 않는 것처럼 말이다. 자본과 권력이라는 뒷배가 있기 때문에 과학기술에 대한 무지를 부끄러워하지 않고 책임지지 않을 이야기를 눈과 귀에 즐겁게만 만들어서 마음껏 퍼뜨릴 수 있는 것이다. 그래야만 (세금을 내는) 일반 국민과 (무기체계를 실제로 개발하는) 현장 엔지니어의 생각과 의견을 확실하게 덮어서 가릴 수 있기 때문이다. 자본의 지배를 받는 권력이 가장 두려워하는 것은 과학적 비판정신으로 무장한 깨어 있는 국민이다.

감사의 글

지금으로부터 5년 전, 20년 이상 근무하던 정부출연연구소를 나왔다. "왜 나왔나?"에 대해서 간단하게 설명하자면 "자본과 한 몸통이 된 정보력이 지배하는 세상에서는, 연구시스템마저도 '매트릭스(matrix)'화 했을지 모르며 심지어 과학적 진실을 좇는다는 연구 행위조차 어쩌면 '매트릭스' 유지에 필요한 가상현실을 만드는 것과 같을지 모른다"는 의구심을 떨쳐낼 수 없었기 때문이다. 그래서 스스로 '파란 알약' 대신 '빨간 알약'을 먹고 매트릭스에서 벗어났다. 물론 육즙 가득하고 두툼한 스테이크를 먹을 수 있는 경제적 안락함을 다시 가져다 줄 수 있는 파란 알약에 대한 미련을 완전히 떨쳐버린 것은 아니지만, 그래도 최소한 내 인간성이 매트릭스에 소비되지는 않는다는 믿음만은 아직 변함이 없다. 그런 생각이 깊었기 때문에, 지금까지 내가 고민하고 연구해왔던 '과학과 역사가 어떻게 현재 우리가 살고 있는 이 사회를 만들었는가?'라는 주제로 몇 권의 책을 내고 싶었다. 그 가운데 하나가 과학과 군사기술 그리고 무기의 세계, 그 상호 관계였다. 과학과 군사기술에 대한 전문성을 가지고 정보를 생산하는 사람이 의외로 많지 않아서 확고한 기초과학적 지식을 가지고 쓴다면, 나름 의미와 더불어 흥미도 있을 것이라고 생각했다.

물론 독자들의 반응이 어떨지는 가늠할 수 없다. 설혹 독자층의 반응이 좋다 하더라도, 이미 구시대적 정보유통수단이 되어버린 책이 얼마나 팔릴지는 더욱 가늠할 수 없지만, 이 책이 발간되었다는 사실 자체에 필자는 매우 만족하고 있다. 그렇기 때문에, 내가 출판시장에 나설 수 있게 해준 '섬앤섬' 출판사의 한희덕 대표에게 가장 먼저 감사의 말을 전하고 싶다. 사실 이 책의 초안은 거의 두 배 분량의 많은 내용을 담고 있었다. 하지만 출판 전문가의 눈에는 분량에 더해서 내용도 (과학적 전문성이 없는) 일반 독자에게는 부담스럽게 보였을 것이다. 사전 기획을 거치지 않고 필자 의욕대로 두서없이 쓴 원고에서 많은 부분을 추려내고 다듬어 주었기 때문에 이 책이 세상에 나올 수 있었다. 이번에 포함하지 않은 한반도를 둘러싼 동북아 지역의 골치 아픈 군사 지평과 탄도 미사일 전략에 대한 부분도 곧 마무리해서 독자들 앞에 내놓을 계획이다.

그리고 두 번째 감사의 말은 이 책이 나오기까지 역사, 사회, 과학 등 다양한 주제에 대해서 나와 함께 토론하고 또한 밀리터리에 대한 책의 아이디어를 준 후배들인 석우, 해관, 원배에게 가는 것이 당연할 것이다. 이들과의 토론은 언제나 기성 학계와 문화계의 주장과 사뭇 다른 아주 신선한 아이디어를 주기 때문이다.

대학을 졸업할 때까지 나는 전혀 글을 쓰지 않았다. 대부분의 동양 대학생들처럼 그저 시험을 잘 보도록 공부하고 훈련만 받았을 뿐이다. 즉, 지식을 소비할 수는 있어도 생산할 줄 모르는 반쪽짜리 과학기술자였다. 그러나 미국에 유학 가서 만난, 지도교수이자 평생의 스승인 포먼 윌리엄스(Forman Williams)는 이곳과는 전혀 다른 학문 배경을 가지고 있었다. 20세기 초반 과학의 대발견 시대에서 시작한 현대 유체역학의 적통 후계 라인이라는 과학적 혈통/학맥(Pedigree)을 가지고 있는 그는 열유체역학 지식 저장고의 마지막 고전적 문지기인 분이다. 그의 혹독한 가르침이 있었기에 주어진 문제를 체계적으로 바라보는 과학적 시각을 가질 수 있었고, 또한 내가 발견한 과학적 사실을 글로 표현하는 방법도 익혔다. 학문적으로 (남의 지식을 퍼 나르기보다 내 생각을 글로 옮길 수 있는) 지금의 나를 만들어준 사람은 다름 아닌 나의 스승 포먼 윌리엄스이며, 내가 글을 쓰는 한 항상 그에게 감사의 말을 전해야 한다.

그리고 한국과학기술연구원(KIST) 시절의 선배이자, 상사이며 전임 원장이셨던 박원훈 박사님과 문길주 박사님에 대한 감사의 말도 결코 빠질 수가 없다. 조직에서 시키는 일보다는 자기 고집을 앞세웠던 후배의 방패막이가 돼주셨고, 또한 연구시스템이 '매트릭스'로 퇴화하는 것을 막기 위해 당신들의 에너지가 다할 때까지 뛰어다니셨던 분들이다. 그분들의 헌신적인 노력이 있었기에 국내의 척박한 연구환경에서도 내 나름대로의 과학적 진실에 더 가까이 다가갈 수 있는 연구를 지속할 수 있었다고 믿는다. 거기에 더해서 박원훈 박사님은 그동안 당신의 속을 지긋지긋하게도 썩여왔던 후배를 위해 이 책의 추천사까지 흔쾌히 맡아 주셨으니 그 고마움은 말로 다 표현할 수가 없다.

마지막으로, 미처 다듬어지지 않은 글을 읽어주고, 공감해주고, 아낌없는 조언과 격려를 보내준 오랜 친구들인 수룡, 윤검, 주희에게 고맙다는 말이 빠져서는 안 된다.

2022년 11월 30일

김종수

게임체인저
— 과학자의 눈으로 본 무기와 과학의 세계

초판 제1쇄 발행 2022년 12월 19일

지은이 김종수

펴낸이 김현주

편집장 한예솔
교 정 김희수
디자인 이강빈
마케팅 한희덕
펴낸곳 섬앤섬

출판신고 2008년 12월 1일 제396-2008-000090호
주　　소 경기도 고양시 일산동구 백석로 119. 210-1003호
주문전화 070-7763-7200　팩스 031-907-9420
전자우편 somensum@naver.com
인　　쇄 성광인쇄

ISBN 978-89-97454-57-0 03500

이 도서는 한국출판문화산업진흥원의 '2022년 중소출판사 출판콘텐츠 창작 지원 사업'의 일환으로 국민체육진흥기금을 지원받아 제작되었습니다.

이 책의 출판권은 섬앤섬 출판사가 소유합니다. 저작권법에 따라 보호를 받는 저작물이므로 무단 전재와 복제를 금합니다.